Self-Service AI mit Power BI

Maschinelles Lernen – Einblicke für Unternehmen

Markus Ehrenmueller-Jensen

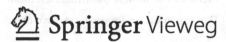

Self-Service AI mit Power BI: Maschinelles Lernen – Einblicke für Unternehmen

Markus Ehrenmueller-Jensen
CEO, Savory Data, Alkoven, Österreich

ISBN-13 (pbk): 978-1-4842-9382-9   ISBN-13 (electronic): 978-1-4842-9383-6
https://doi.org/10.1007/978-1-4842-9383-6

Geschäftsführender Direktor, Apress Media LLC: Welmoed Spahr
Redakteur für Akquisitionen: Jonathan Gennick
Entwicklungsredakteurin: Laura Berendson
Koordinierender Redakteur: Jill Balzano

Titelbild entworfen von Freepik (www.freepik.com)

Wird weltweit von Springer Science+Business Media New York, 233 Spring Street, 6th Floor, New York, NY 10013, an den Buchhandel vertrieben. Telefonisch unter 1-800-SPRINGER, per Fax unter (201) 348-4505, per E-Mail unter orders-ny@springer-sbm. com oder unter www.springeronline.com. Apress Media, LLC ist eine kalifornische LLC und das einzige Mitglied (Eigentümer) ist Springer Science + Business Media Finance Inc (SSBM Finance Inc). SSBM Finance Inc ist eine Gesellschaft nach **Delaware**.

Für Informationen über Übersetzungen wenden Sie sich bitte an booktranslations@springernature.com; für Nachdruck-, Taschenbuch- oder Audiorechte wenden Sie sich bitte an bookpermissions@ springernature.com.

Apress-Titel können in großen Mengen für akademische Zwecke, Unternehmen oder Werbezwecke erworben werden. Für die meisten Titel sind auch eBook-Versionen und -Lizenzen erhältlich. Weitere Informationen finden Sie auf unserer Webseite für Print- und eBook-Massenverkäufe unter http://www. apress.com/bulk-sales.

Jeglicher Quellcode oder anderes ergänzendes Material, auf das der Autor in diesem Buch verweist, ist für die Leser auf GitHub über die Produktseite des Buches verfügbar, die sich unter www.apress.com/9781484293829 befindet. Für weitere Informationen besuchen Sie bitte https://www.apress.com/gp/services/source-code.

Das Papier dieses Produkts ist recyclebar.

Ich widme dieses Buch meiner Großmutter Franziska.

Ich hoffe, dass alle meine Leser mit 94 Jahren so glücklich und agil sein werden wie sie es bis kurz vor Ihrem Tod im Februar 2022 war.

Inhaltsverzeichnis

Über den Autor

 **Markus Ehrenmüller-Jensen** ist ein Datenexperte, der seine Karriere als Berater für Business Intelligence-Lösungen auf einem IBM AS/400-System begann, bevor er 2006 in die Welt der Datenplattform von Microsoft eingestiegen ist. Seitdem hat er Data Warehouses und Business Intelligence-Lösungen für eine Vielzahl von Kunden entwickelt. Sein Portfolio umfasst Schulungen und Workshops, Architekturentwürfe und die Entwicklung von datenorientierten Lösungen. Im Jahr 2018 gründete er Savory Data, ein unabhängiges Beratungsunternehmen.

Markus besitzt mehrere Microsoft Zertifizierungen. Er unterrichtet Datenbanken, Informationsmanagement und Projektmanagement an der HTL Leonding, Österreich. Er ist Mitbegründer der Data Community Austira (vormals PASS Austria und PUG Austria) und Mitorganisator des jährlich stattfindenden Data Community Austria Day (vormals SQL Saturday) in Wien. Seit 2017 ist er ein Microsoft Most Valuable Professional (MVP).

Über den technischen Prüfer

**Rodney Landrum** ging zur Schule, um Dichter und Schriftsteller zu werden. Als er dann seinen Abschluss machte, war dieser Traum geplatzt. Er schlug einen anderen Weg ein und wurde Profi in der Welt der Informationstechnologie, die ihm viel Spaß machte. Er arbeitete als Systemingenieur, UNIX- und Netzwerkadministrator, Datenanalytiker, Kundendienstleiter und schließlich als Datenbankadministrator. Der alte Drang, Worte zu Papier zu bringen, als es noch Papier gab, überkam ihn, und im Jahr 2000 begann er, technische Artikel zu schreiben, einige kreativ und humorvoll, andere eher das Gegenteil. Im Jahr 2010 schrieb er *SQL Server Tacklebox*, ein Titel, den sein Lektor verschmähte, aber ein Buch, das dem wahren kreativen Potenzial, das er suchte, am nächsten kam; er sehnt sich immer noch danach, ein vollständiges Buch ohne einen einzigen Screenshot zu schreiben, was er 2019 mit seinem ersten Roman, *Chronicles of Shameus,* erreicht hat. Derzeit arbeitet er von seinem Schlossbüro in Pensacola, FL, aus als Senior DBA Consultant für Ntirety, eine Abteilung von Hostway/Hosting.

Danksagungen

Ich möchte dem Team von Apress dafür danken, dass es mich durch dieses Buchprojekt geführt hat. Ein besonderer Dank geht an Jonathan Gennick, der mir geholfen hat, die Struktur des Buches zu gestalten.

Rodney Landrum hat als technischer Prüfer hervorragende Arbeit geleistet. Er entdeckte technische Probleme und Ungereimtheiten in den Beispielen. Seine Hinweise haben den Fluss der Erklärungen wesentlich verbessert.

Ein Dankeschön geht an die Teilnehmer meiner Workshops, Schulungen, Webinare und Konferenzvorträge. Ihre Fragen und ihr Feedback sind für mich von unschätzbarem Wert, um zu erfahren, welche Hindernisse es beim Verständnis eines Tools wie Power BI gibt. Sie haben mir immer wieder gezeigt, wie ich mein Lehrmaterial verbessern kann, und haben ihren Weg in den Inhalt dieses Buches gefunden.

Einführung

Willkommen auf Ihrer Reise zu KI-gesteuerten Funktionen, intelligenten Berichten und angewandten maschinellen Lernmodellen in Power BI Desktop!

Power BI

Alle in diesem Buch beschriebenen Funktionen können mit der kostenlosen Version von Power BI genutzt werden. Dazu gehören Power BI Desktop, das Sie von `www.powerbi.com` herunterladen können, und der Power BI Service, den Sie unter `app.powerbi.com` finden. Für die Nutzung der in diesem Buch beschriebenen Funktionen ist keine Pro-Lizenz oder Premium-Kapazität erforderlich. Im letzten Kapitel zeige ich Ihnen, wie Sie auf die Cloud zugreifen und die Cognitive Services und das Machine Learning Studio von Azure nutzen können. Die Beispiele in diesem Buch funktionieren mit einem kostenlosen Abonnement der beiden Dienste. Je nach Anzahl der Zeilen Ihrer produktiven Daten stoßen Sie jedoch möglicherweise an die Grenzen der kostenlosen Abonnements.

Für den Fall, dass Sie neu in Power BI sind, habe ich einen kurzen Überblick über die beweglichen Teile gegeben, die Folgendes umfassen:

- Power BI Desktop
- Power BI-Dienst
- Power BI-Berichtsserver
- Power BI Mobil

Power BI Desktop

Power BI Desktop ist das sogenannte Client-Tool. Das ist das Tool, das Sie auf Ihrem Computer installieren. Es bietet eine ganze Reihe von Funktionalitäten, darunter die folgenden:

- Extrahieren, Umwandeln und Laden von Daten aus einer Vielzahl von Datenquellen (mit Power Query)

- Erstellen eines Datenmodells, das aus Tabellen und Beziehungen besteht

- Alle Arten von Berechnungen durchführen

- Erstellen Sie Ihre Berichte (die aus Tabellen, Diagrammen und Filtern bestehen)

In diesem Buch wird nur ein begrenzter Blick auf das Tool geworfen, da wir uns ausschließlich auf die Erstellung von (intelligenten) Berichten konzentrieren, ein paar Berechnungen durchführen und lernen, wie Power Query uns hilft, die Daten zu verstehen und anzureichern. Der Aufbau des richtigen Datenmodells ist von entscheidender Bedeutung, fällt aber nicht in den Rahmen dieses Buches. Bevor Sie Ihren ersten Power BI-Bericht mit realen Daten erstellen, sollten Sie Folgendes sorgfältig durchlesen: https://learn.microsoft.com/de-de/power-bi/transform-model/desktop-relationships-understand.

Installation von Power BI Desktop

Bevor Sie die Beispieldateien herunterladen und öffnen, vergewissern Sie sich bitte, dass Sie eine aktuelle Version von Power BI Desktop installiert haben (d. h. eine Version von Power BI Desktop, die nach der Veröffentlichung des Buches veröffentlicht wurde). Das Format der Power BI (PBIX)-Dateien ändert sich ständig – höchstwahrscheinlich können Sie eine PBIX-Datei, die mit einer neueren Version des Produkts als der auf Ihrem Computer installierten erstellt wurde, nicht öffnen.

Sie können Power BI Desktop kostenlos herunterladen unter www.powerbi.com. Ob Sie die EXE/MSI herunterladen und installieren oder die App-Store-Version wählen, macht keinen Unterschied hinsichtlich der verfügbaren Funktionen. Letztere aktualisiert sich automatisch, was ein Vorteil sein kann, da es keinen wirklichen Sinn macht, eine alte Version des Produkts laufen zu lassen.

Power BI-Dienst

Sie können Ihre Berichte außerhalb des Unternehmens in der Microsoft-Cloud unter `app.powerbi.com` veröffentlichen. Sie benötigen dazu ein (kostenloses) Konto, aber nur mit einer bezahlten Lizenz (Pro oder Premium) können Sie den Bericht mit anderen Personen teilen. Mehr über die Unterschiede zwischen der kostenlosen Version und den kostenpflichtigen Lizenzen erfahren Sie hier: `https://learn.microsoft.com/de-de/power-bi/fundamentals/service-features-license-type`.

Power BI Service wird in den Kap. 2 („Die Insights-Funktion") und 4 („Drill-down und Zusammenstellen von Hierarchien") erwähnt.

Power BI-Berichtsserver

Sie können Ihre Berichte vor Ort auf dem Power BI Report Server veröffentlichen, den Sie auf einer Infrastruktur installieren, die Sie selbst verwalten. Wenn Sie dies tun wollen, achten Sie darauf, dass Sie nicht den „normalen" Power BI Desktop verwenden, sondern eine Version von Power BI Desktop, die der Version Ihres Power BI Report Servers entspricht. Weitere Informationen zu Power BI Report Server finden Sie unter folgendem Link: `https://powerbi.microsoft.com/de-de/report-server`.

Leider waren die meisten der in diesem Buch vorgestellten Funktionen zum Zeitpunkt der Erstellung dieses Buches nicht für Power BI Report Server verfügbar. Wenn Sie Power BI Report Server verwenden, stellen Sie sicher, dass Sie die unterstützten Funktionen unter diesem Link nachschlagen: `https://learn.microsoft.com/de-de/power-bi/report-server/compare-report-server-service`.

Mobile Power BI-Anwendung

Verwechseln Sie dieses Client-Tool nicht mit Power BI Desktop. Es ermöglicht Ihnen, Berichte zu konsumieren, die entweder auf dem Power BI-Dienst oder Power BI-**Berichtsserver** (siehe vorherige Abschnitte) veröffentlicht wurden, und ist eine Alternative zur Verwendung eines Webbrowsers. Mehr über die App und die verfügbaren Plattformen erfahren Sie hier: `https://learn.microsoft.com/de-de/power-bi/consumer/mobile/mobile-apps-for-mobile-devices`.

Self-Service-BI vs. Unternehmens-BI

Self-Service Business Intelligence (BI) bezeichnet die Erstellung von Berichten und Analysen durch eine Person mit Fachwissen ohne die Hilfe der IT-Abteilung. Das bekannteste Self-Service-BI-Tool der Welt ist Excel, dicht gefolgt von Power BI.

Der Vorteil von Self-Service liegt in der Unabhängigkeit des Fachexperten von Ressourcen im Unternehmen. Es ermöglicht jemandem ohne formale IT-Ausbildung, selbst Erkenntnisse in den Daten zu entdecken. Dies ist nur möglich, wenn das Tool komplexe Aufgaben auf einfache Weise ausführen kann. Power BI Desktop ist genau so ein Tool. Sie werden viele dieser Funktionen im Laufe dieses Buches kennenlernen, da wir uns auf Self-Service-BI-Funktionen konzentrieren, die durch intelligente Funktionalitäten unterstützt werden.

Self-Service entlastet zwar den Fachmann und die Fachfrau, kann aber zu Dateninseln in der gesamten Organisation führen. Verschiedene Personen können ähnliche Dinge tun, was eine Verschwendung von Ressourcen darstellt. Diese Personen können dieselben Dinge auf unterschiedliche Weise tun, was zu unterschiedlichen Zahlen für dieselbe Kennzahl und zu Besprechungen führen kann, in denen diskutiert wird, welche der Verkaufszahlen die richtige ist.

Hier kommt Enterprise BI ins Spiel. Das Ziel ist der Aufbau eines zentralen Datenspeichers, der bereinigte Daten und alle Berechnungen als einzige Version der Wahrheit enthält. In der Regel wird diese Schicht als Data Warehouse, Cube oder semantisches Business Intelligence-Modell bezeichnet. Für den Aufbau einer solchen Schicht werden Dateningenieure benötigt, die die Anforderungen der Fachexperten umsetzen – was den Fachexperten sowohl Aufwand als auch Freiheit nimmt.

Die richtige Strategie zwischen Self-Service und Enterprise BI zu finden, ist ein Balanceakt, bei dem es darum geht, eine einzige Version der Wahrheit zu erstellen, die die Fachexperten in ihrer Freiheit unterstützt, durch eigene Analysen Erkenntnisse zu gewinnen. Dieses Buch konzentriert sich ausschließlich auf Self-Service. Die in diesem Buch beschriebenen und demonstrierten Funktionen können sowohl auf einen zentralen Datenspeicher als auch auf jede andere Datenquelle angewendet werden und helfen dabei, Einblicke in die Datenquellen zu gewinnen, um im nächsten Schritt den Aufbau des zentralen Datenspeichers zu ermöglichen.

Alle paar Wochen eine Neuerscheinung

Ein Buch über eine Software zu schreiben, die alle paar Wochen mit einer neuen Version herauskommt, ist eine Herausforderung. Power BI Desktop wird monatlich veröffentlicht. Power BI Service wird jede Woche aktualisiert. Ich habe mein Bestes getan, um Ihnen nicht nur die Details der zum Zeitpunkt des Schreibens aktuellsten Version zu zeigen, sondern Ihnen auch allgemeine Erkenntnisse mitzugeben, die hoffentlich über einen längeren Zeitraum gültig sind. Alle Kapitel enthalten Verweise auf die offizielle Dokumentation von Microsoft unter http://learn.microsoft.com. Wenn Ihre aktuelle Version von Power BI Desktop anders aussieht als der Screenshot in diesem Buch, oder wenn Sie eine beschriebene Funktion nicht finden können, überprüfen Sie bitte zunächst, welche Version von Power BI Desktop Sie installiert haben (höchstwahrscheinlich ist Ihre Version neuer als die Version, die für die Erstellung dieses Buches verwendet wurde). Schauen Sie in der Microsoft-Dokumentation nach, um herauszufinden, wie sich die Funktion entwickelt hat.

Künstliche Intelligenz und das ganze Drumherum

Für dieses Buch habe ich mich nicht an eine akademische Definition von künstlicher Intelligenz gehalten. Außerdem habe ich sie mit dem maschinellen Lernen in einen Topf geworfen. Einige der Funktionen könnten sogar auf konventionelle Weise implementiert worden sein. Ich habe den Standpunkt eines Endnutzers eingenommen, dem die Unterschiede in den Definitionen egal sind, solange die verfügbare intelligente Funktion dabei hilft, schneller zu einer Erkenntnis zu gelangen.

Kapitelüberblick

Die ersten Kapitel führen Sie durch die Funktionen, die allein über die grafische Benutzeroberfläche von Power BI verfügbar sind. Sie müssen keine einzige Zeile Code schreiben (außer für die Fragen in natürlichem Englisch im ersten Kapitel).

Die zweite Reihe von Kapiteln wird Ihnen zeigen, wie Sie die Funktionalitäten mit Hilfe von Code erweitern können. Ich werde Code in DAX, M, R und Python vorstellen und erklären.

In den letzten Kapiteln gehen wir noch einen Schritt weiter: Wir werden Microsofts Cloud-Service in Azure nutzen und Daten anreichern, während wir sie in Power BI Desktop laden.

Hier ist die Liste der Kapitel:

1. Fragen in natürlicher Sprache stellen

2. Die Insights-Funktion

3. Entdeckung wichtiger Einflussfaktoren

4. Drill-Down und Zerlegung von Hierarchien

5. Hinzufügen intelligenter Visualisierungen

6. Experimentieren mit Szenarien

7. Charakterisierung eines Datensatzes

8. Erstellen von Spalten anhand eines Beispiels

9. Ausführen von R- und Python-Visualisierungen

10. Datentransformation mit R und Python

11. Ausführen von Modellen für maschinelles Lernen in der Azure-Cloud

Beispiel Datenbank

Alle Beispiele aus allen Kapiteln basieren auf demselben Datensatz, den ich aus einer relationalen Datenbank namens AdventureWorksDW geladen habe. AdventureWorks ist ein fiktiver Sportartikelhändler mit Verkäufen zwischen den Jahren 2010 und 2013 für vier über den Globus verteilte Produktkategorien. Sie können eine Version dieser Datenbank für SQL Server hier kostenlos herunterladen: https://github.com/ microsoft/sql-server-samples/tree/master/samples/databases/adventure-works. Achten Sie darauf, dass Sie AdventureWorksDW (mit Postfix DW) und nicht AdventureWorks (ohne Postfix DW) herunterladen. Und stellen Sie sicher, dass Sie die passende Version von SQL Server zur Hand haben (2012, 2014, 2016 oder 2017). Es gibt keine Versionen für SQL Server 2019 oder später – verwenden Sie stattdessen die Datenbankversion für 2017.

Beispielberichte

Das Modell besteht aus den folgenden Tabellen und Spalten:

- Datum (Date): Jahr, Monatsnummer, Datum
- Mitarbeiter (Employee): Vorname, Geschlecht, Familienstand
- Produkt (Product): Händlerpreis, Kategorie, Unterkategorie, Name, Listenpreis, Produktlinie, Standardkosten
- Promotion: Name
- Verkäufe (Reseller Sales): Verkaufsbetrag, Stückpreis, Stückpreisrabatt
- Verkaufsgebiet (Sales Territory): Gruppe, Land, Region

Das Modell enthält eine separate Tabelle, in der alle Kennzahlen zusammengefasst sind:

- Rabatt-Betrag
- Fracht
- Bestellmenge
- Produkt-Standardkosten
- Verkaufsbetrag
- Steuerbetrag
- Gesamtproduktkosten
- Stückpreis

Die Tabelle „Reseller Sales" ist die Tabelle mit den meisten Zeilen, da sie alle Transaktionen (Fakten) enthält. Alle Kennzahlen hängen von dieser Tabelle ab. Alle anderen Tabellen enthalten weniger Zeilen und enthalten Filter, die in der Regel auf die Tabelle „Reseller Sales" angewendet werden, um aufschlussreiche Berichte zu erhalten.

Ich habe jedoch für jedes Kapitel eine andere Power BI Desktop-Datei (PBIX) vorbereitet, damit Sie jeden einzelnen Schritt, der in jedem Kapitel beschrieben wird, leichter nachvollziehen können. Wenn eine bestimmte Tabelle, Spalte oder Kennzahl in einem Kapitel nicht verwendet wird, habe ich sie ausgeblendet. Sie können diese Elemente jederzeit wieder einblenden, wenn Sie das Bedürfnis haben, mit einem komplexeren Modell zu spielen oder andere Spalten auszuprobieren.

Die meisten der Beispieldateien bestehen aus mehreren Berichtsseiten. Schauen Sie sich die Bildschirmfotos in den Kapiteln genau an, um herauszufinden, auf welche Berichtsseite sich der Text bezieht.

## KAPITEL 1

Fragen in natürlicher Sprache stellen

Q&A-Visual

Zunächst zeige ich Ihnen, wie Sie ein Q&A-Visual erstellen, und dann werde ich Ihnen anhand einiger Beispiele zeigen, wie Sie das Visual verwenden und sein Verhalten verbessern können.

Wie man ein Q&A-Visual erstellt

Es gibt grundsätzlich drei Möglichkeiten, ein Q&A-Visual zu erstellen, und zwar wie folgt

- Wählen Sie in der Multifunktionsleiste *Einfügen – Q&A*.

- Klicken Sie auf eine leere Stelle in Ihrer Berichtsleinwand (um sicherzustellen, dass alle Objekte auf der Berichtsseite abgewählt sind) und wählen Sie dann *Q&A* aus *Visualisierungen*. Das Symbol sieht aus wie eine Sprechblase mit einer Glühbirne in der rechten unteren Ecke.

- Doppelklicken Sie einfach auf eine beliebige leere Stelle auf Ihrer Berichtsseite. Das ist der schnellste Weg, um das Q&A-Visual zu starten.

Welche der drei Möglichkeiten Sie nutzen, ist ganz Ihnen überlassen. Alle drei bieten die gleiche Funktionalität. Ich bevorzuge auf jeden Fall die dritte Möglichkeit (Doppelklick), da ich so schnell das Suchfeld erhalte und mit der Eingabe des Gesuchten beginnen kann.

M. Ehrenmueller-Jensen, *Self-Service AI mit Power BI*, https://doi.org/10.1007/978-1-4842-9383-6_1

Q&A-Visual angewendet

Abb. 1-1 zeigt, wie die Arbeit mit einem Q&A-Visual aussieht und sich anfühlt. Sie haben ein Eingabefeld zur Hand (*Stellen Sie eine Frage zu Ihren Daten (in Englisch)*), in das Sie Ihre Frage eintippen (um eine Antwort aus Ihren Daten zu erhalten). Die Abbildung zeigt automatisch vorgeschlagene Fragen an (die als Schaltflächen unter der Überschrift *Probieren Sie eine dieser Optionen aus, um zu beginnen*) angezeigt werden. Wenn Sie auf eine dieser Schaltflächen klicken, wird der Text in das Eingabefeld kopiert und die Antwort wird generiert. Jedes Mal, wenn Sie das Eingabefeld löschen, werden die Vorschläge erneut angezeigt.

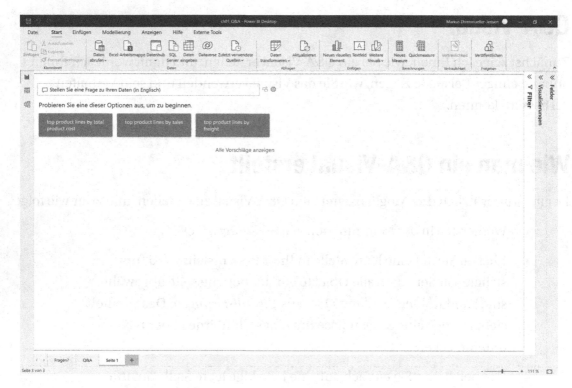

Abb. 1-1. *Erster Eindruck von Q&A-Visual*

Bitte öffnen Sie die Datei ch01_Q&A.pbix in Power BI Desktop. Lassen Sie uns ein Beispiel selbst ausprobieren. Fragen Sie nach dem Umsatz und das Q&A-Visual zeigt Ihnen 80.45 M in einem Kartenbild als Antwort an (Abb. 1-2).

Abb. 1-2. *Die Antwort auf die Frage nach der Höhe des Umsatzes lautet 80,45 Mio*

Sie können Ihre Frage eingrenzen, indem Sie den vorhandenen Umsatz im Eingabefeld nach Kategorie ergänzen. Wenn Sie Ihre Frage eingeben, kann Q&A Sie mit Vorschlägen unterstützen, z. B. nach welcher Art von Kategorie Sie suchen. Die Produktkategorie wird als kategorische Daten erkannt, und Q&A zeigt in seiner Antwort ein Balkendiagramm an, wie Sie in Abb. 1-3 sehen können.

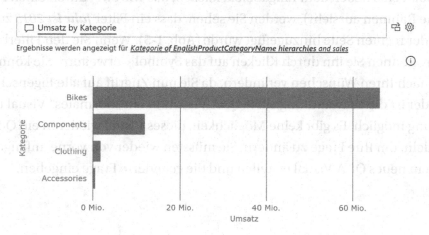

Abb. 1-3. *Antwort auf die Frage „Umsatz nach Kategorie"*

Q&A ermöglicht auch das Filtern. Wenn Sie für 2013 hinzufügen (Abb. 1-4), erkennt Q&A, dass Sie nicht nach einer Spalte fragen, sondern nach dem Inhalt einer Spalte filtern möchten, und filtert die Antwort nur für das Jahr 2013. In der aktuellen Ansicht können Sie nur erkennen, dass der Filter angewandt wurde, wenn Sie die Zahlen auf der x-Achse betrachten (die Zahlen sind jetzt weniger als die Hälfte der Zahlen in Abb. 1-3 – auch wenn sich das Verhältnis der Zahlen zwischen den Kategorien kaum verändert hat).

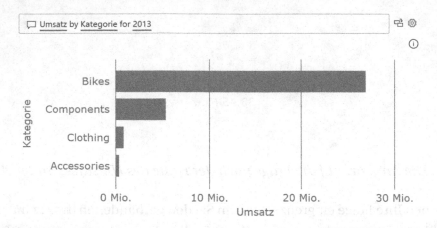

Abb. 1-4. *Antwort auf die Frage „Umsatz nach Kategorie für 2013"*

Sobald wir das Q&A-Visual in ein „normales" Visual umwandeln (indem wir auf das erste Symbol rechts neben dem Eingabefeld klicken, das wie zwei durch einen Pfeil verbundene Rahmen aussieht), werden Sie sehen, dass ein Filter *Jahr ist 2013* zu den *Filtern* auf der rechten Seite hinzugefügt wurde (Abb. 1-5). Wenn Sie den Filterbereich nicht sehen, können Sie ihn durch Klicken auf das Symbol < erweitern. Sie können dann das Visual nach Ihren Wünschen verändern, da Sie nun Zugriff auf alle Eigenschaften haben. Leider ist die Umwandlung eines Q&A-Visuals in ein „normales" Visual nur in eine Richtung möglich. Es gibt keine Möglichkeit, dieses Visual wieder in ein Q&A-Visual umzuwandeln, um Ihre Frage zu ändern. Sie müssten wieder von vorne anfangen, indem Sie ein neues Q&A-Visual erstellen und die geänderte Frage eingeben.

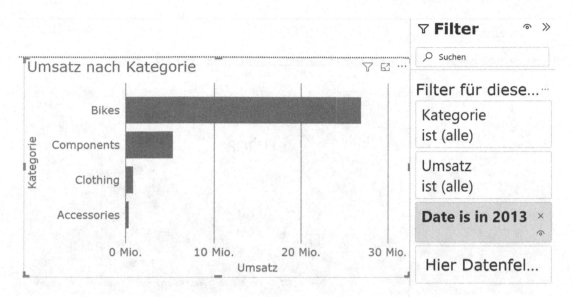

Abb. 1-5. *Die Antwort auf die Frage wird nun in ein „normales" Visual umgewandelt, auf das Filter angewendet werden*

Nun erstellen wir ein weiteres Q&A-Visual und fragen nach der Umsatzhöhe nach Gebietsgruppe. In Abb. 1-6 sehen Sie, dass die Antwort ein Kartenbild ist, da die Gebietsgruppe als geografische Information erkannt wird. Die Karte wird nur angezeigt, wenn Sie gerade mit dem Internet verbunden sind, da die Daten mit Hilfe des Bing-Dienstes von Microsoft auf der Weltkarte dargestellt werden.

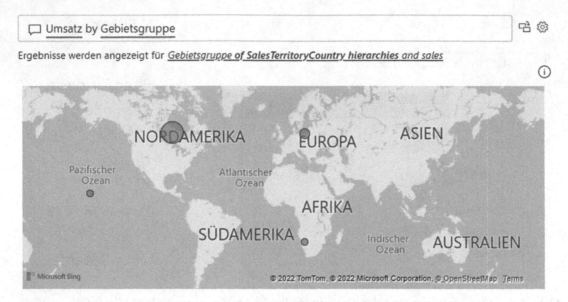

Abb. 1-6. *Antwort auf die Frage „Umsatz nach Gebietsgruppe"*

Ich glaube allerdings nicht, dass eine Karte in diesem Fall sehr nützlich ist. Sie nimmt viel Platz auf der Berichtsseite in Anspruch, ohne viel Information zu liefern. Und ich kann davon ausgehen, dass meine Berichtsnutzer wissen, wo unsere Vertriebsgebiete auf der Weltkarte liegen. Lassen Sie uns diese Gelegenheit nutzen und eine andere Funktion von Q&A einsetzen: Bitten Sie darum, die Daten `als Bar` darzustellen. Das Ergebnis können Sie in Abb. 1-7 sehen.

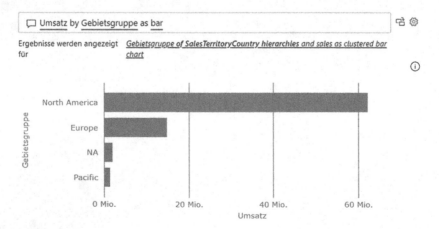

Abb. 1-7. *Antwort auf die Frage „Umsatz nach Gebietsgruppe als Bar"*

Die meisten der Standardvisualisierungen werden von Q&A unterstützt. In der Dokumentation heißt es, dass alle unterstützt werden, aber ich habe es nicht geschafft, ein KPI-Bild oder einen Slicer anzufordern. Visualisierungen aus dem App-Store werden überhaupt nicht unterstützt. Das heißt, Sie können Q&A nicht bitten, sie anzuzeigen. Aber nachdem Sie das Q&A-Bildmaterial in eine der Standard-Visualisierungen umgewandelt haben, können Sie das Visual natürlich in jedes verfügbare Visual umwandeln.

Passen Sie auf, denn nur Begriffe mit einer einzelnen blauen Linie darunter werden von Q&A verstanden und für die Beantwortung Ihrer Frage berücksichtigt (wie in den vorangegangenen Beispielen). Wenn Q&A nicht versteht, wonach Sie fragen, setzt es zwei rote Linien unter das Wort/die Wörter. Begriffe, die nicht unterstrichen sind, werden einfach ignoriert (siehe Abb. 1-8).

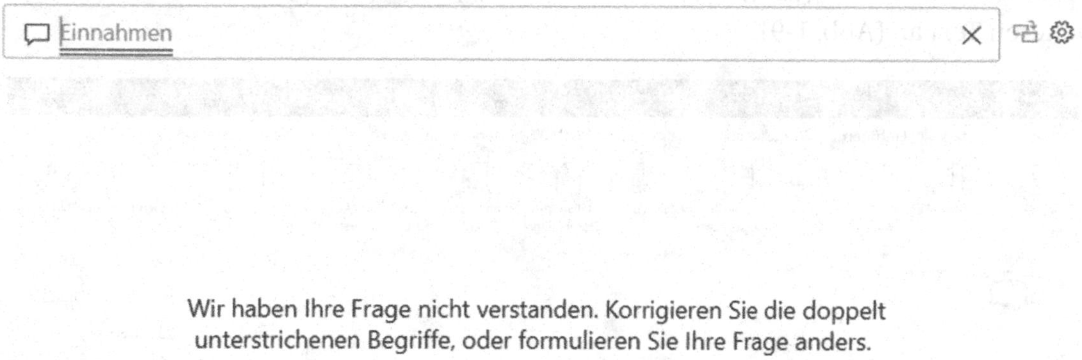

```
☐  Einnahmen                                                  ✕   ☐ ⚙
```

Wir haben Ihre Frage nicht verstanden. Korrigieren Sie die doppelt
unterstrichenen Begriffe, oder formulieren Sie Ihre Frage anders.

Abb. 1-8. *Q&A hat nicht verstanden, was wir mit „Einnahmen" meinen*

Wenn Sie zum Beispiel in der Beispieldatei nach den Einnahmen fragen, wird Q&A die Frage nicht verstehen, da es keine Tabelle, Spalte oder Kennzahl mit einem solchen Namen gibt. In den späteren Abschnjtt. „Synonyme" und „Q&A trainieren" finden Sie Möglichkeiten, wie Sie Q&A beibringen können, Fragen zu den Einnahmen zu beantworten, z. B. mit vorhandenen Kennzahlen zur Umsatzhöhe.

Hinweis   Ich erinnere mich, dass ich, als mir jemand Q&A zum ersten Mal vorführte, im Stillen zu mir selbst sagte: Das ist cool für Demos, aber wer wird diese Funktion in der realen Welt nutzen? Es dauerte nicht lange, bis ich entdeckte, dass ich – wenn ich mit dem Datenmodell vertraut bin – viel schneller visuelle

Darstellungen erstellen kann, indem ich einfach auf die Berichtsleinwand doppelklicke und die benötigten Kennzahlen und Spalten eingebe, als wenn ich sie durch Scrollen in der Feldliste auf der rechten Seite suche.

Q&A-Schaltfläche

Es gibt eine weitere Methode zum Öffnen von Q&A: Fügen Sie eine Schaltfläche in Ihren Bericht ein, auf die der Benutzer dann klicken kann, um den Q&A-Dialog zu aktivieren (kein Q&A-Visual; für Unterschiede siehe Q&A-Dialog). Sie finden alle verfügbaren Schaltflächen unter *Einfügen - Schaltflächen* (Abb. 1-9). Und dort können Sie Q&A wählen. Standardmäßig zeigt die Schaltfläche ein Sprechblasensymbol und keinen weiteren Text an (Abb. 1-9).

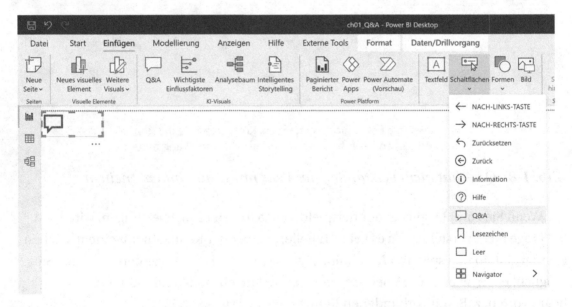

Abb. 1-9. *Wählen Sie Einfügen - Schaltflächen, um eine Q&A-Schaltfläche einzufügen*

Unter *Visualisierungen* haben Sie zahlreiche Möglichkeiten, sowohl das Aussehen der Schaltfläche als auch ihre Funktion zu ändern (Abb. 1-10):

- Schaltfläche Text

- Icon

- Gliederung

- Ausfüllen

- Titel

- Hintergrund

- Seitenverhältnis sperren

- Allgemein

- Grenze

- Aktion

- Visuelle Kopfzeile

Alle Attribute können sich in verschiedenen Zuständen ändern, z. B. wenn die Schaltfläche für den Benutzer nur sichtbar ist (*Standardzustand*) oder wenn der Benutzer den Mauszeiger über die Schaltfläche bewegt (*Beim Draufzeigen*) oder wenn der Benutzer die Schaltfläche tatsächlich drückt (*Beim Klicken*).

Abb. 1-10. *Visualisierungsoptionen für eine Schaltfläche*

Jeglicher Platz um den eingegebenen Schaltflächentext wird automatisch abgeschnitten. Wenn Sie die Auffüllung erhöhen, bewegt sich der Text vom rechten Rand zur Mitte des Rahmens. Sie können die Schriftfarbe, -größe und -familie sowie die horizontale und vertikale Ausrichtung ändern.

Für die Schriftfarbe (eigentlich für jede Farbe, die Sie in Power BI Desktop einstellen können) haben Sie die Wahl:

- Schwarz

- Weiß

- Bis zu acht Designfarben (weitere Informationen zu Designs finden Sie unter `https://learn.microsoft.com/de-de/power-bi/desktop-report-themes`)

- Drei hellere (60 %, 40 %, 20 %) und zwei dunklere (25 %, 50 %) Versionen der vorhergehenden Farben. Leider können Sie diese Prozentsätze nicht ändern.

- Kürzlich gewählte Farben

- Benutzerdefinierte Farbe, die Sie über einen Farbwähler oder durch Eingabe des Hex- oder RGB-Codes der Farbe auswählen können

---

Tipp   Ich empfehle Ihnen, sich an die ersten drei (Schwarz, Weiß und die Farben des Hauptthemas) zu halten, da Sie letztere auf einmal ändern können, indem Sie ein anderes Design für Ihre Power BI Desktop-Datei auswählen (anstatt die Farbformatoptionen für jedes einzelne Objekt in Ihren Berichten zu ändern). Seien Sie vorsichtig mit den helleren und dunkleren Versionen – sie passen möglicherweise nicht zu Ihrer CI (Corporate Identity).

Sie können das Symbol der Schaltfläche durch ein anderes vordefiniertes Symbol ersetzen (was nicht unbedingt empfehlenswert ist, da es Ihre Benutzer verwirren könnte) oder das Symbol der Schaltfläche entfernen (indem Sie das Symbol auf „Leer" setzen).

Titel fügt Text über Ihrer Schaltfläche hinzu und bietet dieselben Eigenschaften wie der eigentliche Schaltflächentext. Außerdem können Sie den Zeilenumbruch ein- und ausschalten (wenn er ausgeschaltet ist, werden zu lange Texte abgeschnitten).

Mit *Rand* können Sie einen Rahmen um die Schaltfläche setzen. Sie legen die Transparenz und die Stärke des Rahmens fest und können die Kanten abrunden. Mit *Visueller Rahmen* wird der Rahmen nicht nur um die Schaltfläche, sondern auch um den Titel gelegt.

Mit *Ausfüllen* können Sie die Hintergrundfarbe und die Transparenz der Schaltfläche selbst ändern, während *Hintergrund* den farbigen Bereich auch auf den Titel ausdehnt.

Durch Aktivieren oder Deaktivieren der Option *Seitenverhältnis sperren* wird das Verhalten bei der Größenänderung des Objekts geändert, wenn Sie die Griffe an den Ecken des Objekts verwenden (Abb. 1-11). Es ändert sich nichts, wenn Sie die Griffe oben, unten oder an den Seiten des Objekts verwenden. Wenn Sie diese Eigenschaft aktivieren, wird die Größe der Eckgriffe gleichzeitig mit der Höhe und der Breite des

Objekts geändert. Nach der Größenänderung bleibt das Verhältnis von Höhe zu Breite gleich. Wenn Sie diese Eigenschaft ausschalten, können die Eckpunkte die Höhe und Breite des Objekts unabhängig voneinander verändern. Nach der Größenänderung kann sich das Verhältnis von Höhe zu Breite geändert haben.

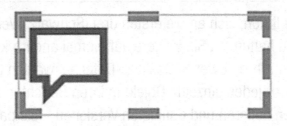

Abb. 1-11. **Die** *Griffe in den vier Ecken verhalten sich je nach Option Seitenverhältnis sperren unterschiedlich*

Unter *Allgemeine – Eigenschaften* können Sie genaue Zahlen für die X- und Y-*Position* des Objekts sowie für die *Größe* (Breite und Höhe) eingeben. Geben Sie unter *Alt-Text* eine Beschreibung ein, damit ein Bildschirmlesegerät sie lesen kann, wenn das Objekt ausgewählt ist.

Aktion beschreibt, was passieren soll, wenn der Benutzer auf diese Schaltfläche klickt. Da wir diese Schaltfläche als Q&A-Schaltfläche erstellt haben, wird standardmäßig der Q&A-Dialog geöffnet. Sie können eine Quickinfo hinzufügen, die angezeigt wird, sobald Sie mit dem Mauszeiger über der Schaltfläche verweilen.

In *Header-Symbole* werden Optionen angezeigt, die sich erst auswirken, nachdem Sie den Bericht entweder in Power BI Service oder Power BI Report Server veröffentlicht haben. Weitere Informationen finden Sie hier: `https://powerbi.microsoft.com/ de-de/blog/power-bi-desktop-july-2018-feature-summary/#visualHeader`.

Achtung   Bitte denken Sie daran, dass Sie in Power BI Desktop die Strg-Taste auf der Tastatur gedrückt halten müssen, während Sie auf die Schaltfläche klicken, um deren Funktion zu aktivieren. Der Grund dafür ist einfach, dass ein einfacher Klick (ohne die Strg-Taste auf der Tastatur zu halten) auf ein Objekt in Power BI Desktop nur eine Auswahl ist. Wenn Sie den Bericht im Power BI Service oder auf einem Power BI Report Server veröffentlicht haben, aktiviert der Benutzer die Aktion durch einen normalen Klick.

Q&A-Dialog

Die in Abb. 1-11 beschriebene Schaltfläche öffnet nicht eine Q&A-Visualisierung, sondern ein Q&A-Dialogfeld (Abb. 1-12). Dieser Dialog zeigt Ihnen auf der linken Seite vorgeschlagene Fragen an (die sich Power BI Desktop selbstständig ausdenkt). Im Eingabefeld (*Stellen Sie eine Frage zu Ihren Daten (in Englisch)*) stehen Ihnen die gleichen Funktionen zur Verfügung, mit kleinen Unterschieden:

- Sie können nicht nur die Antwort auf die aktuelle Frage sehen, sondern auch die Antworten auf frühere Fragen, die Sie seit dem Öffnen des Dialogs oder seit dem Löschen der Fragen gestellt haben, die unterhalb des Eingabefeldes aufgelistet sind.

- Nachdem Sie eine Frage gestellt haben, können Sie diese in einer zweiten Frage eingrenzen, nachdem Sie auf *Eine verwandte Frage stellen* geklickt haben. Eine Zusammenfassung Ihrer Frage wird dann am unteren Rand des Bildschirms angezeigt.

- Sie können die Liste der Antworten löschen, indem Sie auf *Löschen* klicken.

- Sie können die aktuelle Frage der Liste auf der linken Seite hinzufügen, indem Sie auf *Diese Frage hinzufügen* klicken. Wenn Sie das Dialogfenster mit *Speichern und schließen* verlassen, werden diese Fragen mit der Power BI Desktop-Datei gespeichert und ersetzen die Standardfragen für diesen Dialog. (Die standardmäßig vorgeschlagenen und in Abb. 1-1 dargestellten Fragen werden jedoch nicht beeinflusst).

- Sie können die Antwort nicht als visuelles Element in Ihren Bericht einfügen.

Im Zweifelsfall würde ich das Q&A-Visual (erstellt als Visual oder durch Doppelklick auf den Berichtsbereich) dem Q&A-Dialog (erstellt über eine Q&A-Schaltfläche) vorziehen. Das Q&A-Visual wurde mit der Dezember 2019-Version von Power BI Desktop überarbeitet, um die meisten Funktionen des Dialogs abzudecken, und kann direkt in die Berichtsseite eingebettet werden, ohne dass ein zusätzliches Dialogfenster geöffnet werden muss.

Abb. 1-12. *Q&A-Dialog, geöffnet über die Schaltfläche Q&A*

Schlüsselwörter

Wir haben bereits einige Möglichkeiten von Q&A in Aktion gesehen: Abrufen des Wertes einer Kennzahl oder einer SpalteFiltern nach einem Jahr oder Ändern des Bildmaterials. Die erste Möglichkeit bezieht sich auf Objekte im Datenmodell. Bei den beiden letzteren werden Schlüsselwörter verwendet

Die Schlüsselwörter können wie folgt kategorisiert werden – und sind leider nur in Englisch verfügbar:

- Aggregate (z. B. total, sum, count, average, largest, smallest)

- Vergleich und Bereich (z. B. versus, compared to, in, equal, =, between), top x, Konjunktionen (z. B. and, or, nor) und Kontraktionen (z. B. didn't)

- Abfragebefehle (z. B. sort, ascending, descending), Visualisierungsarten (z. B. as bar, as table; bei mir funktionierten die meisten der Standardvisualisierungen)

Neben den Schlüsselwörtern können Sie Werte (konkrete Werte, nach denen Sie suchen, einschließlich true, false und empty), einschließlich Datumsangaben (konkrete Werte in vielen Formaten und relative Datumsangaben, wie today, yesterday, previous, x days ago) und Zeiten eingeben.

Eine vollständige Liste der Schlüsselwörter und Werte finden Sie in der Online-Dokumentation von Microsoft unter `https://learn.microsoft.com/de-de/power-bi/consumer/end-user-q-and-a-tips`. Microsoft hat viele Variationen von erkannten Wörtern hinzugefügt und leistet damit gute Arbeit. Probieren Sie es einfach aus (und beschränken Sie sich nicht auf die vorstehende Liste), um herauszufinden, welche Ausdrücke für Sie am besten funktionieren, um das gewünschte Ergebnis zu erzielen.

Synonyme

Obwohl eine Tabelle, eine Spalte oder eine Kennzahl in einem Datenmodell nur einen eindeutigen Namen haben kann, verwenden die Menschen in der realen Welt verschiedene Namen für dieselbe Sache. Die Leute in Ihrem Unternehmen (und vielleicht auch Sie selbst) sprechen manchmal vom Umsatz und manchmal von Einnahmen oder Erträgen, meinen aber in allen drei Fällen das Gleiche. Wenn wir mehrere Namen für ein und dieselbe Sache haben, werden diese verschiedenen Namen als Synonyme bezeichnet.

Wenn Sie Q&A in der Power BI Desktop-Beispieldatei nach Einnahmen fragen, werden zwei rote Linien darunter eingeblendet, um zu signalisieren, dass das Wort nicht erkannt wird (da es im Datenmodell nicht gefunden werden kann). Wir haben dies bereits in Abb. 1-8 gesehen.

Glücklicherweise können wir mit Power BI Desktop unser Datenmodell mit Synonymen anreichern. Die Funktion ist allerdings ein wenig versteckt. Sie müssen in die Modellansicht wechseln (das dritte Symbol von oben auf der linken Seite des Bildschirms; siehe Abb. 1-13). Dort können Sie entweder auf ein bestimmtes Element (z. B. eine Spalte oder eine Kennzahl) in einer der Tabellen klicken oder das Element in der Feldliste auf der rechten Seite des Bildschirms finden. Im Abschnitt *Allgemein* der *Eigenschaften* finden Sie das Eingabefeld für *Synonyme*.

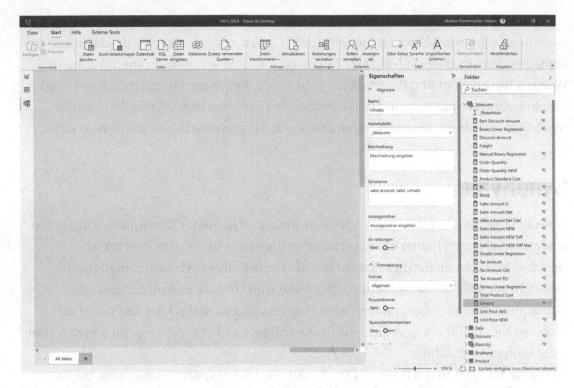

Abb. 1-13. *Wir können Synonyme in der Modellansicht von Power BI Desktop hinzufügen*

Power BI Desktop füllt dieses Feld automatisch aus. Es fügt den Namen (z. B. Sales Amount) und die Varianten (z. B. Singular Sale Amount und Plural Sales Amount) hinzu. Sie können weitere Synonyme hinzufügen, indem Sie die Liste mit einem Komma abtrennen. In der Beispieldatei habe ich Einnahmen in die Liste aufgenommen.

Wenn Sie Einnahmen in die Liste einfügen (durch ein Komma von den vorhandenen Elementen im Eingabefeld getrennt) und zurück zur Berichtsansicht wechseln, kann Q&A 80 Mio. Umsatz als Antwort auf Ihre Frage nach den Einnahmen finden.

Es kann eine Herausforderung sein, alle Synonyme in Ihrer Organisation herauszufinden und sie dann einzeln in die Power BI Desktop-Datei einzugeben. In den nächsten beiden Abschnitten werden weitere Lösungen für dieses Problem beschrieben.

Q&A trainieren

Anstatt in die Modellansicht zu wechseln und das Feld zu suchen, dem Sie ein Synonym hinzufügen möchten, haben Sie eine andere Möglichkeit: Wenn Sie auf einen Begriff klicken, unter dem sich zwei rote Linien befinden, können Sie Q&A die Bedeutung des Begriffs beibringen.

Um dies auszuprobieren, geben Sie in Q&A „Earnings" ein und klicken Sie dann auf den Begriff. Wie Sie in Abb. 1-14 sehen können, erscheint eine Sprechblase, die Ihnen mitteilt, dass die Mitarbeiter von Q&A *nicht sicher sind, was Sie meinen*. Sie fordern Sie auf, *einen anderen Begriff* zu verwenden *oder diesen hinzuzufügen*. Wenn Sie auf den blauen Text *Earnings definieren* klicken, erscheint ein Dialog, um Q&A zu trainieren.

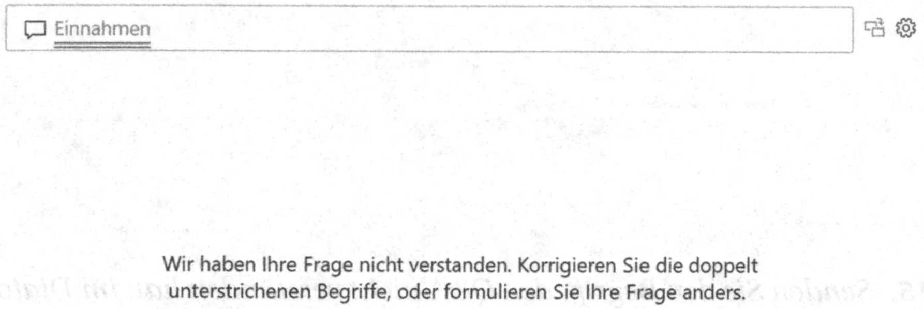

⊏ Einnahmen

Wir haben Ihre Frage nicht verstanden. Korrigieren Sie die doppelt
unterstrichenen Begriffe, oder formulieren Sie Ihre Frage anders.

Abb. 1-14. Sie können einen Begriff definieren, den Q&A nicht verstanden hat

Ein Dialogfenster *Q&A-Einrichtung* öffnet sich, und der Abschnitt *Q&A trainieren* ist bereits ausgewählt. Um Q&A beizubringen, was wir mit „Ergebnis" meinen, klicken Sie auf die Schaltfläche *Senden* rechts neben dem Eingabefeld (Abb. 1-15).

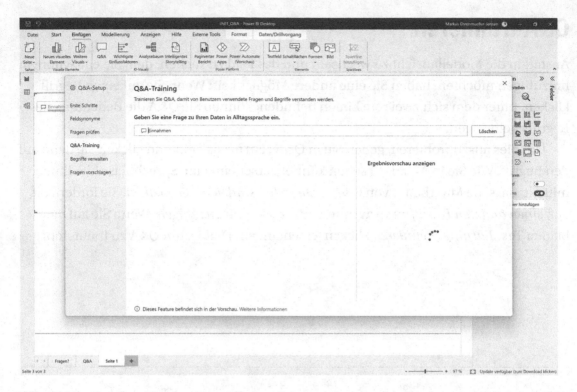

Abb. 1-15. *Senden Sie den Begriff, den Q&A nicht verstanden hat, im Dialog Q&A unterrichten*

Nachdem Sie auf *Absenden* geklickt haben (Abb. 1-16), können Sie angeben, dass „Earnings" nur ein anderes Wort für „Umsatz" ist.

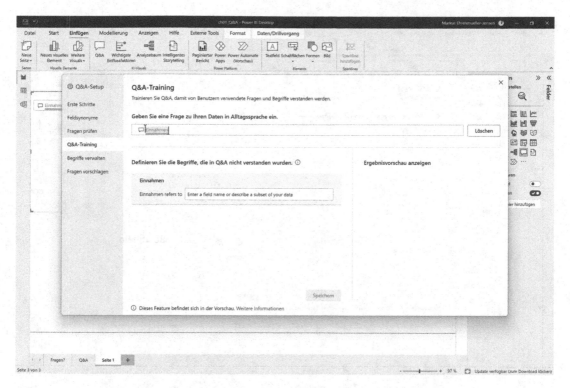

Abb. 1-16. *Definieren Sie den Begriff, den Q&A nicht verstanden hat, durch Eingabe eines Feldnamens oder einer Q&A-Frage*

Geben Sie hier die Einnahmen ein, und der Begriff „Einnahmen" wird blau unterstrichen, um zu signalisieren, dass Q&A nun weiß, wonach wir gefragt haben (Abb. 1-17).

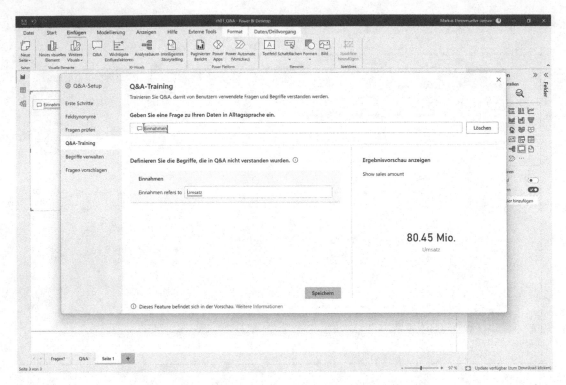

Abb. 1-17. *Bringen Sie Q&A bei, dass sich „Einnahmen" auf den Umsatz bezieht*

Je nach der Formulierung Ihrer ursprünglichen Frage kann die Begriffsdefinition eine komplexere Formulierung mit anderen Schlüsselwörtern enthalten.

Alternativ können Sie diesen Dialog auch starten, indem Sie auf das Zahnradsymbol rechts neben dem Eingabefeld in der Q&A-Ansicht klicken. Dann öffnet sich der Dialog mit dem vorselektierten Abschnitt *Erste Schritte* (Abb. 1-18). Dieser Bildschirm enthält eine Beschreibung der drei anderen Abschnitte (*Fragen überprüfen, Q&A unterrichten* und *Begriffe verwalten*) sowie einen Link und ein Video, um mehr über Q&A zu erfahren. *Fragen und Antworten unterrichten* haben wir bereits besprochen. Schauen wir uns nun die beiden anderen an.

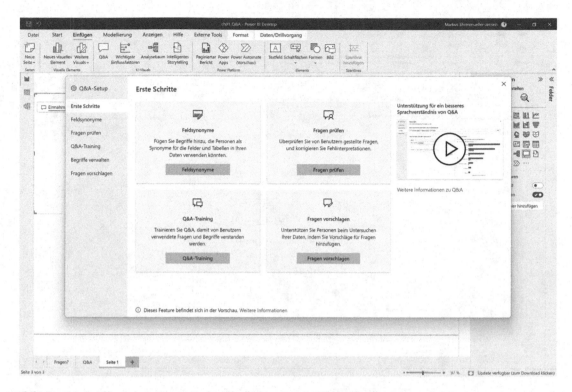

Abb. 1-18. *Abschn. „Erste Schritte" der Q&A-Einrichtung*

Im Abschnitt *Fragen überprüfen* müssen Sie zunächst einen der Datensätze auswählen, die Sie zuvor in Power BI Service veröffentlicht haben, bevor Sie eine Liste der Fragen erhalten, die Q&A nicht verstehen konnte. In Abb. 1-19 sehen Sie, dass im Power BI Service sowohl nach dem Umsatz als auch nach dem Ertrag gefragt wurde. Die Einnahmen haben wir bereits erfolgreich gelehrt, aber für die Einnahmen ist ein *Fix erforderlich*. Klicken Sie einfach auf das Stiftsymbol, um *„Teach Q&A"* zu öffnen, und teilen Sie Q&A mit, dass sich der Umsatz auch auf den Verkaufsbetrag bezieht. Sobald Sie die Datei in Power BI Service hochgeladen haben, können Ihre Kollegen erfolgreich nach Umsatz und Gewinn fragen. Bitte lesen Sie `https://learn.microsoft.com/de-de/power-bi/desktop-upload-desktop-files` für weitere Details, wie Sie Ihre Power BI-Datei in Power BI Service veröffentlichen und teilen können.

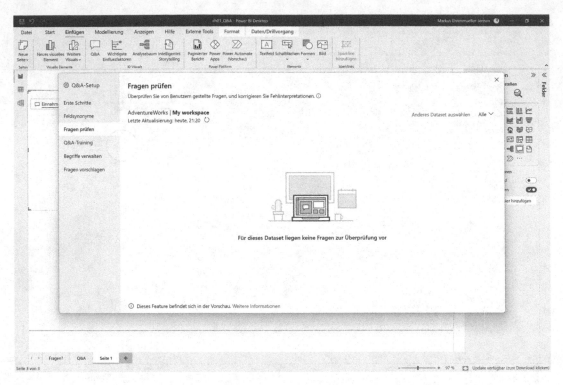

Abb. 1-19. *Abschn. „Fragen überprüfen" der Q&A-Einrichtung*

Im Abschnitt *Begriffe verwalten* werden alle Begriffe angezeigt, die wir Q&A beigebracht haben. Bislang ist dies nur „Ergebnis", wie Sie in Abb. 1-20 sehen können. Wenn der Begriff nicht mehr verwendet wird, können Sie ihn hier löschen. Wenn Sie die Bedeutung des Begriffs ändern möchten, löschen Sie ihn ebenfalls und geben dann die neue Bedeutung im Abschnitt *Q&A trainieren* ein.

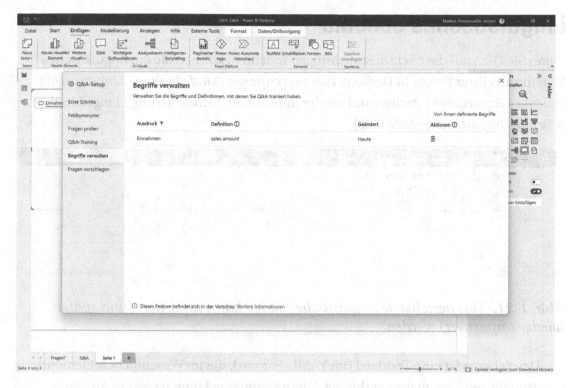

Abb. 1-20. *Abschn. „Begriffe verwalten" der Q&A-Einrichtung*

Achtung   Zum Zeitpunkt der Erstellung dieses Buches befand sich Q&A Setup in der Vorschau. Ich empfehle nicht, Vorschaufunktionen jeglicher Art für Analysen zu verwenden, die für Sie oder Ihr Unternehmen entscheidend sind.
Vorschaufunktionen können instabil sein und werden nicht unterstützt, sie können grundlegend geändert werden, bevor sie in das Produkt aufgenommen werden, und Sie wissen nicht, wann oder ob sie in das Produkt aufgenommen werden. Updates zu dieser Funktion finden Sie hier: `https://learn.microsoft.com/ de-de/power-bi/natural-language/q-and-a-tooling-teach-q-and-a`.

Linguistisches Schema

Wenn Sie Q&A auf die nächste Stufe bringen möchten, können Sie ein linguistisches Schema aus Ihrer Power BI Desktop-Datei exportieren (*Modellierung - Linguistisches Schema - Exportieren*), ändern und wieder importieren (*Modellierung - Linguistisches Schema - Importieren*) (Abb. 1-21).

Abb. 1-21. *Das bestehende linguistische Modell kann exportiert (und später wieder importiert) werden*

Das Schema ist eine Textdatei (im YAML-Format), die im Wesentlichen Elemente des Modells mit Synonymen verbindet. Diese Synonyme können weitere Attribute haben, damit Q&A entscheiden kann, in welchen Fällen sie verwendet werden sollen. Diese Datei enthält sowohl alle Synonyme (aus der Modellansicht) als auch trainierte Begriffe (aus dem *Q&A-Setup*).

Im Folgenden sehen Sie die verfügbare Synonymdefinition für die Kennzahl *Umsatz* (die wir in den Abschn. „Synonyme" und „Fragen und Antworten unterrichten" gesehen haben). Alles außer den drei Zeilen mit `- umsatz`, `- einnahmen: {State: Gelöscht}`, und `- Ertrag: {LastModified: '2020-02-10T09:14:44.6697036Z'}` wurde automatisch von Power BI Desktop generiert.

`Einnahmen` ist das Synonym, das ich in der Beispieldatei angegeben habe. Ich habe `Umsatz` und `Einnahmen` in *Teach Q&A* eingegeben und später den ersten wieder gelöscht (daher der Zustand *gelöscht*).

Sie können in der ersten Zeile direkt unter diesen drei Zeilen erkennen, dass `Verkaufsmenge` ebenfalls als Synonym hinzugefügt wurde (Zustand ist *vorgeschlagen*), aber nur mit 0,500000019868215 gewichtet. Wenn es für eine andere Spalte im Modell ein Synonym *Verkaufsmenge* mit einer höheren Gewichtung gibt, wird dieser andere Begriff gegenüber *Umsatz* bevorzugt, wenn wir Q&A nach der *Verkaufsmenge* fragen. Weitere vorgeschlagene Synonyme mit unterschiedlichen Gewichtungen wurden ebenfalls hinzugefügt.

```
v_Measures_measure.sales_amount:
  Binding: {Table: _Measures, Measure: Sales Amount}
  State: Generated
  Terms:
- sales amount
- sales: {Weight: 0.97}
- umsatz
- revenue: {State: Deleted}
- earnings: {LastModified: '2020-02-10T09:14:44.6697036Z'}
- sale quantity: {Type: Noun, State: Suggested, Weight:
  0.500000019868215}
- sale volume: {Type: Noun, State: Suggested, Weight:
  0.49999991986821091}
- sale expanse: {Type: Noun, State: Suggested, Weight:
  0.499999869868209}
- sale extent: {Type: Noun, State: Suggested, Weight: 0.499999819868207}
- salary: {Type: Noun, State: Suggested, Weight: 0.49090911041606561}
- paycheck: {Type: Noun, State: Suggested, Weight: 0.49090896314333249}
- remuneration: {Type: Noun, State: Suggested, Weight:
  0.49090886496151037}
- retribution: {Type: Noun, State: Suggested, Weight:
  0.49090881587059931}
- sale sum: {Type: Noun, State: Suggested, Weight: 0.48500001927216851}
- sale total: {Type: Noun, State: Suggested, Weight:
  0.48499997077216667}
```

Wichtigste Erkenntnisse

Das haben Sie in diesem Kapitel gelernt:

- Die Erstellung neuer Grafiken geht viel schneller, wenn Sie auf den Berichtsbereich doppelklicken (um Q&A zu starten) und die benötigten Kennzahlen und Spalten eingeben. Nach der Konvertierung in ein Visual können Sie das Visual dann nach Ihren Bedürfnissen anpassen.

- Q&A bietet Ihnen nicht nur die Möglichkeit, die Elemente für das Visual auszuwählen, sondern versteht Fragen in natürlicher Sprache, die zur Berechnung von Aggregationen, zur Anwendung von Filtern oder zur Auswahl der Art des Visuals verwendet wird.

- Q&A gibt es in zwei Versionen: Q&A Visual (aktiviert durch Doppelklick auf die Berichtsleinwand) und Q&A Dialog (aktiviert durch Hinzufügen einer Schaltfläche).

- Sie können Ihrem Modell Synonyme hinzufügen, um Q&A zu helfen, die (Geschäfts-)Begriffe, die der Benutzer verwendet, besser zu verstehen.

- Sie können Q&A trainieren, komplexere Begriffe zu erkennen, indem Sie eine Beschreibung in natürlicher Sprache bereitstellen.

- Die fortschrittlichste Methode, um Q&A dabei zu helfen, die tägliche Sprache von Ihnen und Ihrer Organisation zu erkennen, ist die Bereitstellung eines Sprachschemas in Form einer YAML-Datei.

KAPITEL 2

Die Insights-Funktion

Erklären Sie den Anstieg

Nehmen Sie das Beispiel aus Abb. 2-1 und betrachten Sie es genau. Es zeigt ein
Liniendiagramm für die Verkaufsmenge nach Datum über einen Zeitraum von drei
Jahren. Während die Umsätze in diesen Monaten schwankten, ist im Januar 2013 ein
deutlicher Spitzenwert zu erkennen. Aus analytischer Sicht könnte es interessant sein,
herauszufinden, was im Januar 2013 anders gelaufen ist als im Dezember 2012. Vielleicht
können wir aus diesen beiden Datenpunkten ein Muster ableiten und lernen, was wir
tun können, um dies in Zukunft zu wiederholen.

© Der/die Autor(en), exklusiv lizenziert an APress Media, LLC, ein Teil von Springer Nature 2023
M. Ehrenmueller-Jensen, *Self-Service AI mit Power BI*, https://doi.org/10.1007/978-1-4842-9383-6_2

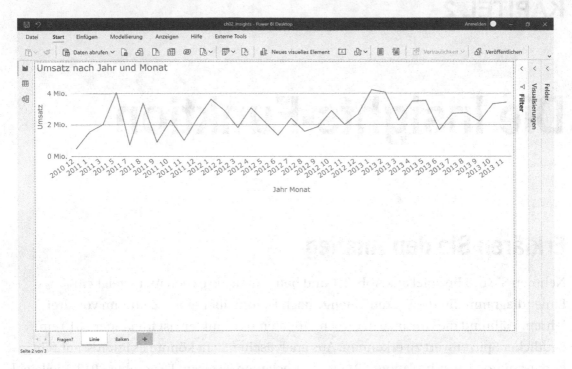

Abb. 2-1. *Umsatz nach Datum als Liniendiagramm*

Um das herauszufinden, klicken Sie einfach mit der rechten Maustaste auf den Spitzendatenpunkt im Januar 2013 und wählen Sie *Analysieren - Erklären Sie den Anstieg*. Power BI Desktop benötigt einige Sekunden, um alle verfügbaren Informationen in Ihren Daten und Ihrem Datenmodell zu analysieren, und schlägt dann Erklärungen vor, die statistisch signifikant sind (Abb. 2-2).

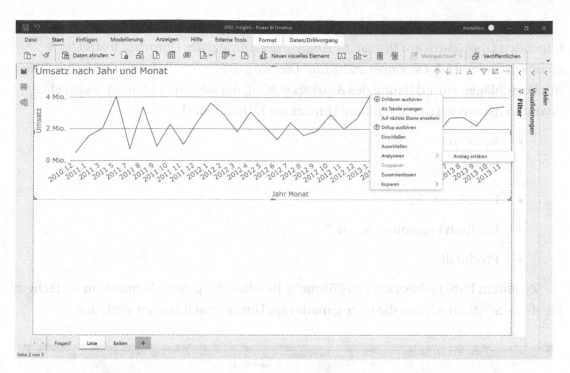

Abb. 2-2. *Klicken Sie mit der rechten Maustaste auf einen Datenpunkt, um den Anstieg zu erklären*

Achtung   Nicht alles, was statistisch signifikant ist, ist auch praktisch signifikant. Wägen Sie die Vorschläge mit Ihrem Fachwissen und Ihrem gesunden Menschenverstand ab.

Selbst wenn etwas eine praktische Bedeutung hat, sagt es uns nicht direkt, welche der Erkenntnisse die Ursache und welche die Wirkung war. Auch hier brauchen wir Fachwissen und gesunden Menschenverstand, um die richtigen Schlüsse zu ziehen.

Power BI Desktop zeigt die Erkenntnisse in einem Flyout-Fenster (Abb. 2-3) mit der folgenden Überschrift an: *Hier ist die Analyse des Anstiegs des Umsatzes um 58,05 % zwischen Samstag, 1. Dezember 2020, und Dienstag, 1. Januar 2013*. Es wurde eine Liste mit Vorschlägen zur Erklärung des Anstiegs erstellt, die Sie sehen können, wenn Sie im Flyout-Fenster nach unten scrollen: Umsatz nach Datum und …

- Vorname

- Geschlecht

- Familienstand

- Englisch Promotion Name

- Produktlinie

Zu jedem Punkt gibt es eine ausführliche Beschreibung der Erkenntnis in einfachem Deutsch. Schauen wir uns die erste genauer an: Umsatz nach Datum Vorname.

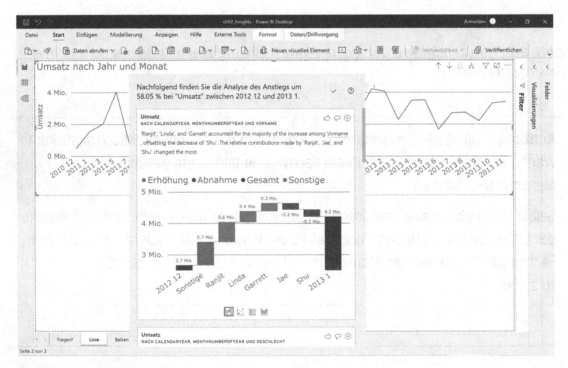

Abb. 2-3. *Hier ist die Analyse des Anstiegs*

„Ranjit", „Linda" und „Garrett" waren für den größten Teil des Anstiegs bei den Vornamen verantwortlich und glichen den Rückgang von „Shu" aus. Der relative Beitrag von „Ranjit", „Jae" und „Shu" änderte sich am stärksten.

Unten sehen wir die gleichen Informationen in Form eines Wasserfalldiagramms. Es zeigt einen blauen Balken auf der linken Seite, der den Umsatz im Dezember 2012 darstellt, und einen auf der rechten Seite, der den Januar 2013 darstellt. Die Veränderung zwischen diesen beiden Zeitpunkten wird als positiver Beitrag zum Anstieg des Umsatzes von Ranjit, Linda und Garrett und als negativer Beitrag von Jae und Shu dargestellt. Mitarbeiter mit geringeren Beiträgen (positiv oder negativ) werden nicht im Detail dargestellt, sondern in einer grauen Spalte mit der Bezeichnung *„Sonstige"* zusammengefasst.

Das mag in manchen Fällen eine gute Einsicht sein, aber ich bezweifle, dass das in diesem konkreten Beispiel eine gute Einsicht ist:

- Die Vornamen unserer Mitarbeiter sind nicht eindeutig. Eine schnelle Überprüfung über Q&A mit „count of employee by first name for Ranjit Linda Garrett Jae Shu" zeigt, dass wir nur einen Ranjit, einen Jae und einen Shu haben, aber zwei Garretts und vier Lindas. Der Balken im Wasserfalldiagramm addiert die Werte dieser vier Lindas – wir können nicht sagen, welche der Lindas gute Arbeit geleistet hat oder ob alle vier nur durchschnittliche Arbeit bei der Steigerung des Umsatzes von Dezember 2012 bis Januar 2013 geleistet haben.

- Selbst wenn wir genau wissen, welcher unserer Mitarbeiter wie viel zur Umsatzsteigerung zwischen Dezember 2012 und Januar 2013 beigetragen hat, welche Art von Schlussfolgerung können wir aus diesen Informationen ziehen? Mehr Mitarbeiter mit dem Vornamen Ranjit einzustellen, wäre wahrscheinlich die falsche Idee.

- Mit Blick auf den Datenschutz (z. B. EU-GDPR) sollten wir vielleicht keine Berichte über einzelne Mitarbeiter erstellen.

Aber warum schlägt die Insights-Funktion überhaupt den Vornamen vor? Der Grund ist einfach, dass die Spalte im Datenmodell vorhanden ist. Und Power BI – unabhängig von der Bedeutung – analysiert alle verfügbaren Informationen. Um den Vorschlag mit den Vornamen loszuwerden, können wir die Spalte im Datenmodell ausblenden. Eine ausgeblendete Spalte ist immer noch vorhanden (und kann in Filterbeziehungen im Modell verwendet werden, in Berichten angezeigt werden oder Teil einer DAX-Berechnung sein). Sie wird nur aus der Feldliste verschwinden, und die Insights-Funktion (und auch Q&A) wird die Spalte ignorieren.

Um den Vornamen auszublenden, suchen Sie ihn in der Feldliste auf der rechten Seite. Klicken Sie mit der rechten Maustaste darauf und wählen Sie im Kontextmenü *Ausblenden*, wie in Abb. 2-4 zu sehen. Falls Sie Ihre Meinung später ändern, können Sie die Ausblendung wieder aufheben: Klicken Sie mit der rechten Maustaste auf ein beliebiges Objekt in der Feldliste und wählen Sie *Ausgeblendete anzeigen*. Alle ausgeblendeten Elemente werden angezeigt, sind aber ausgegraut. Sie können dann mit der rechten Maustaste auf ein ausgeblendetes Element klicken und im Kontextmenü die Option *Ausblenden* aufheben.

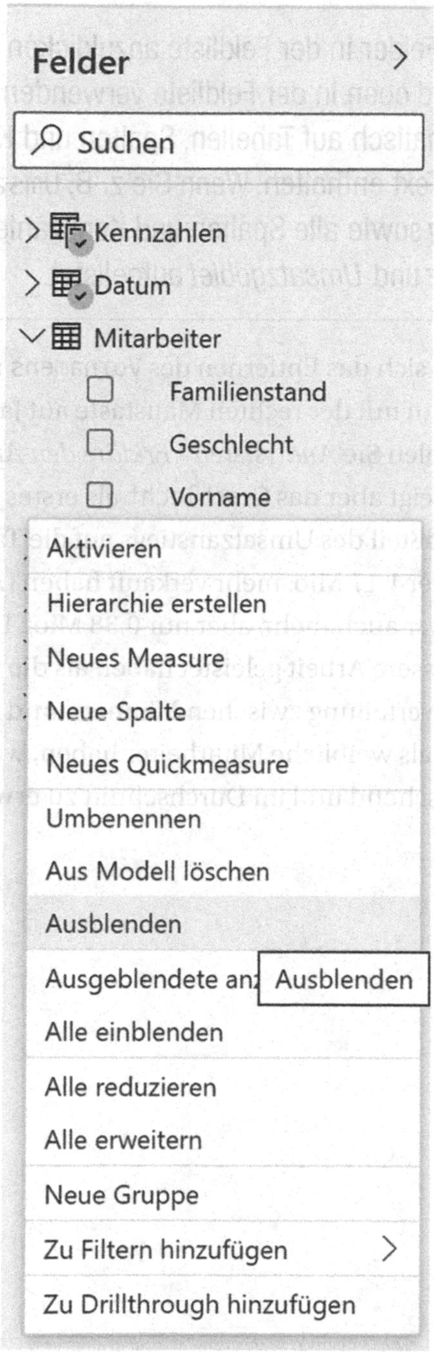

Felder   >

🔍 Suchen

> ▦ Kennzahlen

> ▦ Datum

∨ ▦ Mitarbeiter

☐   Familienstand

☐   Geschlecht

☐   Vorname

Aktivieren

Hierarchie erstellen

Neues Measure

Neue Spalte

Neues Quickmeasure

Umbenennen

Aus Modell löschen

Ausblenden

Ausgeblendete an; Ausblenden

Alle einblenden

Alle reduzieren

Alle erweitern

Neue Gruppe

Zu Filtern hinzufügen   >

Zu Drillthrough hinzufügen

Abb. 2- 4. *Klicken Sie mit der rechten Maustaste auf eine Spalte, um sie auszublenden*

Hinweis   Anstatt alle Felder in der Feldliste anzuklicken und durchzublättern, können Sie das Suchfeld oben in der Feldliste verwenden. Wenn Sie Text eingeben, wird die Feldliste automatisch auf Tabellen, Spalten und Kennzahlen beschränkt, die den eingegebenen Text enthalten. Wenn Sie z. B. Umsatz eingeben, werden die Kennzahl *Umsatzbetrag* sowie alle Spalten und Kennzahlen der Tabellen *Wiederverkäuferumsatz* und *Umsatzgebiet* aufgelistet.

Sehen wir uns an, wie sich das Entfernen des Vornamens auf das Merkmal „Einblick" auswirkt. Klicken Sie erneut mit der rechten Maustaste auf Januar 2013 im Liniendiagramm und wählen Sie *Analysieren - Erkläre den Anstieg*. Dieses Mal ignoriert Insights den Vornamen, zeigt aber das Geschlecht als erstes Beispiel an. Es ist deutlich zu erkennen, dass der Großteil des Umsatzanstiegs auf die Tatsache zurückzuführen ist, dass männliche Mitarbeiter 1,17 Mio. mehr verkauft haben (Abb. 2-5). Weibliche Mitarbeiter verkauften zwar auch mehr, aber nur 0,38 Mio.. Um zu beurteilen, ob unsere männlichen Verkäufer bessere Arbeit geleistet haben als die weiblichen, müssten wir zunächst wissen, wie die Verteilung zwischen Männern und Frauen ist. Wenn wir dreimal mehr männliche als weibliche Mitarbeiter haben, wäre die Spanne von 1,17 Mio. zu 0,38 Mio. nicht überraschend und im Durchschnitt zu erwarten.

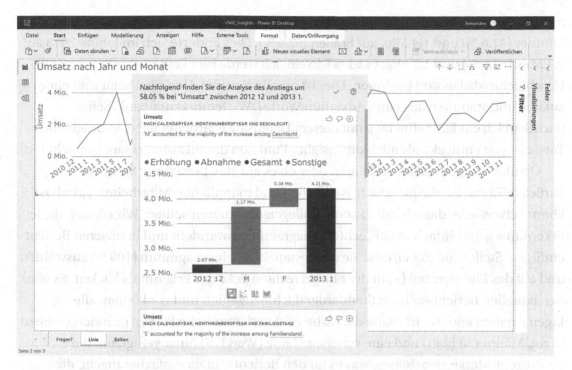

Abb. 2-5. *Hier ist die Analyse des Anstiegs, nachdem wir den Vornamen ausgeblendet haben*

Im Flyout-Fenster „Einblicke" können wir das schnell herausfinden. Unter dem Wasserfalldiagramm in Abb. 2-5 sehen Sie vier Symbole, die für vier verschiedene Arten von Darstellungen stehen, die für den aktuellen Einblick verfügbar sind. Zuerst kommt das *Wasserfalldiagramm*, das die Voreinstellung ist. Dann folgen das *Punktdiagramm*, das *Gestapelte Säulendiagramm (100 %)* und das *Bänderdiagramm*.

Das *Punktdiagramm* ist in diesem Fall nicht sehr hilfreich, so dass wir es ignorieren können. Die beiden letzten Diagramme sind interessant, da sie die Verteilung der Geschlechter für die beiden Daten zeigen. Das erste Diagramm zeigt gleich hohe Säulen (ein Diagramm mit *Gestapeltes Säulendiagramm (100 %)*), die die Verteilung in Prozent darstellen. Das zweite Diagramm zeigt zwei gestapelte Säulen unterschiedlicher Höhe mit den tatsächlichen Werten des Umsatzes nach Geschlecht. Die geschlechtsspezifischen Anteile der beiden Säulen sind durch ein Band verbunden.

Aus beiden lässt sich eine sehr klare Botschaft ablesen: Im Dezember 2012 waren die weiblichen Mitarbeiter für den Großteil des Umsatzes verantwortlich, aber im Januar 2013 drehte sich dies zugunsten der männlichen Mitarbeiter um. Das Säulendiagramm „100 % gestapelt" ist interaktiv, und Sie können die genauen Zahlen abfragen, indem Sie mit der Maus darüber fahren. Im Dezember 2012 entfielen 1,3 Mio. des Umsatzes auf Männer (47,6 %) und 1,4 Mio. auf Frauen (52,4 %). Dies änderte sich im Januar 2013 auf 2,4 Mio. (57,9 %) und 1,7 Mio. (42,1 %). (Nein, ich werde hier keine Geschlechterdiskussion beginnen. Dies ist nur ein Beispiel. Und die Daten sind eher zufällig und stammen aus einer AdventureWorksDW-Demo-Datenbank. Selbst nachdem ich ein Jahrzehnt lang mit diesem Datensatz gearbeitet habe, habe ich diese Tatsache erst entdeckt, als mich die Insights-Funktion darauf aufmerksam gemacht hat).

Ob dieses Ergebnis nur zufällig ist oder ob es auf eine bestimmte Strategie zurückzuführen ist, die für unsere weiblichen und männlichen Mitarbeiter typisch ist, könnte etwas sein, das wir mit unseren Kollegen diskutieren sollten. Wir können diese Erkenntnis ganz einfach in ein „echtes" Diagramm umwandeln und in unseren Bericht einfügen. Stellen Sie sicher, dass Sie das gestapelte Säulendiagramm (100 %) auswählen und auf das Plus-Symbol (+) in der oberen rechten Ecke der Erkenntnis klicken. Es wird der aktuellen Berichtsseite als Standardgrafik hinzugefügt, und wir können alle Eigenschaften ändern. Ich habe die Farben auf herkömmliche Farben geändert (Frauen in rot, Männer in blau) und eine konstante Linie (Wert 0,5) hinzugefügt, um die 50-Prozent-Marke anzuzeigen, was es für den Berichtsnutzer einfacher macht, die Veränderung der Mehrheiten zu erkennen. Die verbesserte Berichtsseite ist in Abb. 2-6 zu sehen.

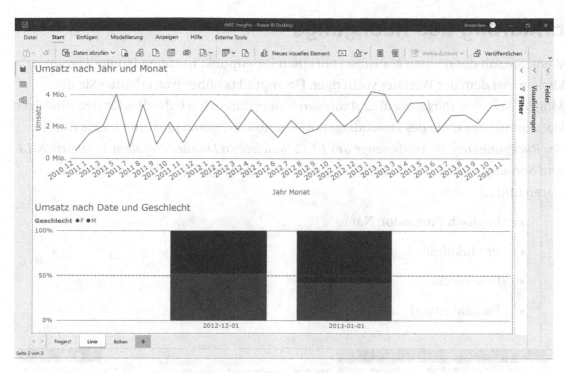

Abb. 2-6. *Insights wurde in ein zu 100 % gestapeltes Säulendiagramm geändert und dem Bericht mit geänderten Farben und einer analytischen Linie in Grün bei 50 % hinzugefügt*

Mit der Funktion Insights können Sie nicht nur einen Anstieg feststellen, sondern auch eine Erklärung für einen Rückgang oder andere Verteilungen finden. Mehr dazu erfahren Sie in den nächsten Abschnitten.

Erklärung des Rückgangs

Wenn Sie mit der rechten Maustaste auf einen Datenpunkt in einem Liniendiagramm klicken, bei dem der Wert des vorherigen Datenpunkts höher war, erhalten Sie die Möglichkeit, den *Rückgang* über *Analysieren* zu erklären. Ich habe dies für den niedrigen Datenpunkt am Ende des Liniendiagramms in Abb. 2-7 getan und erhielt eine *Analyse des Rückgangs der Verkaufsmenge um 19,42 % zwischen Donnerstag, dem 1. August 2013, und Sonntag, dem 1. September 2013,* und erhielt die folgende Liste: Umsatz nach Daten und …

- Englisch Promotion Name
- Produktlinie
- Geschlecht
- Familienstand

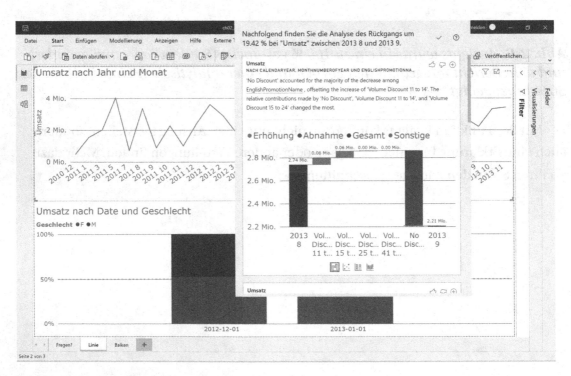

Abb. 2-7. *Erklären Sie den Rückgang*

Die erste (englischer Aktionsname) scheint legitim zu sein. Sie zeigt, dass *„Kein Rabatt"* *den größten Teil des Rückgangs ausmachte*, aber dass *Mengenrabatt 11 bis 14* und *Mengenrabatt 15 bis 24* den negativen Trend abschwächten, da wir mit diesen Aktionen mehr verkauften als im Vormonat. Die übrigen Merkmale für *„Rückgang erklären"* sind identisch mit denen für *„Anstieg erklären".*

Unterschiedliche Verteilungen finden

Die Suche nach einer Zunahme oder Abnahme (im Laufe der Zeit) ist nur bei kontinuierlichen Werten auf der Achse sinnvoll. Wenn Sie kategorische Daten oder ein Balken- oder Säulendiagramm verwenden, kann die Funktion „Insights" die Verteilung der Werte für die ausgewählte Kategorie über andere Kategorien analysieren.

Im Beispiel in Abb. 2-8 habe ich mit der rechten Maustaste auf das Balkendiagramm geklickt (es spielt keine Rolle, auf welchen Balken Sie klicken oder ob Sie mit der rechten Maustaste auf den Hintergrund des Diagramms klicken) und die Option *Unterschiede in dieser Verteilung ermitteln*. Power BI Desktop nimmt sich dann einige Sekunden Zeit, um alle verfügbaren Informationen in Ihren Daten und Ihrem Datenmodell zu analysieren und Erklärungen vorzuschlagen, die statistisch signifikant sind.

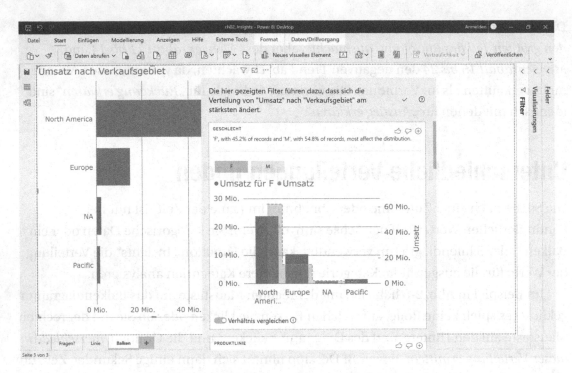

Abb. 2-8. *Finden Sie heraus, wo die Verteilung unterschiedlich ist*

Achtung   Nicht alles, was statistisch signifikant ist, ist auch praktisch signifikant. Wägen Sie die Vorschläge mit Ihrem Fachwissen und Ihrem gesunden Menschenverstand ab.

Selbst wenn etwas eine praktische Bedeutung hat, sagt es uns nicht direkt, welche der Erkenntnisse die Ursache und welche die Wirkung war. Auch hier brauchen wir Fachwissen und gesunden Menschenverstand, um die richtigen Schlüsse zu ziehen.

Power BI Desktop zeigt die Erkenntnisse in einem separaten Dialogfenster mit der folgenden Überschrift an: *Hier sind die Filter, die dazu führen, dass sich die Verteilung des Umsatzes nach SalesTerritoryGroup am stärksten verändert.* Es wird eine Liste von Kategorien angezeigt:

- Geschlecht

- Produktlinie

- Familienstand

- Datum

- Englisch Promotion Name

Ich finde die zweite, die Produktlinie, am interessantesten. Die Beschreibung sagt uns, dass *„T" mit 10,5 % der Datensätze, „S" mit 23,9 % der Datensätze und „R" mit 33,3 % der Datensätze unter anderem die Verteilung am meisten beeinflussen.* Die Produktlinie „T" ist bereits vorausgewählt, und die grünen Balken im Diagramm zeigen uns die Verteilung dieser Produktlinie über die verschiedenen Regionen (mit den Werten auf der linken y-Achse), gefiltert für die Produktlinie „T". Das graue Liniendiagramm zeigt die Gesamtverkaufsmenge (unabhängig von einer Produktlinie oder einer anderen Kategorie) – mit den Werten auf der rechten y-Achse. In „Nordamerika" machte diese Produktlinie etwa 7 Mio. $ Umsatz (grüner Balken, Zahlen auf der linken y-Achse), während sie insgesamt etwa 60 Mio. $ Umsatz machte (graue Linie, Zahlen auf der rechten y-Achse).

Das Diagramm in Abb. 2-8 lässt den Schluss zu, dass die Umsätze in Nordamerika für alle Produktlinien in absoluten Zahlen stark sind (die Höhe des grünen Balkens und der grauen Linie ist die größte für Nordamerika im Falle aller Produktlinien), dass aber die Produktlinie „T" in Nordamerika relativ schwach war.

Warum ist die Produktlinie „T" schwach, werden Sie sich fragen? Die Erkenntnis liegt in dem Vergleich zwischen der Höhe des grünen Balkens und der grauen Linie pro Region. Wären die Umsätze für die Produktlinie „T" durchschnittlich gewesen, dann hätten der grüne Balken und die graue Linie die gleiche (relative) Größe im Diagramm. Wenn der grüne Balken für Nordamerika kürzer ist als die graue Linie, bedeutet dies, dass der Umsatz für die Produktlinie „T" in dieser Region unterdurchschnittlich war. Der relative Umsatzanteil für die Produktlinie „T" in Nordamerika liegt unter dem relativen Umsatzanteil für alle Produktlinien in Nordamerika. Das Gegenteil gilt für die anderen Regionen, wo der grüne Balken höher ist als die graue Linie. Trotz der hohen absoluten Zahl schneidet die Produktlinie also unterdurchschnittlich ab.

Die Produktlinie „S" war stark in Europa, durchschnittlich in NA und im pazifischen Raum; und die Produktlinie „R" war vergleichsweise stark in Nordamerika, durchschnittlich in NA, und schwach in Europa und im pazifischen Raum. Nur wegen der Produktlinie „R" ist Nordamerika als Markt so stark. Ohne die Produktlinie „R" wäre der Unterschied in absoluten Zahlen zwischen Nordamerika und den anderen Regionen nicht so groß, wie er derzeit ist.

Das bringt uns zu der Frage, warum diese Produktlinie auf dem nicht-nordamerikanischen Markt so stark ist. Oder warum sie auf dem nordamerikanischen Markt selbst so schwach ist. Wenn Sie diese Erkenntnis mit Ihren Kollegen diskutieren möchten, können Sie einfach das aktuelle Diagramm zu Ihrer Berichtsseite hinzufügen, indem Sie auf die Schaltfläche „+" klicken, wie ich es in Abb. 2-9 getan habe.

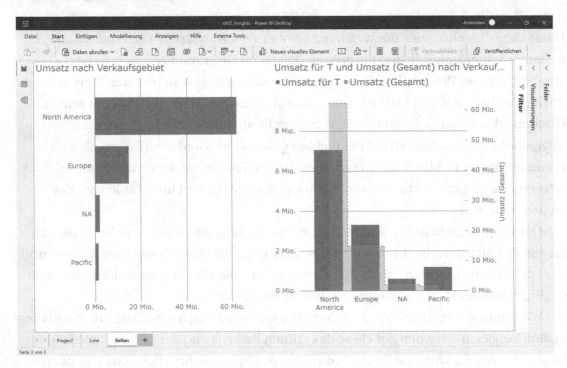

Abb. 2-9. *Verteilung für die Produktlinie „T"*

Wenn Sie auf die gelbe Schaltfläche *Proportionen vergleichen* (Abb. 2-8) klicken, ändert sich die Farbe der Schaltfläche in grau und der Text in *Vergleich der absoluten Werte*, wie in Abb. 2-10 zu sehen ist. Und das ist genau das, was wir dann aus dem Diagramm erhalten: Wir haben jetzt nur noch eine einzige Achse, auf der wir die Werte sowohl für den Umsatz der Produktlinie als auch für den Gesamtumsatz ablesen können. Die Proportionen sind nun schwieriger zu erkennen, aber es ist leichter zu sehen, dass die 7 Mio. $ Umsatz in Nordamerika für die Produktlinie „T" im Vergleich zur Gesamtzahl von 60 Mio. $ gering sind.

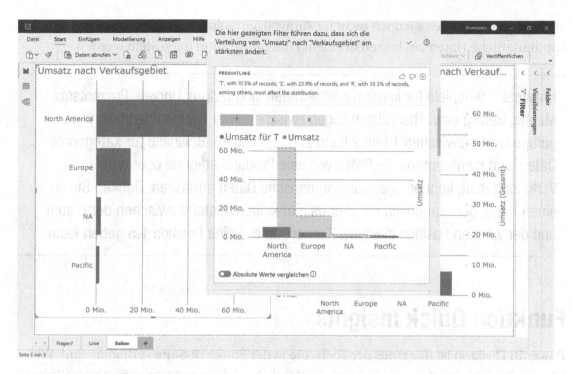

Abb. 2-10. *Verteilung auf der Grundlage absoluter Werte*

Arten von Einblicken

Die gerade beschriebenen Funktionen sind für benutzerdefinierte Visualisierungen nicht verfügbar. Nur die folgenden Standardvisualisierungen unterstützen die Insights-Funktion in Power BI Desktop. Wenn Sie mit der rechten Maustaste klicken und *„Analysieren"* auswählen, werden beide oder eine dieser Visualisierungen angezeigt:

- *Erläutern Sie die Zunahme/Abnahme*: Liniendiagramm, Flächendiagramm, gestapeltes Flächendiagramm; nur wenn Sie eine kontinuierliche Kategorie, wie Datum/Zeit, auf der Achse haben

- *Finden Sie heraus, wo sich diese Verteilungen unterscheiden*: Gestapeltes Balkendiagramm, gestapeltes Säulendiagramm, geclustertes Balkendiagramm, geclustertes Säulendiagramm

Wenn Sie eine kontinuierliche Kategorie in ein Balken- oder Säulendiagramm einfügen, können Sie sowohl die Zunahme/Abnahme als auch unterschiedliche Verteilungen analysieren. Ich halte es jedoch nicht für sinnvoll, ein solches Diagramm zu erstellen, da kontinuierliche Daten am besten in einem Liniendiagramm dargestellt werden.

Hinweis   Beispiele für kontinuierliche Daten sind Datum, Uhrzeit, Prozentsatz, Menge, Betrag usw. Theoretisch liegen zwischen zwei Zahlen unendlich viele gültige Werte (zwischen 1 und 2 kann z. B. 1,5 liegen). Beispiele für kategoriale Daten sind nichtnumerische Daten wie eine Produktkategorie oder ein Verkaufsgebiet, können aber auch numerische Daten umfassen. Denken Sie an einen Rang, der numerisch ist, aber es gibt keinen Abstand zwischen der ersten und der zweiten Position in einem Rennen, da es keine Position 1,5 geben kann.

Funktion Quick Insights

Power BI Desktop ist nur eines der Tools, die in der Power BI-Suite verfügbar sind. Wir können Berichte im Power BI Service veröffentlichen, der von Microsofts Azure Cloud-Datenzentren gehostet wird. Sie können die veröffentlichten Berichte in einem Internetbrowser konsumieren (ohne Power BI Desktop auf Ihrem Gerät installiert zu haben). Dies ist sogar möglich, wenn wir Power BI kostenlos nutzen (ohne für eine Pro-Lizenz oder eine Premium-Kapazität in der Cloud bezahlt zu haben; die beiden letzteren benötigen Sie, wenn Sie den Bericht im Dienst mit anderen Personen teilen oder Unternehmensfunktionen nutzen möchten). Hier ist eine Beschreibung, wie Sie herausfinden können, welche Art von Lizenz Sie besitzen: `https://docs.microsoft.com/en-us/power-bi/consumer/end-user-license`.

Im Menü *Start* können Sie auf *Veröffentlichen* klicken, die einzige Schaltfläche im Abschnitt *Teilen* ganz links, um den Bericht in den Power BI Service hochzuladen (Abb. 2-11).

Abb. 2-11. *Wählen Sie Start - Veröffentlichen, um die Datei in Power BI Service hochzuladen*

Sie müssen sich nicht mit einem Konto anmelden, um die Funktionen von Power BI Desktop zu nutzen. Sie benötigen jedoch eine Anmeldung, wenn Sie Ihren Bericht im Power BI Service veröffentlichen möchten. Leider funktionieren a) kostenlose Konten (wie outlook.com oder hotmail.com) nicht und b) der Administrator der Domäne muss die Möglichkeit aktivieren, diese als Konto für Power BI zu verwenden. Weitere Einzelheiten finden Sie unter https://docs.microsoft.com/en-us/power-bi/fundamentals/service-self-service-signup-for-power-bi.

Wenn Sie keine Pro-Lizenz haben, ist der einzige Arbeitsbereich, in den Sie hochladen können, „Mein Arbeitsbereich", wie in Abb. 2-12 dargestellt.

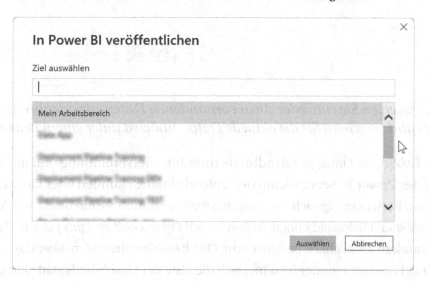

Abb. 2-12. *Auswahl eines Zielarbeitsbereichs bei der Veröffentlichung in Power BI Service*

Wenn im ausgewählten Arbeitsbereich bereits ein Bericht mit demselben Namen existiert, wird ein Dialogfeld (Abb. 2-13) geöffnet, in dem Sie gefragt werden, ob Sie den Bericht ersetzen möchten. Wenn Sie ihn nicht ersetzen möchten, können Sie auf *Abbrechen* klicken und entweder den Bericht in Power BI Service umbenennen oder die aktuelle Datei unter einem anderen Namen in Power BI Desktop speichern, bevor Sie den Bericht erneut veröffentlichen.

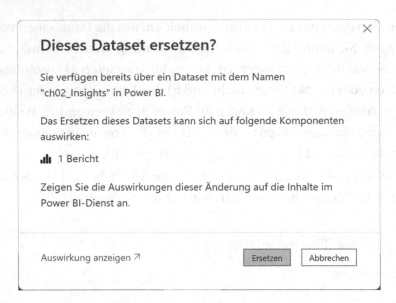

Abb. 2-13. *Ersetzen Sie entweder einen vorhandenen Datensatz oder brechen Sie den Vorgang ab und speichern Sie die aktuelle Datei zunächst unter einem neuen Namen*

Je nach Größe der Datei, der Bandbreite Ihrer Internetverbindung und der aktuellen Auslastung des Power BI Service kann der Upload einige Sekunden oder länger dauern.

Sobald der Bericht erfolgreich hochgeladen wurde, können Sie ihn direkt aus dem in Abb. 2-14 gezeigten Dialogfeld öffnen, indem Sie auf *Öffne ‚ch02_Insights.pbix' in Power BI* klicken. Die andere Möglichkeit besteht darin, *Quick Insights* abzurufen, aber das funktioniert bei mir nicht immer (es öffnet sich die Liste der Dashboards statt Quick Insights).

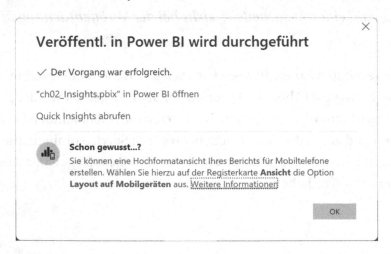

Abb. 2-14. *Nachdem die Datei veröffentlicht wurde, können Sie den Bericht in Power BI Service öffnen oder direkt Quick Insights aufrufen*

Beide Wege führen Sie zum Power BI Service unter `app.powerbi.com`. Dort können Sie auf der linken Seite des Bildschirms *„Mein Arbeitsbereich"* und dann in der Mitte des Bildschirms *„Berichte"* auswählen. Klicken Sie auf das Glühbirnensymbol im Abschnitt *Aktionen* rechts neben dem Namen Ihres Berichts, wie in Abb. 2-15 dargestellt.

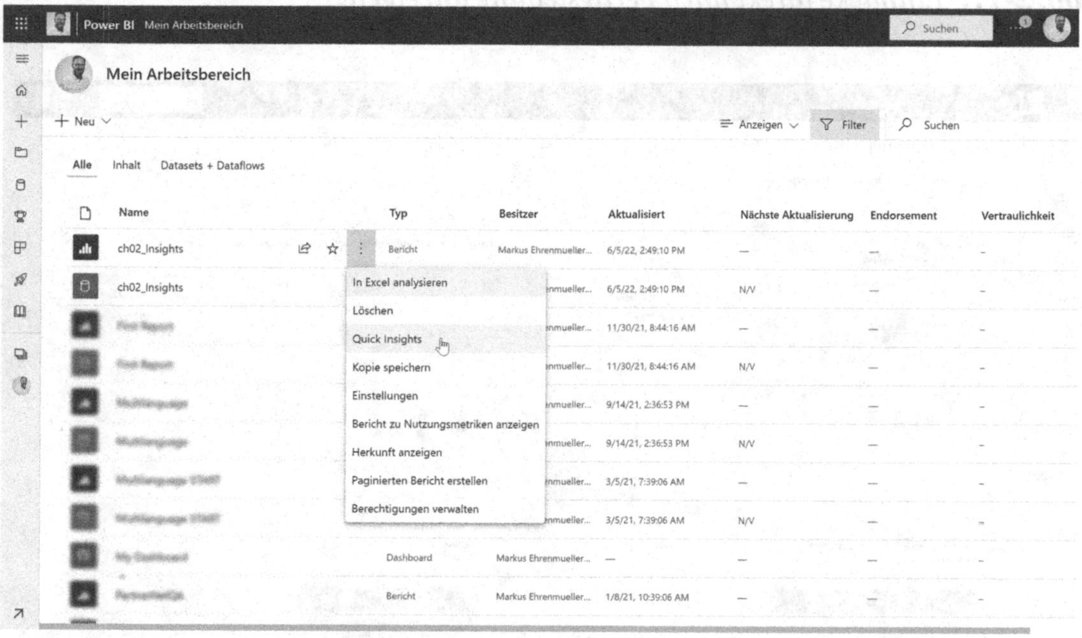

Abb. 2-15. *Klicken Sie auf das Glühbirnensymbol, um Quick Insights aus Ihren Daten zu erhalten*

Wenn Sie diese Funktion seit dem letzten Hochladen der Datei nicht aktiviert haben, beginnt Power BI Service mit der Suche nach Erkenntnissen für Sie. Es wird der gesamte Inhalt der hochgeladenen Power BI-Datei analysiert, um statistisch signifikante Erkenntnisse zu finden (Abb. 2-16).

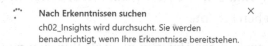

Abb. 2-16. *Power BI Service wendet Algorithmen für maschinelles Lernen auf das Datenmodell an, um statistisch relevante Erkenntnisse zu gewinnen*

Sobald die Einblicke gefunden sind, können Sie auf *Einblicke anzeigen* klicken, wie in Abb. 2-17. Wenn Sie das nächste Mal auf das Glühbirnensymbol klicken (Abb. 2-15), gelangen Sie direkt zu den Quick Insights (Abb. 2-18).

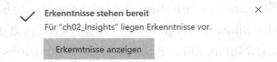

Abb. 2-17. *Einblicke direkt nach Fertigstellung anzeigen*

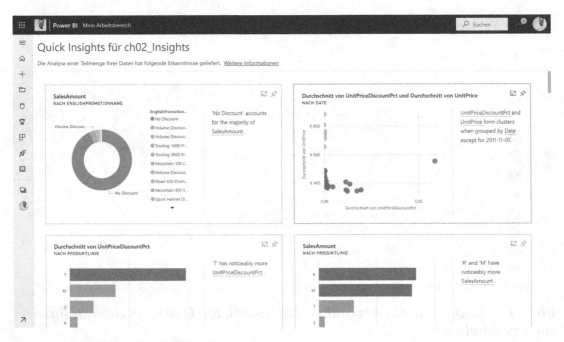

Abb. 2-18. *Quick Insights für die Demodatei*

Die Quick Insights im Power BI Service bieten in der Regel eine viel längere Liste von Einblicken als Power BI Desktop – und sie sind spezifischer, ohne Optionen zur Änderung der Visualisierung in der Übersicht. Die ersten können Sie in Abb. 2-18 sehen.

Die Funktion zeigt normalerweise vierzig Einblicke, von denen ich die folgenden Quick Insights hervorheben möchte:

- *Umsatz nach englischem Aktionsnamen* als Ringdiagramm (und später noch einmal als Balkendiagramm) mit der Kurzeinsicht „Kein Rabatt macht den größten Teil des Umsatzes aus." Wir verkaufen unsere Waren in der Regel ohne Aktionsrabatt.

- *Durchschnittlicher Stückpreis-Rabatt prozentual nach Produktlinie* als Balkendiagramm mit Quick Insight „‚T' hat deutlich mehr Stückpreis-Rabatt prozentual." Die Produktlinie „T" ist diejenige, bei der wir (im Durchschnitt) fast 2 % Rabatt gewähren, während die anderen Produktlinien weniger als 1 % erhalten.

- *Durchschnitt der Standardkosten nach Datum* als Liniendiagramm mit Quick Insight „Standardkosten für Produktlinie ‚S' haben Ausreißer." Die Kosten für diese Produktlinie sind volatil und können unter 9 $ und über 23 $ liegen.

- *Anzahl der Mitarbeiter und Anzahl der Gebiete nach englischem Werbenamen* als Korrelationsdiagramm mit der schnellen Erkenntnis „Es gibt eine Korrelation zwischen Mitarbeitern und Gebieten." Je mehr Gebiete eine Region hat, desto mehr Mitarbeiter haben wir dort.

- *Durchschnittlicher Stückpreis-Rabattanteil und durchschnittlicher Stückpreis nach Datum* als Streudiagramm mit Quick Insight „Stückpreis-Rabattanteil und Stückpreis bilden Cluster, wenn sie nach Datum gruppiert werden, außer für Dienstag, den 1. November 2011." Auf der einen Seite können wir einen gelben Cluster erkennen, der keine Rabatte hat und am oberen Ende der Preisskala liegt. Auf der anderen Seite gibt es einen grauen Cluster mit niedrigeren Preisen, aber Rabatten an einigen Tagen. Wenn Sie die Maus über den roten Datenpunkt bewegen, sehen Sie, dass wir an diesem Tag einen Rabatt von 6 % (0,06) gewährt haben, was in der Tat ungewöhnlich ist. Dieser Tag taucht aus ähnlichen Gründen auch in anderen Quick Insights auf.

- *Verkaufsmenge nach Produktlinie* als Balkendiagramm mit der Quick Insight „‚R' und ‚M' haben deutlich mehr Verkaufsmenge." Die Produktlinien „R" und „M" sind unsere Verkaufsschlager.

- *Auszählung der Verkaufsgebiete nach Datum* als Liniendiagramm mit Quick Insight „Verkaufsgebiet für Produktlinie ‚S' zeigt mehrere Trends." Diese Produktlinie wurde Anfang 2013 und 2014 nur in wenigen Gebieten verkauft, aber in der Zeit dazwischen in mehr Gebieten.

- *Durchschnitt der Standardkosten nach Datum* als Liniendiagramm mit Quick Insight „Standardkosten für Produktlinie ‚R' haben Ausreißer." Die Standardkosten für diesen Produktlinienbereich schwanken, werden aber jedes Jahr gesenkt.

- *Verkaufsmenge und Durchschnitt des Stückpreises nach Datum* als Streudiagramm mit Quick Insight „Verkaufsmenge und Stückpreis bilden Cluster, wenn sie nach Datum gruppiert werden." Der gelbe Cluster besteht nur aus Datenpunkten im Jahr 2011. Es ist uns gelungen, die Verkaufsmenge durch Preiserhöhungen (oder den Verkauf teurerer Waren) ab 2012 zu steigern.

- *Auszählung von Promotion und Umsatz* als Streudiagramm mit Quick Insight „Promotion und Umsatz haben Ausreißer für das Datum Sonntag, 1. Mai 2011, Freitag, 1. Juli 2011, und Montag, 1. August 2011." Der Juli ist besonders, da wir nur eine einzige Aktion durchgeführt haben. Mai und August sind besonders, da wir Rabatte auf sehr hohe Verkaufsmengen gewährt haben.

Auch wenn es sich bei dem verwendeten Datensatz um einen künstlichen Datensatz handelt, der keinen Bezug zum wirklichen Leben hat, geben uns diese Einblicke eine schnelle Vorstellung davon, welche interessanten Beziehungen in dem Datensatz verborgen sind. Normalerweise sind zumindest einige der Quick Insights ein guter Ausgangspunkt für weitere Analysen.

Bei jedem der Quick Insights haben Sie zwei Möglichkeiten:

- Klicken Sie auf eine beliebige Stelle des Diagramms (mit Ausnahme des Pinsymbols) und rufen Sie den Fokusmodus auf (Abb. 2-19). Dadurch wird das Diagramm auf die gesamte verfügbare Fläche erweitert, so dass kleinere Unterschiede leichter zu erkennen sind. (Klicken Sie oben links auf *Fokusmodus verlassen*, um zur vorherigen Übersicht aller Quick Insights zurückzukehren).

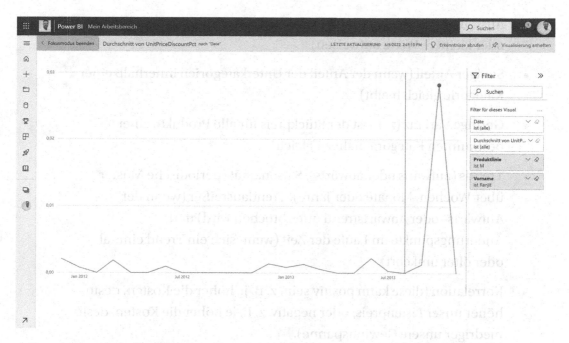

Abb. 2-19. *Quick Insight-Durchschnitt der Standardkosten nach Datum im Fokusmodus*

- Klicken Sie auf das Pinsymbol, um diesen Quick Insight an ein Power BI Service-Dashboard anzuheften. In einem Dialogfeld werden Sie dann gefragt, ob Sie ein neues Dashboard erstellen oder das Diagramm an ein bestehendes Dashboard anheften möchten. Power BI Dashboards sind nicht Gegenstand dieses Buches. Weitere Informationen über Dashboards finden Sie hier: `https://docs.microsoft.com/en-us/power-bi/service-dashboards`.

Arten von Quick Insights

Power BI Service ist in der Lage, auf der Grundlage von Korrelations- und Zeitreihenanalysen Quick Insights für Sie zu finden. Hier ist eine Liste von Dingen, die Power BI Service für Sie im Datenmodell Ihrer Power BI Desktop-Datei entdecken kann:

- Mehrheit (z. B. der größte Teil des Umsatzes wird über eine bestimmte Kategorie erzielt)

- Ausreißer (Kategorien, die im Vergleich zum Durchschnitt größere oder kleinere Werte aufweisen)

- Stetiger Anteil (wenn der Anteil der Unterkategorien innerhalb einer Kategorie gleich bleibt)

- Geringe Varianz (z. B. ist der Stückpreis für alle Produkte einer bestimmten Kategorie nahezu gleich)

- Trends (aufwärts oder abwärts), Saisonalität (periodische Muster über Wochen, Monate oder Jahre), Trendausreißer (wenn der Aufwärts- oder Abwärtstrend unterbrochen wird) und Änderungspunkte im Laufe der Zeit (wenn sich ein Trend einmal oder öfter umkehrt)

- Korrelation (diese kann positiv sein, z. B. je höher die Kosten, desto höher unser Listenpreis; oder negativ, z. B. je höher die Kosten, desto niedriger unsere Gewinnspanne).

Wichtigste Erkenntnisse

In diesem Kapitel haben Sie das Folgende gelernt:

- Ein kontinuierlicher Wert auf der Achse ermöglicht es Ihnen, Power BI Desktop zu bitten, den Anstieg oder den Rückgang zu erklären (wenn Sie mit der rechten Maustaste auf einen Datenpunkt klicken und *Analysieren* wählen).

- In Balken- und Säulendiagrammen können Sie mit einem Rechtsklick analysieren und Power BI Desktop feststellen lassen, wo die Verteilung unterschiedlich ist.

- Sie können einen entdeckten Einblick in Ihre Berichtsseite einfügen.

- Power BI Service bietet eine ähnliche Funktion namens Quick Insights, die in der Lage ist, komplexere Einblicke in den gesamten Datensatz zu finden (unabhängig von jeder visuellen Darstellung), die Sie zu einem Dashboard im Power BI Service hinzufügen können.

KAPITEL 3

Entdeckung wichtiger Einflussfaktoren

Einführung

In Abb. 3-1 sehen Sie das Key Influencers-Visual bereits in Aktion. Zunächst konzentrieren wir uns auf den Teil der Key Influencers (grün unterstrichen); später werden wir mit dem Teil der Top-Segmente arbeiten.

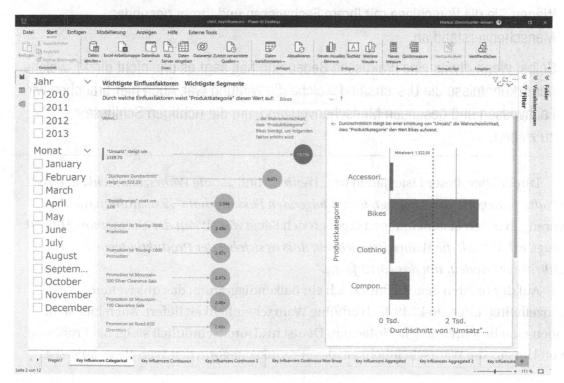

Abb. 3-1. *Das Bild der wichtigsten Einflussnehmer*

M. Ehrenmueller-Jensen, *Self-Service AI mit Power BI*, https://doi.org/10.1007/978-1-4842-9383-6_3

Das Bild fasst sehr gut zusammen, was es uns in einfachem Deutsch zeigt. Ganz oben steht die Frage, die in den beiden folgenden Bildern beantwortet wird: *Durch welche Einflußfaktoren weist „Produktkategorie" diesen Wert auf: Bikes?*

Die Antwort ist in zwei Abschnitte unterteilt. Auf der linken Seite sehen wir verschiedene Kennzahlen und kategorische Daten, die einen statistisch signifikanten Einfluss auf die Produktkategorie Fahrräder haben. Die Liste enthält die folgenden:

- Umsatz

- Stückpreis Durchschnitt

- Bestellmenge

- Promotion

- Monat Name

Achtung   Nicht alles, was statistisch signifikant ist, ist auch praktisch signifikant. Wägen Sie die Vorschläge mit Ihrem Fachwissen und Ihrem gesunden Menschenverstand ab.

Selbst wenn etwas eine praktische Bedeutung hat, sagt es uns nicht direkt, welche der Erkenntnisse die Ursache und welche die Wirkung war. Auch hier brauchen wir Fachwissen und gesunden Menschenverstand, um die richtigen Schlüsse zu ziehen.

Direkt über dieser Liste haben wir „*Wenn ...*" und „*... die Wahrscheinlichkeit, dass Produktkategorie Bikes beträgt, ist um folgenden Faktor erhöht*". Zusammen mit den vorangehenden Listeneinträgen ergeben sich Sätze wie „*Wenn der Umsatz um 2139,70 steigt, erhöht sich die Wahrscheinlichkeit, dass es sich bei der Produktkategorie um Fahrräder handelt, um das 13,19-fache.*"

Auf der rechten Seite befindet sich ein Balkendiagramm, das uns weitere Einzelheiten über die 13,19-fach erhöhte Wahrscheinlichkeit liefert. Auch hier steht oben eine Beschreibung in einfachem Deutsch: „Durchschnittlich steigt bei Erhöhung von Umsatz die Wahrscheinlichkeit, dass Produktkategorie den Wert Bikes aufweist".

Das Balkendiagramm zeigt den *Durchschnitt des Umsatzes über Reseller Sales*. Wenn wir mit der Maus über den Balken bei *Bikes* fahren, sehen wir, dass der *durchschnittliche Umsatz* für diese Kategorie 2673,48 beträgt. Wir haben Produkte aus der Kategorie Fahrräder genau 24.800 Mal verkauft. Die rote Linie zeigt, dass der *Durchschnitt des Umsatzes* über alle Kategorien nur 1322,0 beträgt. Offensichtlich sind Fahrräder teurer als die anderen Produktkategorien und bringen uns daher im Durchschnitt einen höheren Verkaufsbetrag pro Verkauf ein.

Die Visualisierung im rechten Teil hängt davon ab, was Sie im linken Teil ausgewählt haben. In Abb. 3-1 ist *Umsatz* ausgewählt. *Umsatz* ist mit einem grünen Balken auf der linken Seite markiert. Und die Blase für 13,9x ist ebenfalls grün, im Gegensatz zu den grauen Blasen für die anderen Listenelemente. Wenn Sie auf das zweite Element klicken, erhalten Sie auf der rechten Seite ein ähnliches Diagramm, allerdings für den *Stückpreis Durchschnitt* anstelle des *Umsatzes*. Die Art der Visualisierung auf der rechten Seite ändert sich jedoch, wenn Sie *Promotion ist Touring-3000 Promotion* auswählen (was die Wahrscheinlichkeit 2,49x erhöht). Die rechte Visualisierung ändert sich in ein Säulendiagramm. Die Spalte für die besagte Werbeaktion ist grün eingefärbt, die anderen sind blau.

Analysieren Sie kategorische Daten

Wenn Sie das Key Influencers-Visual auffordern, kategorische Daten zu analysieren (wie wir es getan haben), erhalten Sie ein Listenfeld, in dem Sie angeben können, welcher Kategoriewert analysiert werden soll. Ich habe *Produktkategorie* zu *Analysieren* hinzugefügt, wie Sie in Abb. 3-2 sehen können. Dann müssen wir entscheiden, welcher der verfügbaren Werte für *Produktkategorie* analysiert werden soll: *Accessories, Bikes, Clothing* oder *Components*. Dies geschieht in der obersten Zeile des Bildes („*Durch welche Einflussfaktoren weist „Produktkategorie" diesen Wert auf:*"). Jede Kategorie wird durch die im Abschn. *„Erklären nach"* aufgeführten Felder unterschiedlich beeinflusst. Sobald Sie Ihre Auswahl ändern, führt das Key Influencers-Visual seine Analyse erneut durch, um statistisch signifikante Einflussfaktoren zu finden.

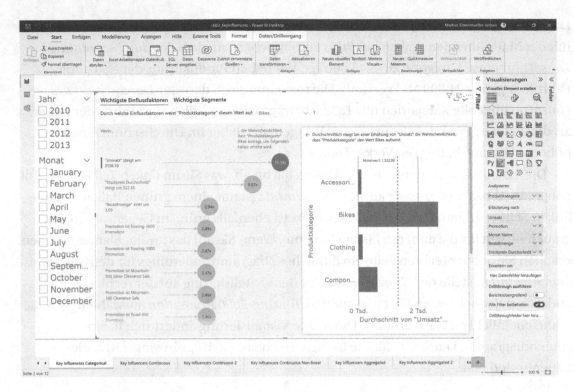

Abb. 3-2. *Das Visual Key Influencers wird zur Analyse des Feldes Produktkategorie herangezogen*

Aus dem Beispiel geht hervor, dass Zubehör hauptsächlich im Juni (1,27x) und Januar (1,14x) verkauft wird, während Fahrräder hauptsächlich im August (1,41x), Juli (1,25x), Mai (1,12x), Juni (1,12x) und Oktober (1,08x) verkauft werden.

Analysieren Sie kontinuierliche Daten

Kontinuierliche Daten haben per Definition eine unendliche Anzahl von möglichen Werten. Es ist daher nicht wirklich sinnvoll, einen bestimmten Wert auszuwählen, für den das Key Influencers-Visual dann nach Influencern suchen würde (da für die meisten möglichen Werte des kontinuierlichen Feldes keine oder nicht genügend Beispiele vorhanden wären, damit die Analyse funktioniert). Anstelle einer Liste verfügbarer Werte können wir nur zwischen *Erhöhung* und *Abnahme* wählen.

Ich habe einen neuen Bericht erstellt, in dem ich die Spalten *Umsatz* und *Produktkategorie* gegeneinander ausgetauscht habe: Ich habe den *Umsatz* in den Abschnitt *Analysieren* und die *Produktkategorie* in den Abschnitt *Erläuterung nach* eingefügt, wie Sie im Bericht *Key Influencers Continuous* in Abb. 3-3 sehen können.

Das Ergebnis dieser Analyse ist dann eine Liste der Faktoren, die eine positive oder negative Korrelation mit dem Feld in *Analysieren* aufweisen. Die übrigen Funktionen sind dieselben wie bei kategorischen Daten

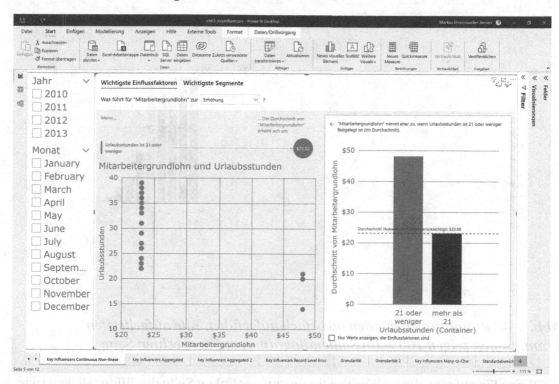

Abb. 3-3. *Bei kontinuierlichen Daten können Sie die Einflussfaktoren analysieren, die zu einer Zunahme oder Abnahme der Variable führen*

Erklären durch kategorische Daten

Fügen Sie dem Abschn. *„Erläuterung nach"* Felder hinzu, von denen Sie glauben, dass sie einen Einfluss auf das Feld in *„Analysieren"* haben könnten. Diese Felder können entweder kategorische oder kontinuierliche Daten sein. Beispiele für verschiedene Felder sehen Sie oben in Abb. 3-2.

Bei kategorischen Daten im Feld *Erläuterung nach* wertet das Key Influencers-Visual jede Kategorie aus und zeigt die einflussreichsten an. In Abb. 3-4 können Sie sehen, dass *Promotion* nicht nur einmal, sondern mehrmals aufgeführt ist. Fahrräder wurden häufig im Rahmen von Werbeaktionen wie *Touring 3000 Promotion, Touring 1000 Promotion, Mountain-500 Silver Clearance Sale, Mountain-100 Clearance Sale* oder *Road-650 Overstock* verkauft.

57

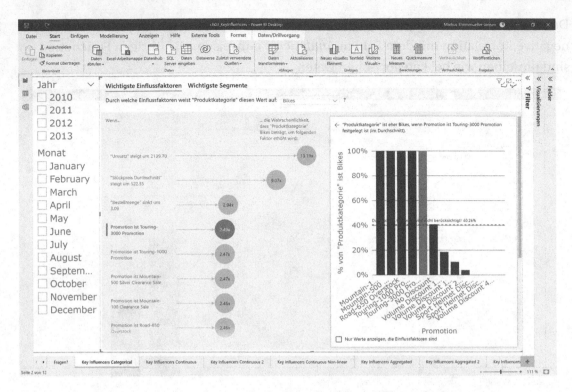

Abb. 3-4. *Promotionen werden mehrfach aufgeführt. Alle aufgelisteten Promotionen zeigen 100 % im Säulendiagramm auf der rechten Seite*

Wenn Sie auf eine dieser Werbeaktionen auf der linken Seite des Bildes klicken (wie ich es in Abb. 3-4 getan habe), werden Sie sehen, dass die Spalten für diese Werbeaktionen 100 % betragen. Das bedeutet, dass diese Werbeaktionen ausschließlich auf die Verkäufe von Fahrrädern angewendet wurden. Dies erklärt den hohen Einfluss.

Das Säulendiagramm auf der rechten Seite des Bildschirms ist für alle aufgelisteten Aktionen gleich, außer dass sich die aktuelle Spalte, die grün markiert ist, ändert. Probieren Sie dies selbst aus.

Wenn Sie das Kontrollkästchen *Nur Werte anzeigen, die Einflussfaktoren sind* anklicken, werden alle Werbeaktionen, die nicht auf der linken Seite aufgeführt sind, aus dem Säulendiagramm entfernt (Abb. 3-5).

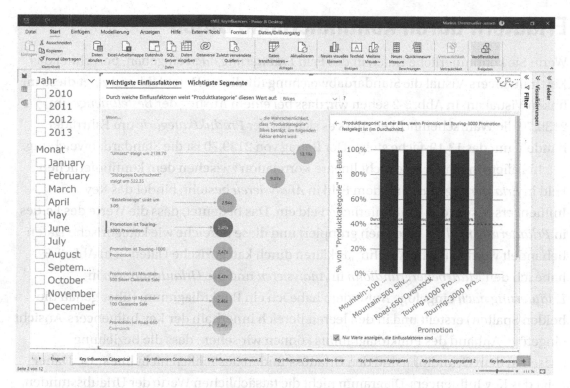

Abb. 3-5. *„Nur Werte anzeigen, die Einflussfaktoren sind" zeigt nur Einflussfaktoren im rechten Diagramm*

Kategorische Daten in *Erläuterung nach* führen zu einem Säulendiagramm, bei dem die Werte dieses Feldes auf der x-Achse liegen. Die y-Achse hängt vom Datentyp des Feldes in *Analysieren* ab. Handelt es sich ebenfalls um einen kategorischen Datentyp, erhalten Sie Säulen, deren Höhe den prozentualen Anteil der Zeilen darstellt, die den ausgewählten Wert für das Feld in *Analysieren* erklären. Der Durchschnitt über alle Kategorien wird als rote Linie gezeichnet.

Wenn es sich bei dem Feld in *Analysieren* um einen kontinuierlichen Datentyp handelt, wie z. B. die Spalte *Umsatz* oben in Abb. 3-3, dann stellt die y-Achse den Durchschnitt dieses Feldes pro Wert des Feldes in *Erläuterung nach* dar, der auf der x-Achse angezeigt wird. Der Durchschnitt über alle Kategorien wird als rote Linie gezeichnet.

Erläutern durch kontinuierliche Daten

Wenn Sie kontinuierliche Daten in das Feld *Erläuterung nach* eingeben, berechnet das Key Influencers-Visual die Standardabweichung für dieses Datenfeld und zeigt diese im linken Visual an. In Abb. 3-2 sehen wir, dass bei einem Anstieg der *Bestellmenge* um 2139,70 die Wahrscheinlichkeit, dass es sich bei der *Produktkategorie* um Fahrräder handelt, um das 13,19-fache steigt. Der Betrag von 2139,70 ist die Standardabweichung.

In Fällen, in denen eine nicht lineare Korrelation zwischen dem kontinuierlichen Feld in *Erläuterung nach* und dem Feld in *Analysieren* besteht, bindet das Key Influencers-Visual das kontinuierliche Feld ein. Das bedeutet, dass die Werte des Feldes in *Erläuterung nach* in Bereichen gruppiert und diese Bereiche wie kategorische Daten behandelt werden (siehe Abschn. „Erklären durch kategorische Daten"). In Abb. 3-6 habe ich den *Mitarbeitergrundlohn* in *Analysieren* und die *Urlaubsstunden* in *Erläuterung nach* eingefügt. Außerdem habe ich ein Punktdiagramm (über genau die beiden Spalten) erstellt und in den leeren Bereich innerhalb der Key Influencers-Ansicht eingefügt. Anhand des Punktdiagramms können wir sehen, dass die Beziehung zwischen dem Grundlohn und den Urlaubsstunden tatsächlich nicht linear ist. Daher zeigt das Key Influencers-Diagramm nicht die tatsächlichen Werte der Urlaubsstunden, sondern teilt die Werte in zwei Gruppen ein: *21 oder weniger* und *mehr als 21*.

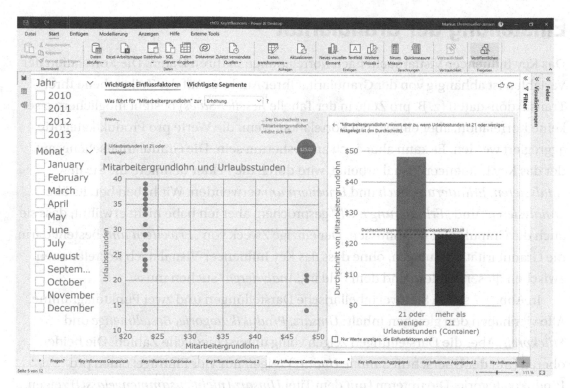

Abb. 3-6. *Der Grundlohn der Mitarbeiter und die Urlaubsstunden der Mitarbeiter weisen eine nichtlineare Korrelation auf, die in einem zusätzlichen Streudiagramm oberhalb der visuellen Darstellung der Haupteinflussfaktoren gezeigt wird*

Kontinuierliche Daten in *Erläuterung nach* führen entweder zu einem Balkendiagramm oder einem Punktdiagramm. Ein Balkendiagramm mit den Durchschnittswerten des Feldes in *Erläuterung nach* auf der y-Achse erhalten Sie, wenn das Feld in *Analysieren* einen kategorischen Datentyp hat (oder einen kontinuierlichen Datentyp, der aber aus den gerade beschriebenen Gründen abgegrenzt ist). Die möglichen Werte für das Feld in *„Analysieren"* werden auf der y-Achse angezeigt. Der Durchschnitt über alle Kategorien wird als rote Linie dargestellt.

Wenn Sie Felder mit kontinuierlichem Datentyp sowohl in *Analysieren* als auch in *Erläuterung nach* kombinieren und eine lineare Korrelation besteht, erhalten Sie ein Punktdiagramm auf der rechten Seite. Die möglichen Werte des Feldes in *Erläuterung nach* werden auf der x-Achse angezeigt. Auf der y-Achse wird entweder der tatsächliche oder der durchschnittliche Wert des Feldes in *Analysieren* angezeigt, je nach der in den Formatoptionen gewählten Analyseart (siehe weiter unten). Dieses Mal stellt die rote Linie eine einfache Regressionslinie über den angezeigten Datenpunkten dar.

Einstellung der Granularität

Das Key Influencer-Visual sucht nach Korrelationen in Ihren Daten. Die Korrelation der Variablen ist abhängig von der Granularität Ihrer Analyse. Auf der Zeilenebene Ihrer Transaktionsdaten (z. B. pro Zeile in der Tabelle *Reseller Sales*) besteht möglicherweise keine Korrelation, aber eine starke Korrelation, wenn die Werte pro Produktkategorie aggregiert werden. Es kann aber auch andersherum sein. Die Granularitätsebene, auf der das Key Influencer-Visual arbeitet, wird durch die Felder definiert, die Sie in *Analysieren*, *Erläuterung nach* und *Erweitern um* verwenden. Wir haben bereits über *„Analysieren"* und *„Erläuterung nach"* gesprochen, aber ich habe nicht erwähnt, dass sie auch die Granularität beeinflussen. Der einzige Zweck von *„Erweitern um"* besteht darin, die Granularität festzulegen, ohne dass das Key Influencer-Visual nach Korrelationen zwischen diesen Feldern und dem Feld in *„Analysieren"* suchen muss.

In Abb. 3-7 sehen Sie zwei tabellarische Darstellungen und zwei Punktdiagramme. Alle vier haben den gleichen Inhalt: *Umsatz*, *Produktkategorie*, *Bestellmenge* und *Stückpreis*. Aber die Darstellungen zeigen völlig unterschiedliche Zahlen: Die beiden oberen (mit der Überschrift *Summe Umsatz*) zeigen nur vier Einträge, einen pro Produktkategorie. Die unteren (mit dem Titel *Umsatz (nicht zusammengefasst)*) zeigen niedrigere Zahlen in jedem Eintrag, aber viel mehr Einträge.

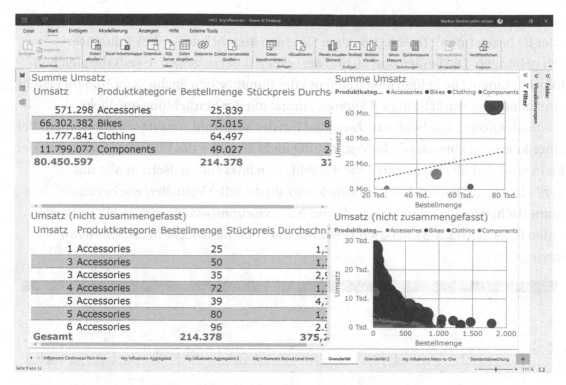

Abb. 3-7. *Unterschiedliche Granularität ergibt ein anderes Bild der Daten*

Die Erklärung dafür ist, dass alle dieselben Daten zeigen, aber auf unterschiedlichen Granularitätsebenen. Der Unterschied liegt in der Aggregation der Spalte *„Umsatz"*.

In den oberen Feldern ist er auf *Summe* eingestellt. Daher wird der *Umsatz* pro Produktkategorie aggregiert (summiert). In den unteren Spalten ist er auf *Nicht zusammenfassen* eingestellt. Daher wird der *Umsatz* nicht aggregiert, sondern jede einzelne Zeile der Tabelle, zu der die Spalte gehört (*Reseller Sales*), wird angezeigt. Es handelt sich um dieselben Daten, aber mit unterschiedlichen Bildern und unterschiedlichen Schlussfolgerungen pro Granularitätsebene.

Wir haben also gelernt, dass wir die Granularität beeinflussen können, indem wir die Zusammenfassungseinstellungen einer numerischen Spalte festlegen. Was aber, wenn wir stattdessen das Key Influencer-Visual für eine Kennzahl verwenden wollen? Gut, dass Sie fragen! Hier kommt die Liste *„Erweitern um"* Feld ins Spiel. Eine Kennzahl ist immer aggregiert (und verhält sich wie eine numerische Spalte mit aktivierter Zusammenfassung). Um die Granularität zu ändern, z. B. auf die Zeilenebene von *Reseller Sales*, füge ich *Bestellnummer* und *Bestellzeile* in die Liste *Erweitern um* ein. Die Kombination der beiden Spalten identifiziert eindeutig eine Zeile in der Tabelle *Reseller*

Sales. (Man könnte die Kombination daher auch als Index, Schlüssel, Zeilenbezeichner oder ID bezeichnen). In Abb. 3-8 sehen Sie einen Bericht mit vier Key Influencer-Darstellungen. Die beiden oberen und die beiden unteren zeigen jeweils die gleichen Informationen. Die beiden linken sind mit der numerischen Spalte *SalesAmount* erstellt, einmal mit der Verdichtung auf *Summe*, einmal mit der Verdichtung auf *Nicht zusammenfassen*. Die beiden rechten sind mit der Kennzahl *Umsatz* erstellt worden. Bei einer Kennzahl können wir die Verdichtung nicht ändern – das Bild oben rechts (mit der Kennzahl) verhält sich genauso wie das Bild oben links (numerische Spalte mit Verdichtung auf *Summe*). Um für eine Kennzahl dasselbe Verhalten wie bei einer numerischen Spalte zu erreichen, die auf *Nicht zusammenfassen* eingestellt ist (siehe unten links in Abb. 3-8), habe ich *Bestellnummer* und *Bestellzeile* in *Erweitern um* hinzugefügt.

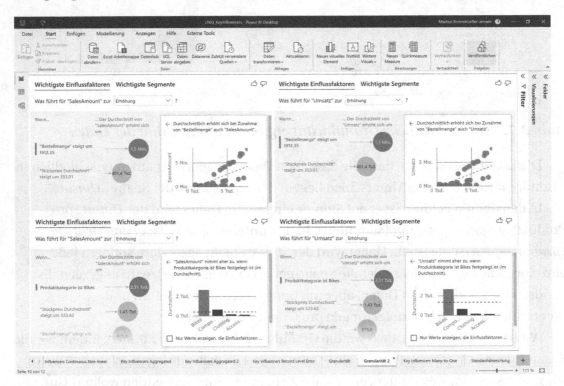

Abb. 3-8. *Erweitern durch Demonstration*

Welches ist die richtige Granularitätsebene für das Key Influencer-Visual? Ich würde eher sagen, die Granularität, über die Sie die Kontrolle haben – und das ist meist die niedrigste verfügbare Granularität.

Hinweis   Wenn eine Tabelle keinen Zeilenbezeichner enthält (wie die Kombination aus *SalesOrderNumber* und *SalesOrderLineNumber*), können Sie einen solchen explizit in Power Query erstellen. Wählen Sie *Startseite - Daten transformieren* im Menüband von Power BI, um Power Query zu öffnen. Wählen Sie die Abfrage aus und wählen Sie dann *Spalte hinzufügen - Indexspalte hinzufügen* aus dem Menüband in Power Query. Die Größe Ihrer PBIX-Datei kann erheblich zunehmen, und die Leistung kann darunter leiden.

Filter

Das Key Influencers-Visual reagiert wie alle anderen Visuals auf Filter. So können wir herausfinden, ob die Einflussfaktoren für verschiedene Teile der verfügbaren Daten unterschiedlich sind. Ohne Anwendung eines Filters haben wir herausgefunden, dass Fahrräder hauptsächlich in den Sommermonaten verkauft werden: Mai, Juni, Juli, August und Oktober (Abb. 3-1).

Dies gilt umso mehr für das Jahr 2013. Wenn Sie dieses Jahr auf dem Slicer neben dem Key Influencers-Visual auswählen, werden Sie feststellen, dass in diesem Jahr nur Juni, Juli und August starke Monate waren und daher als Influencer in dem Visual auftauchen, das Sie in Abb. 3-9 sehen können.

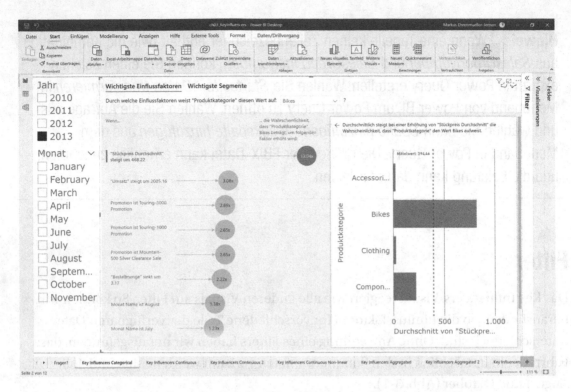

Abb. 3-9. *Filter schränken die für die Visualisierung der wichtigsten Einflussfaktoren verfügbaren Daten ein und ermöglichen es Ihnen, verschiedene Teile der verfügbaren Daten zu analysieren*

Hinweis   Power BI Desktop bietet eine Reihe verschiedener Möglichkeiten zum Filtern eines Visuals: direkte Filter auf das ausgewählte Visual (im Filterbereich), Filter, die auf alle Visuals für die aktuelle Seite angewendet werden (im Filterbereich), Filter, die auf alle Visuals für alle Seiten in der aktuellen Datei angewendet werden (im Filterbereich), und Kreuzfilter, die mit anderen Visuals auf derselben Seite interagieren (einschließlich von einem Slicer-Visual, wie in Abb. 3-9) und mit anderen Seiten synchron gehalten werden können.

Wichtigste Segmente

Die Funktion *Key Influencers* des Key Influencers-Visuals (siehe oben) betrachtet den Einfluss eines einzelnen Feldes pro Zeit. Die Funktion *„Wichtigste Segmente"* erweitert diese Analyse, um Kombinationen von Feldern zu betrachten (die Sie in *„Erläuterung nach"* eingegeben haben).

Wenn ich *Wichtigste Segmente* auswähle, wie in Abb. 3-10, und die Frage *„Wann ist die Produktkategorie eher ein Fahrrad?"*, fand das Visual *„4 Segmente und ordnete sie nach „% von Produktkategorie ist Bikes" und Auffüllungsgröße."* Bevor wir uns weitere Details zu den einzelnen Segmenten ansehen, sollten wir diese vier Segmente genauer betrachten.

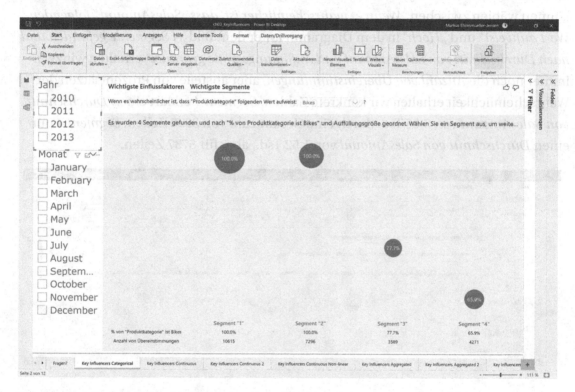

Abb. 3-10. *Neben den wichtigsten Beeinflussern kann dieses Bild auch die wichtigsten Segmente aufdecken*

Die Segmente sind generisch benannt und nummeriert (*Segment 1* bis *Segment 4*) und nach ihrer Bedeutung geordnet: *Segment 1* besteht ausschließlich aus Fahrrädern (*der Anteil der Produktkategorie Fahrrad* beträgt *100 %*) und hat eine *Anzahl von Übereinstimmungen* von *10.615*, die Sie am unteren Rand der Grafik ablesen können. Das bedeutet, dass das Key Influencers-Visual ein Segment mit 10.615 Zeilen in der Tabelle *Reseller Sales* (das ist die Tabelle, die das Feld *Produktkategorie* enthält) finden konnte, in dem Fahrräder verkauft wurden. *Segment 4* hingegen besteht zu 65,9 % aus Fahrrädern (der Rest sind andere Produktkategorien) und enthält 4271 Zeilen.

Die beiden Zahlen (% und *Anzahl von Übereinstimmungen*) beeinflussen die Größe und Höhe der grünen Blasen: Je höher der Prozentsatz, desto höher die Blase. Je größer die Anzahl von Übereinstimmungen, desto größer die Blase (was leicht zu merken ist). Aus diesem Grund ist die Blase für *Segment 3* höher positioniert, aber (etwas) kleiner gezeichnet als die Blase für *Segment 4*.

In Abb. 3-11 habe ich *SalesAmount* in *Analysieren* eingegeben. Dies ist ein Feld mit kontinuierlichem Datentyp, und das obere Segmentbild sieht ein wenig anders aus. Wir können wählen zwischen „*Wenn es wahrscheinlicher ist, dass „SalesAmount" folgenden Wert aufweist*" und „*Hoch*" In dem Diagramm unter dem Bild „*4 Segmente gefunden und nach Durchschnitt von SalesAmount und Auffüllungsgröße geordnet*" erhalten wir zwar immer noch die *Anzahl von Übereinstimmungen*, aber anstelle von Prozentsätzen der Wahrscheinlichkeit erhalten wir konkrete Zahlen. *Segment 1* erklärt einen *Durchschnitt von SalesAmount* von 8,06 Tsd. durch eine Gesamtzahl von 3228 Zeilen. *Segment 4* nur einen *Durchschnitt von SalesAmount* von 1,52 Tsd., aber für 5737 Zeilen.

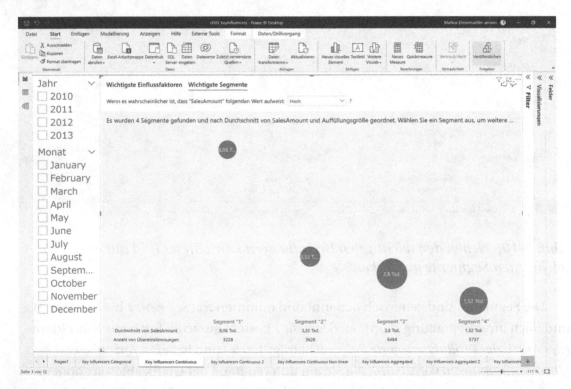

Abb. 3-11. *Bei der Analyse von kontinuierlichen Feldern können Sie entweder Hoch oder Niedrig auswählen (anstelle eines konkreten Feldwertes)*

Wichtigste Segmente Detail

In Abb. 3.10 habe ich auf Segment 1 geklickt (entweder auf die Blase oder auf den Text am unteren Rand des Bildes). Abb. 3-12 zeigt, dass dieses Segment nur aus einem einzigen Influencer besteht: Zeilen mit einem *Stückpreis Durchschnitt* von mehr als 858,9. Auf der rechten Seite erhalten wir eine Beschreibung in einfachem Deutsch: *„In Segment 1 sind 100,0 % von Produktkategorie gleich Bikes. Dies ist 59 Prozentpunkte mehr als der Durchschnitt (40,8).“* Das bedeutet, dass über alle unsere Verkäufe hinweg 40,8 % Fahrräder waren, aber *Segment 1* ausschließlich (= 100 %) aus Fahrrädern besteht. Dies wird in den beiden Balkendiagrammen weiter unten veranschaulicht. Wenn ein verkauftes Produkt einen *Stückpreis Durchschnitt* von mehr als 858,9 hat, handelt es sich mit Sicherheit um ein Fahrrad.

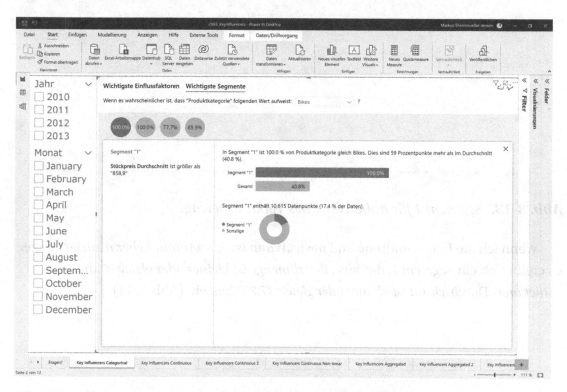

Abb. 3-12. *Segment 1 für die Produktkategorie Fahrräder besteht aus reinen Fahrrädern*

Das Ringdiagramm weiter unten veranschaulicht die Anzahl der Zeilen. *„Segment 1 enthält 10.615 Datenpunkte (17,4 % der Daten).“* Dieses Segment enthält mehr als ein Sechstel aller verfügbaren Zeilen in der Tabelle *Reseller Sales*.

In Abb. 3-13 frage ich nach „*Wann ist SalesAmount eher hoch?*" und erhalte ein *Segment 1*, das in den Details „*Bestellmenge ist größer als 3*" und „*Stückpreis Durchschnitt ist größer als 874,794*" anzeigt.

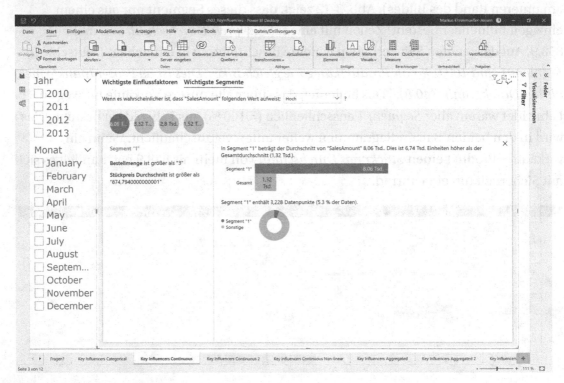

Abb. 3-13. *Segment 1 für hohe Werte des Verkaufsbetrags*

Wenn ich die Frage umdrehe und nach „*Wann ist SalesAmount eher niedrig?*" frage, so ergibt sich ein *Segment 1*, das aus „*Bestellmenge ist kleiner oder gleich 3*" und „*Stückpreis Durchschnitt ist kleiner oder gleich 37,25*" besteht (Abb. 3-14).

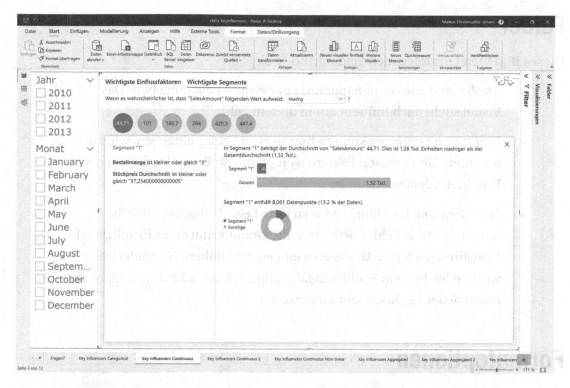

Abb. 3-14. *Segment 1 für niedrige Werte des Verkaufsbetrags*

Die Segmente über den *Umsatz* sind vielleicht nicht so aufschlussreich: Im Grunde bedeutet es, dass wir einen hohen Umsatz haben, wenn wir ein teures Produkt (hoher Stückpreis) viele Male verkaufen (hohe Bestellmenge). Und dass wir einen niedrigen Umsatz haben, wenn wir ein billiges Produkt nur bis zu dreimal verkaufen.

Ich bin sicher, dass Sie weitere nützliche Segmente finden können, wenn Sie mit den Feldern in *Erläuterung nach* spielen, entweder mit der Beispieldatei oder mit Ihrem eigenen Datensatz.

Arten von Einflüssen

Nicht alle hinzugefügten Felder werden in der Grafik angezeigt. Von den hinzugefügten Feldern werden nur diejenigen angezeigt, die tatsächlich eine statistische Bedeutung für das Feld haben, das wir in *Analysieren* eingegeben haben. Die Anzahl der Zeilen pro Kategorie in *Erläuterung nach* wird ebenfalls berücksichtigt. Das bedeutet, dass eine Kategorie mit nur wenigen Zeilen möglicherweise nicht als Einflussfaktor angezeigt wird.

71

Felder

Dieses Bild bietet die folgenden Felder (Abb. 3-2):

- *Analysieren*: Sie können hier nur ein einziges Feld eingeben. Das Visual sucht nach Influencern in diesem Feld.

- *Erläuterung nach*: Sie können hier so viele Felder eingeben, wie Sie möchten. Unter diesen Feldern werden die Einflussfaktoren auf das Feld in *Analysieren* gesucht.

- *Erweitern um*: Hier können Sie so viele Felder eingeben, wie Sie möchten. Diese Felder definieren die Granularität eines (impliziten) Measures, die Sie in *Analysieren* eingegeben haben. Normalerweise würden Sie hier ein Schlüsselfeld einfügen. Dieses Feld wird nicht als potenzieller Einflussfaktor ausgewertet.

Formatoptionen

Zusätzlich zu den „üblichen" Optionen, die Sie für die meisten visuellen Elemente haben (Titel, Hintergrund, Allgemein, Rahmen und Header-Symbole), können Sie das Verhalten des visuellen Elements „Key Influencers" über die folgenden Kategorien einstellen:

- Analyse
- Visuelle Blasenfarben
- Diagramm

Analyse (Abb. 3-15):

- Key Influencer einschalten: Schaltet die Auswahl der *Key Influencer* im Visual ein und aus.

- Segmente aktivieren: Schaltet die Auswahl der *oberen Segmente* im Bildmaterial ein und aus.

- Analyse-Typ: Kann *kategorisch* oder *kontinuierlich* sein. Weitere Informationen finden Sie später.

- Anzahl: Fügt einen grauen Ring um die prozentuale Blase in der Ansicht „Wichtige Influencer" hinzu, der den prozentualen Anteil der Zeilen anzeigt, die der Influencer enthält. Beispiele sind unten aufgeführt.

Wenn Sie den *Analysetyp* auf *kategorisch* einstellen, sucht das Key Influencers-Visual nach Gründen für einen bestimmten Wert für das Feld in *Analysieren*. Wenn Sie hier *Kontinuierlich* einstellen (was nur für Felder mit numerischem Datentyp in *Analysieren* verfügbar ist, wie z. B. *Umsatz*, aber nicht für *Produktkategorie*), versucht das Key Influencers-Visual, Gründe zu finden, warum der Wert für das Feld in *Analysieren* steigt oder sinkt. Abb. 3-16 zeigt den Bericht *Key Influencers Continuous*, in dem ich *Sales Amount* in *Analyze* eingegeben habe und der *Analysetyp* auf *Fortlaufend* eingestellt ist. Daher kann ich im Listenfeld im oberen Bereich des Bildmaterials nur *Erhöhen* oder *Verringern* auswählen.

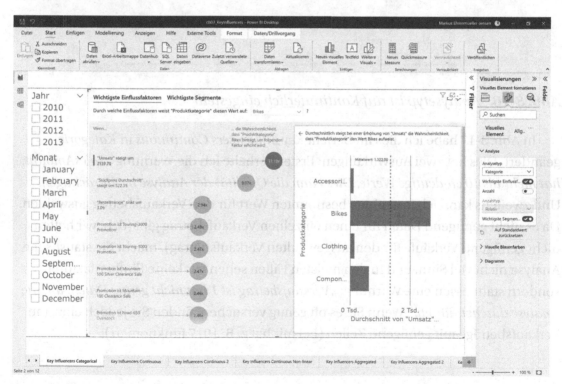

Abb. 3-15. *Abschn. „Analyse" der Formatoptionen*

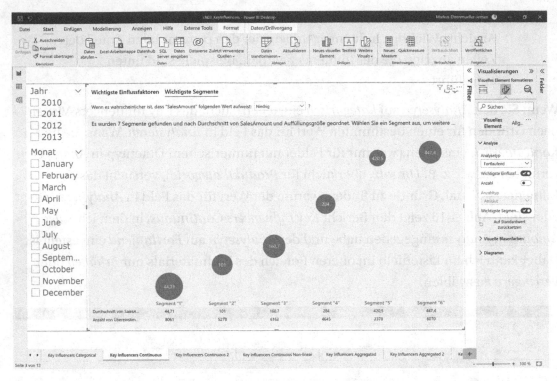

Abb. 3-16. *Analysetyp ist auf Kontinuierlich eingestellt*

In Abb. 3-17 habe ich dies im Bericht *Key Influencers Continuous* in *Kategorie* geändert. Dies hat zwei Auswirkungen: Erstens erhalte ich die Warnung „*SalesAmount hat mehr als 10 eindeutige Werte. Dies kann die Qualität der Analyse beeinträchtigen.*" Und zweitens kann ich jetzt einen bestimmten Wert für den Verkaufsbetrag auswählen. Da es nicht genügend Daten für einen einzelnen Verkaufsbetrag gibt (d. h. wir hatten nicht genügend Verkäufe für den ausgewählten Verkaufsbetrag), macht die statistische Analyse nicht viel Sinn, und in den meisten Fällen sehen wir keine Einflussfaktoren, sondern stattdessen eine Warnung: „*Verkaufsbetrag ist 1 hat nicht genug Daten, um die Analyse durchzuführen.*" Wenn Sie es oft genug versuchen, finden Sie jedoch einzelne Verkaufsbeträge mit genügend Zeilen (bei mir hat z. B. 1017 funktioniert).

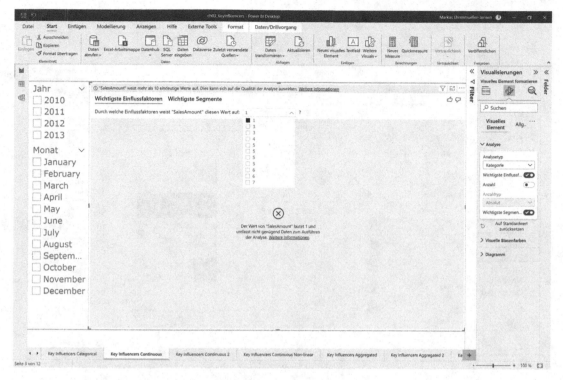

Abb. 3-17. *Analysetyp ist auf kategorisch eingestellt*

Wenn *Anzahl* aktiviert ist, wird ein grauer Ring zu den grünen Blasen in der Übersicht der *wichtigsten Einflussnehmer* hinzugefügt. Die Berechnung und Länge des Ringes hängt von der Eigenschaft *Anzahltyp* ab, die nur sichtbar ist, wenn Sie die Anzahl aktivieren. Sie können zwischen *Absolut* und *Relativ* wählen. Setzen Sie die *Anzahl* auf *Absolut*, wenn der Ring die absolute Anzahl der Zeilen darstellen soll. Ein voller Ring würde dann 100 % der für das Visual verfügbaren Daten darstellen. Keiner der Key Influencer in Abb. 3-18 zeigt einen vollen Ring – keiner deckt alle Zeilen ab.

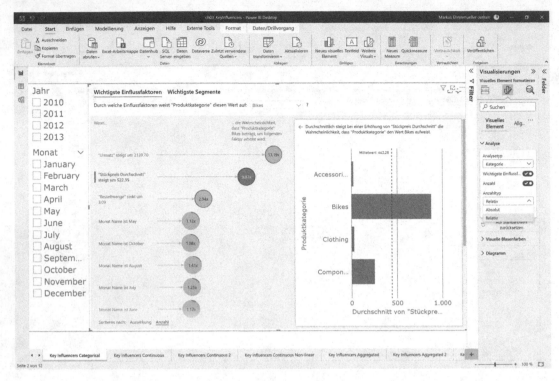

Abb. 3-18. *Zähltyp ist auf Absolut eingestellt*

Wählen Sie *Relativ*, wenn Sie einen vollen Ring für den größten Einflussfaktor wünschen, damit Sie vergleichen können, wie viele Zeilen von den anderen Einflussfaktoren im Vergleich zum größten Einflussfaktor dargestellt werden. In Abb. 3-19 haben die ersten drei Einflussfaktoren (*Umsatz, Stückpreis Durchschnitt* und *Bestellmenge*) einen vollen Ring. Von der Anzahl der Zeilen her gesehen, decken diese Einflussfaktoren die meisten Zeilen ab. Die nächsten Kategorien (Monate) decken nur etwa ein Viertel der Zeilen der ersten drei ab. Daher deckt der Ring auch nur ein Viertel der Blase ab.

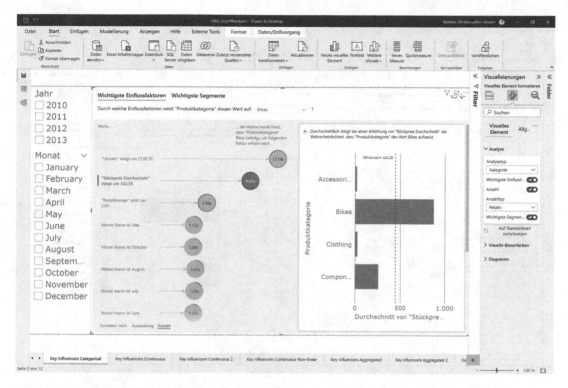

Abb. 3-19. *Zähltyp ist auf Relativ eingestellt*

Wenn die Option *Anzahl* aktiviert ist, werden die Blasen *nach der Anzahl* der Zeilen *sortiert* (d. h. nach der Größe des grauen Rings). Wenn Sie die ursprüngliche Reihenfolge bevorzugen, können Sie diese wieder auf *Auswirkung* (d. h. die Zahl innerhalb der Blase) ändern (Abb. 3-20 und 3-21).

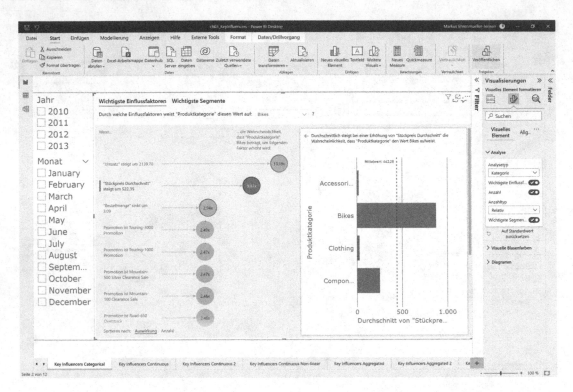

Abb. 3-20. *Zeigen Sie die Anzahl (als Ringe), aber ordnen Sie die Beeinflusser nach Auswirkung*

Mit *Visuelle Blasenfarbe* können Sie die folgenden Farben einstellen, die im gesamten Visual verwendet werden:

- Primäre Farbe

- Primäre Textfarbe

- Sekundärfarbe

- Sekundäre Textfarbe

- Hintergrundfarbe

- Schriftfarbe

Diese Farben werden in der gesamten Key Influencers-Visualisierung verwendet, mit Ausnahme der Säulendiagramme, die Sie als *Diagramm* einstellen:

- Datenfarbe

- Verweisreihe

Datenmodell

Wenn Sie mit der visuellen Darstellung von Key Influencers herumspielen (und sich an die Best Practices für die Datenmodellierung halten), werden Sie früher oder später auf die in Abb. 3-21 gezeigte Fehlermeldung stoßen: *Diese Analyse wird auf der Datensatzebene der Tabelle „Product" durchgeführt. Ein Feld in „Erläuterung nach" ist nicht in der Tabelle „Product" oder für eine Tabelle aus derselben Datenquelle vorhanden, die durch eine n:1-Beziehung mit dieser verknüpft ist. Versuchen Sie eine Zusammenfassung durchzuführen.*

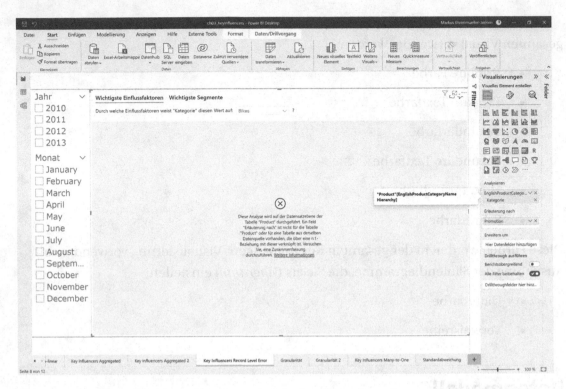

Abb. 3-21. *Key Influencers beschwert sich darüber, dass Promotion nicht pro Kategorie festgelegt werden kann*

In meinem Fall habe ich diesen Fehler provoziert, indem ich die Produktkategorie (genauer gesagt: *EnglishProductCategoryName*) aus der Tabelle *Product* in *Analysieren* (und das Feld *Promotion* aus *Reseller Sales*) eingegeben habe. Wie Sie in Abb. 3-22 sehen können, besteht die Beziehung zwischen den drei Tabellen darin, dass die Tabelle *Product* und die Tabelle *Promotion* jeweils eine Eins-zu-Viel-Beziehung zur Tabelle *Reseller Sales* haben. Die Filterrichtung für jede dieser Beziehungen ist einfach, d. h., dass sowohl *Product* als auch *Promotion* den *Reseller Sales* filtern kann, aber nicht umgekehrt. Daher erreicht ein Filter aus der Tabelle „*Promotion*" nicht die Tabelle „*Product*". Und das ist es, worüber sich das Visual beschwert: Für die Analyse geht es jede einzelne Zeile des *Produkts* durch und sucht nach einem Einfluss aus der Promotion-Tabelle. Aber die Tabelle *Promotion* filtert (=beeinflusst) die Tabelle *Product* nicht. Daher kann es keinen Einfluss finden.

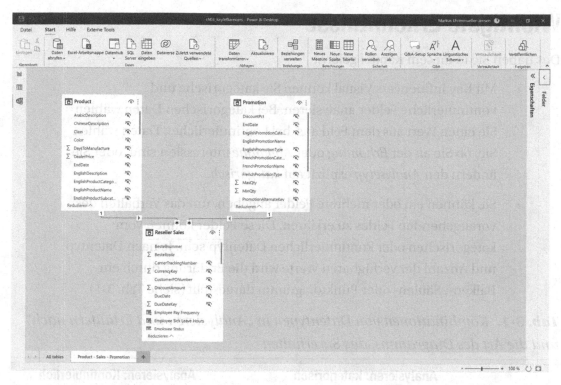

Abb. 3-22. *Drei Tabellen (Product, Reseller Sales und Promotion) aus dem Datenmodell in der Beispieldatei*

Und nein, das Ändern der Filterrichtung der Beziehungen zwischen diesen drei Tabellen in *Beides* wird hier nicht helfen (und sollte generell so weit wie möglich vermieden werden – aber das ist eine Geschichte für ein anderes Buch).

Daher habe ich das Datenmodell leicht angepasst (im Vergleich zu den Beispielen in den anderen Kapiteln), um die in diesem Kapitel gezeigten Ergebnisse zu erzielen. Alle Felder, die ich möglicherweise in *Analysieren* verwenden wollte, habe ich in der Tabelle *Reseller Sales* (neu) erstellt. Dann führt das Visual Key Influencers die Analyse auf der Ebene der Tabelle *Reseller Sales* durch. Und der *Reseller Sales* wird durch die Tabelle *„Promotion"* in einer Eins-zu-Viel-Verknüpfung gefiltert. Auf diese Weise kann das Key Influencers-Visual den Einfluss von *Promotion* auf die Produktkategorie (die sich jetzt in der Tabelle *Reseller Sales* befindet) herausfinden.

Es gibt mehrere Möglichkeiten, eine Spalte zu verschieben oder (neu) zu erstellen. Für dieses Beispiel habe ich eine neue berechnete Spalte in der Tabelle *Reseller Sales* (mit dem Namen *Produktkategorie*) erstellt, indem ich die DAX-Funktion RELATED() angewendet habe:

```
Produktkategorie = RELATED(ProductCategory[EnglishProductCategoryName])
```

Wichtigste Erkenntnisse

Das haben Sie in diesem Kapitel gelernt:

- Mit Key Influencers Visual können Sie kategorische und kontinuierliche Felder analysieren. Bei kategorischen Daten wählen Sie einen Wert aus dem Feld aus, bei kontinuierlichen Daten wählen Sie, ob Sie an der *Erhöhung* oder *Abnahme* interessiert sind, oder Sie ändern den *Analysetyp* explizit auf *kategorisch*.

- Sie können ein oder mehrere Felder angeben, um das Verhalten des vorangehenden Feldes zu erklären. Diese Felder können vom kategorischen oder kontinuierlichen Datentyp sein. Je nach Datentyp und Anzahl der verfügbaren Werte wird die Erklärung durch ein Balken-, Säulen- oder Punktdiagramm dargestellt (siehe Tab. 3-1).

Tab. 3-1. *Kombinationen von Datentypen in „Analysieren und Erläutern nach"* *und die Art des Diagramms, das Sie erhalten*

	Analysieren: kategorisch	Analysieren: Kontinuierlich
Erläuterung nach: kategorisch	Säulendiagramm mit dem ausgewählten Influencer in grüner Farbe und dem Rest in blau; Durchschnitt als rote Linie	Balkendiagramm mit einer roten Linie, die den Durchschnitt anzeigt
Erläuterung nach : Kontinuierlich	Balkendiagramm mit einer roten Linie, die den Durchschnitt anzeigt	Punktediagramm mit einer einfachen Regressionslinie in rot

- Die Option *Wichtigste Segmente* sucht nach hilfreichen Kombinationen von Feldern zur Bildung von Segmenten.

- Möglicherweise müssen Sie Ihr Datenmodell so anpassen, dass das Feld in *Analysieren* in der Tabelle mit der geringsten Granularität verfügbar ist. Die Spalten für das Feld „*Erläuterung nach"* können sich in anderen Tabellen befinden, die so verbunden sind, dass sie die Tabelle filtern, in der sich das Feld für „Analysieren " befindet.

Kategorische und kontinuierliche Daten können sowohl zur Analyse als auch zur Erklärung des analysierten Feldes verwendet werden. So ergeben sich die in Tab. 3-1 dargestellten Kombinationen.

KAPITEL 4

Hierarchien aufschlüsseln und analysieren

Erweitern und Reduzieren in einer Visualisierung

In Abb. 4-1 habe ich zwei Paare ähnlicher Bilder erstellt, die nur zu Lehrzwecken dienen. Die viermalige Wiederholung der gleichen Information ist im wirklichen Leben nur bedingt sinnvoll.

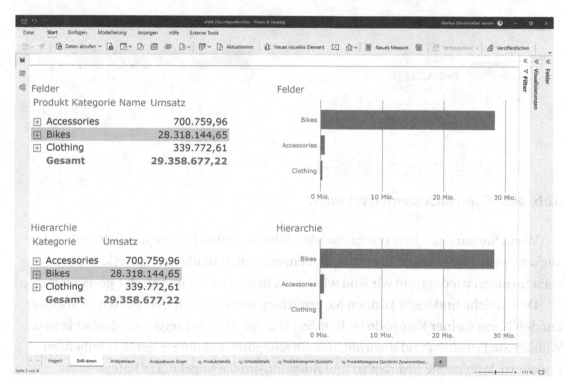

Abb. 4-1. *Zwei Tabellen und zwei Balkendiagramme mit demselben Inhalt*

M. Ehrenmueller-Jensen, *Self-Service AI mit Power BI*, https://doi.org/10.1007/978-1-4842-9383-6_4

Konzentrieren wir uns zunächst auf die beiden Tabellen auf der linken Seite. Sie machen sehr deutlich, dass es noch mehr Details zu entdecken gibt. Sie zeigen ein Plus-Symbol (+) vor dem Namen der Kategorie. Ein Klick auf das Plus-Symbol erweitert diese Ebene und zeigt die direkte Unterebene. Wenn Sie auf das Plus-Symbol vor *Bikes* klicken, werden der Tabelle drei neue Zeilen hinzugefügt, die Mountainbikes, Roadbikes und Touringbikes darstellen (Abb. 4-2).

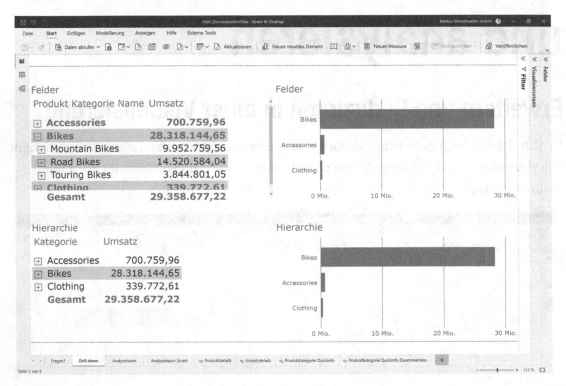

Abb. 4-2. *Fahrräder werden erweitert*

Wenn Sie auf das – jetzt erscheinende – Minus-Symbol (–) vor der Kategorie *Bikes* klicken, wird die Kategorie *Bikes* zusammengeklappt, und die drei Unterkategorien verschwinden wieder (und wir sind wieder bei dem, was wir in Abb. 4-1 gesehen haben).

Das Gleiche und mehr können Sie erreichen, wenn Sie mit der rechten Maustaste auf den Namen einer Kategorie (z. B. *Bikes*) klicken. Abb. 4-3 zeigt alle Möglichkeiten. Wählen Sie *Erweitern* und *Auswahl*, um die Kategorie, auf die Sie geklickt haben, zu erweitern. Wählen Sie *Reduzieren* und *Auswahl*, um die angeklickte Kategorie zu reduzieren. Wenn Sie anstelle von *Auswahl* die Option *Gesamte Ebene* wählen, bewirkt dies dasselbe wie *Erweitern bis zur nächsten Ebene*, wodurch nicht nur die ausgewählte Kategorie, sondern alle Produktkategorien erweitert werden. *Nächste Ebene anzeigen* bewirkt das Gleiche, allerdings ohne die Produktkategorien anzuzeigen. *Erweitern - Alle* zeigt alle Zeilen aus allen Ebenen an. Damit erhalten Sie im Grunde einen detaillierten Bericht mit Summen und Gesamtbeträgen über alle verfügbaren Ebenen.

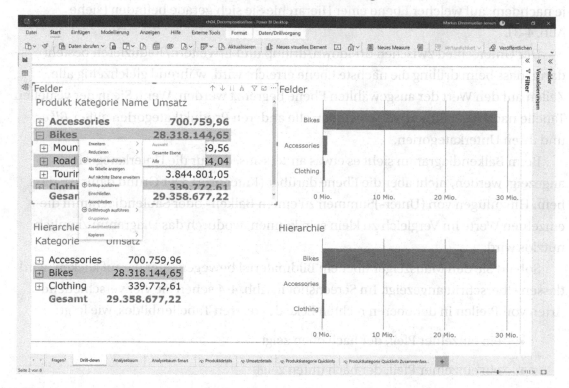

Abb. 4-3. *Das Kontextmenü bietet mehrere Möglichkeiten zum Erweitern oder Verkleinern*

In einem Balkendiagramm (auf der rechten Seite des Screenshots in Abb. 4-3) gibt es weniger Möglichkeiten zum Erweitern und Verkleinern. Wenn Sie mit der rechten Maustaste klicken, haben Sie nur die Wahl zwischen *Auf nächste Ebene erweitern* und *Nächste Ebene anzeigen*. Um zum vorherigen Aussehen des Diagramms zurückzukehren, müssen Sie *Drillup ausführen* wählen.

Alle besprochenen Funktionen sind sowohl für die Visualisierungen mit der Überschrift *Felder* als auch für die mit der Überschrift *Hierarchie* identisch. Lesen Sie mehr über den Unterschied im Abschn. „Hierarchien im Datenmodell".

Drillup- und Drilldown in einem Visual

Mit einem Rechtsklick können Sie entweder *drilldown* oder drillup oder beides machen, je nachdem, auf welcher Ebene einer Hierarchie Sie sich gerade befinden (siehe Abb. 4-3).

Der Unterschied zwischen drilldown/drillup und Erweitern/Reduzieren besteht darin, dass beim drilling die nächste Ebene erreicht wird, während gleichzeitig alle Zeilen auf den Wert der ausgewählten Ebene begrenzt werden. Wenn Sie in der visuellen Tabelle nach *Bikes* öffnen, verschwinden alle anderen Produktkategorien außer *Bikes* und ihren Unterkategorien.

Beim Balkendiagramm sieht es etwas anders aus, da nur die Unterkategorien angezeigt werden, nicht aber die Ebene darüber (Kategorie). Der Grund dafür ist, dass beim Hinzufügen von (Unter-)Summen zu einem Balken- oder Säulendiagramm die einzelnen Werte im Vergleich zu klein sein können, wodurch das Diagramm ziemlich nutzlos wird.

Sobald Sie den Mauszeiger über ein Bildmaterial bewegen oder darauf klicken, wird dessen Überschrift angezeigt. Im Screenshot in Abb. 4-4 sehen Sie vier verschiedene Arten von Pfeilen in der oberen rechten Ecke des oberen Tabellenbildes, wie folgt:

- ein einzelner Pfeil, der nach oben zeigt

- ein einzelner Pfeil, der nach unten zeigt

- ein nach unten gerichteter Doppelpfeil

- eine nach unten zeigende Gabel

Der nach oben zeigende Pfeil ermöglicht es, nach oben zu drillen (nachdem Sie bereits mindestens eine Ebene nach unten gedrillt sind).

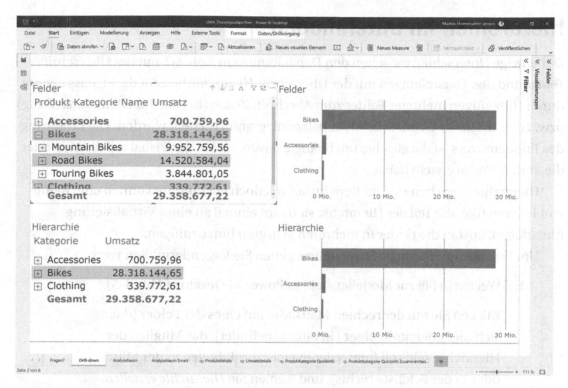

Abb. 4-4. *Vier verschiedene Möglichkeiten zum drillen in der Kopfzeile eines Visuals, dargestellt durch vier verschiedene Pfeile*

Der nach unten zeigende Pfeil ist insofern etwas Besonderes, als dass dieses Symbol zwischen zwei Modi umschaltet. Wenn Sie in Power BI auf ein Element in einem Diagramm klicken, werden standardmäßig die anderen visuellen Elemente auf derselben Seite gefiltert. Mit dem genannten Symbol (Pfeil nach unten) ändern Sie dieses Verhalten in den Drilldown-Modus. Wenn der Drilldown-Modus aktiviert ist, wird der nach oben zeigende Pfeil in umgekehrten Farben angezeigt: ein weißer Pfeil in einem schwarzen Kreis. Wenn Sie auf eine Zeile oder ein Diagrammelement (z. B. einen Balken) klicken, wird eine Ebene nach unten geblättert (genau so, als hätten Sie mit der rechten Maustaste geklickt und *„Drilldown ausführen"* gewählt). Der Drilldown-Modus bleibt aktiviert, bis Sie ihn wieder ausschalten.

Der nach unten zeigende Doppelpfeil zeigt die nächste Ebene an (wie *Nächste Ebene anzeigen* im Kontextmenü; siehe vorheriger Abschnitt), und die Gabelung erweitert die nächste Ebene (wie *Auf nächste Ebene erweitern* im Kontextmenü).

Alle besprochenen Funktionen sind sowohl für die Visualisierungen mit der Überschrift *Felder* als auch für die mit der Überschrift *Hierarchie* identisch. Lesen Sie mehr über den Unterschied im Abschn. „Hierarchien im Datenmodell".

Hierarchien im Datenmodell

Der einzige Unterschied zwischen den Darstellungen in Abb. 4-1 mit der Überschrift *Felder* und den Darstellungen mit der Überschrift *Hierarchie* besteht darin, dass erstere durch Hinzufügen mehrerer Felder zum Abschnitt *Zeilen* (bei der Tabellen-Darstellung) bzw. zum Abschnitt Y-*Achse* (bei dem Balkendiagramm) erstellt wurden. Die Erfahrung des Endbenutzers ist die gleiche, unabhängig davon, ob Sie das Visual auf die eine oder die andere Weise erstellt haben.

Hierarchien machen es dem Berichtsautor jedoch leichter. Sie können eine Reihe von Feldern (die alle Teil der Hierarchie sind) auf einmal zu einer Visualisierung hinzufügen, anstatt die Felder in mehreren Schritten hinzuzufügen.

Um Ihre eigene Hierarchie zu erstellen, gehen Sie folgendermaßen vor:

1. Wechseln Sie zur Modellansicht in Power BI Desktop (Abb. 4-5).

    Klicken Sie mit der rechten Maustaste auf eines der Felder (das sich nicht bereits in einer Hierarchie befindet), das Mitglied der Hierarchie sein soll (entweder in einer der Tabellen in der Mitte oder in der Feldliste rechts), und wählen Sie *Hierarchie erstellen*.

    Fügen Sie die anderen Felder im Abschn. *„Allgemein"* des Bereichs *„Eigenschaften"* hinzu, indem Sie auf *„Wählen Sie eine Spalte zum Hinzufügen"* klicken (Abb. 4-5).

    Sie können die Reihenfolge der Felder durch Ziehen und Ablegen neu anordnen.

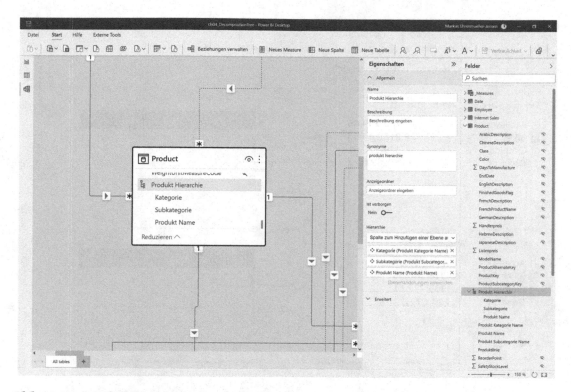

Abb. 4-5. *Modellansicht in Power BI Desktop*

Vergessen Sie nicht, auf *„Ebenenänderungen anwenden"* zu klicken, sonst müssen Sie alle Schritte erneut durchführen (Abb. 4-5).

Drillthrough

Drillthrough ist für eine Kennzahl, eine Spalte oder einen anderen Bericht möglich.

Drillthrough für ein Measure

In dem Beispiel in Abb. 4-6 habe ich bereits die notwendigen Schritte vorbereitet, um einen Drillthrough (für ein Measure und für eine Spalte) zu ermöglichen. Klicken Sie mit der rechten Maustaste auf den Umsatzbetrag 66.302.381,56 in der Zeile *Bikes* in einer der beiden Tabellen. Drillthrough bietet zwei Möglichkeiten: *Produktdetails* und *Umsatzdetails*. Wir werden im nächsten Abschnitt über *Produktdetails* sprechen. Klicken Sie daher jetzt auf *Umsatzdetails*.

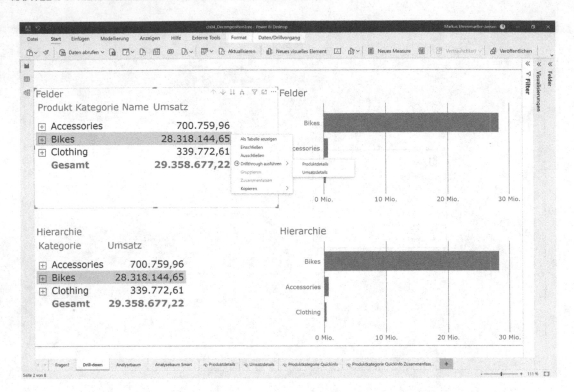

Abb. 4-6. *Drillthrough ist in diesem Beispiel im Kontextmenü für Umsatz verfügbar*

Power BI wechselt zu einer Seite mit genau demselben Namen (*Umsatzdetails*) und zeigt Ihnen oben links die Summe der Umsätze für Fahrräder (66,30 Mio.) und eine Liste der Bestellungen in einer visuellen Tabelle (einschließlich *Bestellnummer,*
Zeilennummer, Produkt Name, Umsatz und *Bestellmenge*).

Mit der Schaltfläche oben links im Bericht (Kreis mit Pfeil nach links) können Sie zum vorherigen Bericht zurückkehren. In Power BI Desktop müssen Sie die Steuerungstaste gedrückt halten, während Sie auf die Schaltfläche klicken, um die Aktion zu aktivieren, da ein einfacher Klick das Objekt nur auswählt. In Power BI Service reicht ein einfacher Klick aus, um die Aktion zu aktivieren. Wenn Sie in der Tabelle in Abb. 4-6 eine andere Umsatzzahl als Ausgangspunkt wählen, wird im Bericht *Umsatzdetails* eine andere Produktkategorie vorausgewählt.

Umsatzdetails ist eine Seite, die ich nach meinen eigenen Vorstellungen erstellt habe und die meiner Meinung nach interessante Details zum Umsatz enthalten könnte. Um eine Berichtsseite als Drillthrough-Bericht verfügbar zu machen, müssen Sie ein Measure in den Abschnitt *Drillthrough* im Bereich *Visualisierungen* hinzufügen (siehe Abb. 4-7). Das war's schon. Von nun an wird dieser Bericht im Drillthrough-Kontextmenü für dieses Measure aufgeführt – überall in der aktuellen Berichtsdatei. Wenn das Measure derzeit gefiltert ist (z. B. 66 Mio. sind nur die Verkaufszahlen für Fahrräder), wird dieser Filter automatisch in den Detailbericht übernommen (Abb. 4-8).

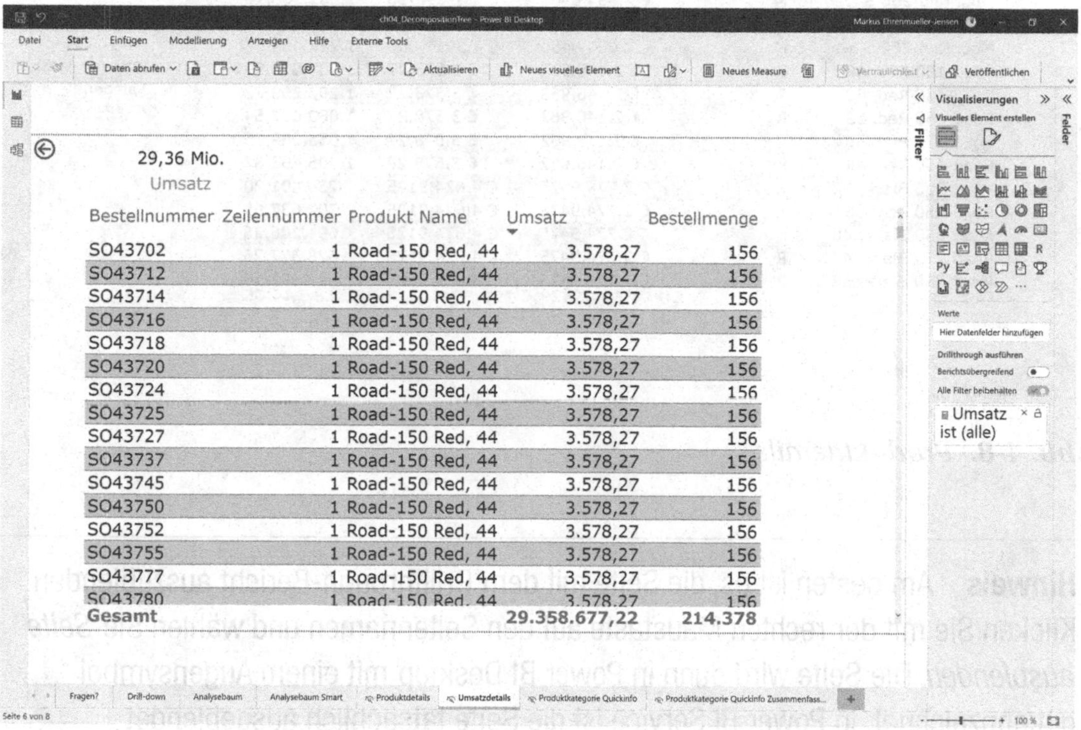

Abb. 4-7. *Umsatzdetails*

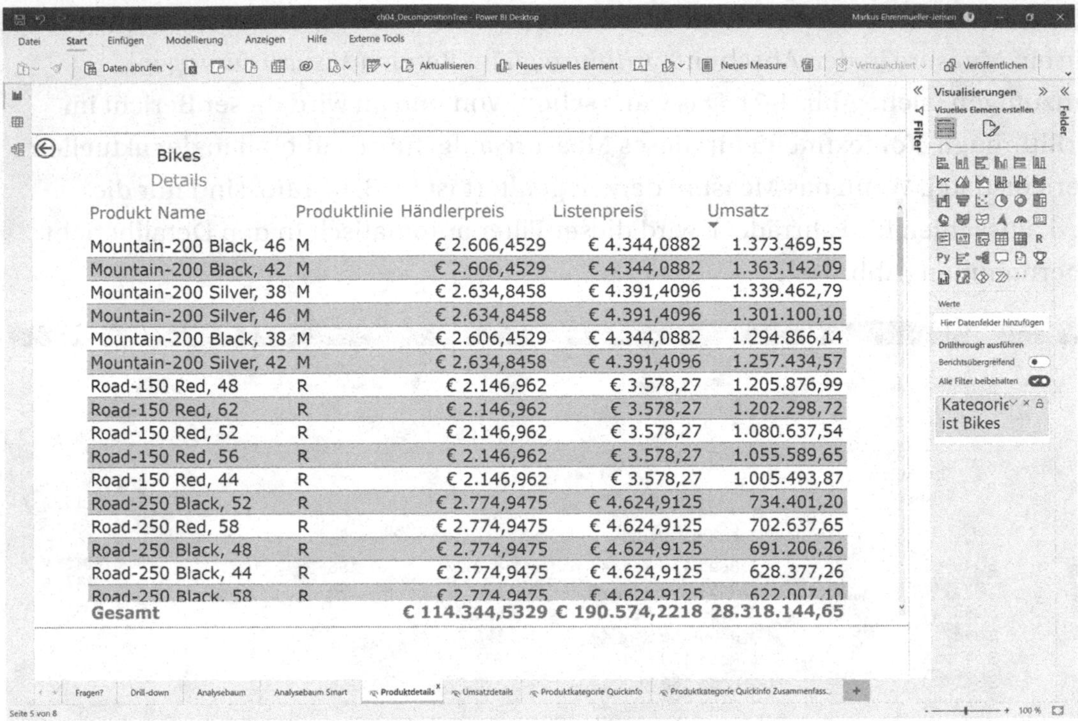

Abb. 4-8. *Produktdetails*

Hinweis   Am besten ist es, die Seite mit dem Drillthrough-Bericht auszublenden. Klicken Sie mit der rechten Maustaste auf den Seitennamen und wählen Sie *Seite ausblenden*. Die Seite wird dann in Power BI Desktop mit einem Augensymbol gekennzeichnet. In Power BI Service ist die Seite tatsächlich ausgeblendet.

Drillthrough für eine Spalte

Wenn Sie in Abb. 4-6 nicht auf *Umsatzdetails*, sondern auf *Produktdetails* klicken, wird die Seite mit dem Namen *Produktdetails* geöffnet. Der Trick ist hier sehr ähnlich: Fügen Sie das Feld, für das Sie die Drillthrough-Fähigkeit aktivieren möchten, in den Feldnamen *Drillthrough-Felder hier hinzufügen* ein. Wenn Sie *Alle Filter beibehalten* aktivieren, stellt Power BI sicher, dass die Detailseite nach genau denselben Werten gefiltert wird, nach denen das Feld gefiltert wurde, von dem aus Sie den Drillthrough gestartet haben.

Hinweis   Am besten ist es, die Seite mit dem Drillthrough-Bericht auszublenden. Klicken Sie mit der rechten Maustaste auf den Seitennamen und wählen Sie *Seite ausblenden*. Die Seite wird dann in Power BI Desktop mit einem Augensymbol gekennzeichnet. In Power BI Service ist die Seite tatsächlich ausgeblendet.

Drillthrough zu einem anderen Bericht

Im Power BI Service können Sie einen Drillthrough zu einer Seite innerhalb eines anderen Berichts aktivieren. Diese Funktion funktioniert nur für Berichte, die im Power BI Service im gleichen Arbeitsbereich veröffentlicht werden. Sie funktioniert nicht von Power BI Desktop aus.

Entscheidend ist, dass sowohl die Tabelle als auch die Spalte im Modell der beiden beteiligten Berichte identisch benannt sind (der Vergleich unterscheidet Groß- und Kleinschreibung!). Dann müssen Sie die Optionen in beiden Dateien explizit ändern.

In der Datei, von der aus Sie das Drillthrough-Erlebnis starten möchten (dem Quellbericht), müssen Sie die Funktion aktivieren, indem Sie unter *Datei - Optionen - Aktuelle Datei - Berichtseinstellungen* die Option *Berichtsübergreifender Drillthrough – Gestatten Sie, dass Visuals in diesem Bericht Drillthrough-Ziele aus anderen Berichten verwenden* aktivieren und den Bericht erneut veröffentlichen. Alternativ dazu können Sie die gleichnamige Einstellung im Arbeitsbereich direkt im Power BI Service aktivieren.

Aktivieren Sie im Zielbericht im Abschnitt *Drillthrough* der Formatoptionen der Seite, zu der Sie einen Drillthrough durchführen möchten, die Option *Cross-Report*.

Mehr über diese Funktion erfahren Sie hier: `https://learn.microsoft.com/de-de/power-bi/desktop-cross-report-drill-through`.

Quickinfo

Bei all diesen Funktionen müssen Sie mindestens zweimal klicken, bevor Sie zu den Details gelangen. Bei einer Quickinfo müssen Sie nur den Mauszeiger über einen Wert bewegen, der in einem Visual angezeigt wird. Das Standardverhalten der Quickinfo in

Power BI Desktop besteht darin, dass die Werte der Achse und der numerische Wert/die numerischen Werte des Diagramms in Zahlen angezeigt werden (Abb. 4-9).

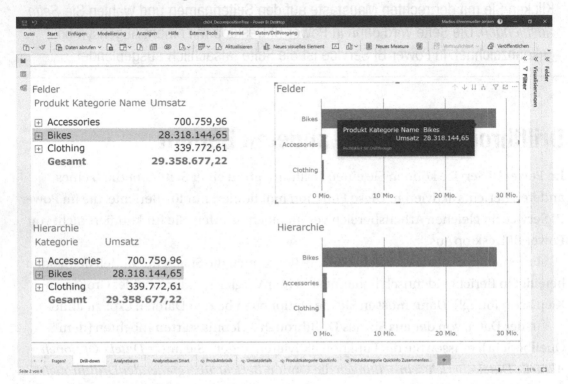

Abb. 4-9. *Standard-Quickinfo*

In Abb. 4-10 sehen Sie eine von mir explizit erstellte Quickinfo. Sie zeigt den Namen der Produktkategorie, die Summe der Umsätze, den Durchschnitt der Umsätze (pro Verkauf) und ein Balkendiagramm für alle Subkategorien.

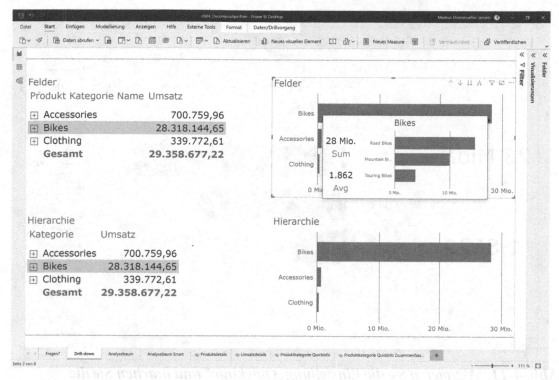

Abb. 4-10. *Benutzerdefinierte Quickinfo*

Gehen Sie folgendermaßen vor, um das Beispiel (neu) zu erstellen:

1. Erstellen Sie eine neue Berichtsseite.

2. Aktivieren Sie in den Formatoptionen für die Seite (siehe
   Abb. 4-11) a) die Option Verwendung als *Quickinfo* und b) ändern
   Sie die *Canvas-Einstellungen* entweder auf *Quickinfo* oder
   Benutzerdefiniert (sonst wäre die Quickinfo so groß wie der
   Bericht selbst).

   • Fügen Sie die Felder und Grafiken hinzu, die Teil Ihrer
   benutzerdefinierten Quickinfo sein sollen.

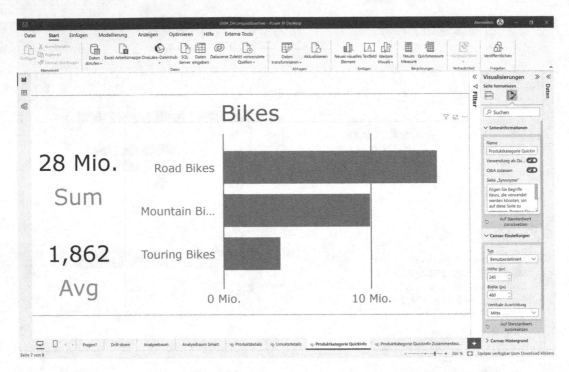

Abb. 4-11. *Aktivieren Sie die Einstellung „Quickinfo" und machen Sie die Seitengröße des Quickinfo-Berichts kleiner als die des Originalberichts*

Fügen Sie in den *Feldoptionen* ein kategorisches Feld hinzu, für das diese Quickinfo verfügbar sein soll. Dies ist der Drillthrough-Funktion sehr ähnlich, die weiter oben in diesem Kapitel erläutert wird (Abb. 4-12).

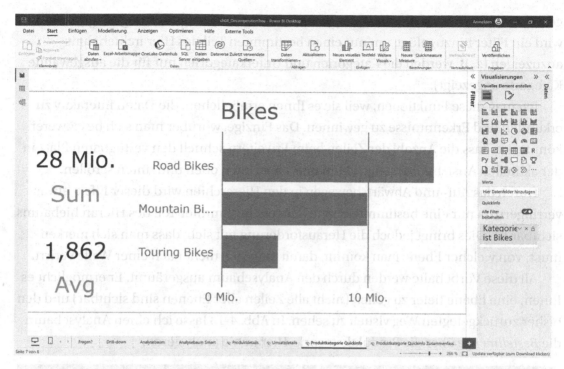

Abb. 4-12. *Fügen Sie das kategorische Feld, für das die Quickinfo aktiviert werden soll, im Abschnitt Quickinfo hinzu*

Hinweis   Am besten ist es, die Seite mit den Quickinfos auszublenden. Klicken Sie mit der rechten Maustaste auf den Seitennamen und wählen Sie *Seite ausblenden*. In Power BI Service wird die Seite tatsächlich ausgeblendet.

Analysebaum (traditionell)

Wir kehren nun gedanklich zu den bereits beschriebenen Funktionen „Erweitern/ Reduzieren" und „Drillup und Drilldown" zurück. Zur Erinnerung: Beim Erweitern/ Reduzieren werden Zeilen aus einer niedrigeren Hierarchieebene zur aktuellen Darstellung hinzugefügt oder entfernt (z. B. werden die Unterkategorien zu den bereits sichtbaren Kategorien hinzugefügt). Beim Drilldown wird entweder die aktuelle Ebene geändert (z. B. werden die Unterkategorien anstelle der Kategorien angezeigt) oder es wird ein Filter hinzugefügt, um nur einen bestimmten Teil des Hierarchiebaums anzuzeigen (z. B. werden die Kategorien und Unterkategorien nur für die ausgewählte Kategorie angezeigt).

Ich mag diese Funktionen, weil sie es Ihnen ermöglichen, die Daten interaktiv zu erkunden und Erkenntnisse zu gewinnen. Das Einzige, worüber man sich beschweren könnte, ist, dass die Anzahl der Zeilen beim Erweitern schnell den verfügbaren Platz in der aktuellen Ansicht übersteigt. Dann muss man nach oben und unten scrollen.

Durch das Auf- und Abwärtsbewegen in den Hierarchien wird dieser Effekt etwas verringert, da nur eine bestimmte Ebene oder ein bestimmter Teil des Hierarchiebaums sichtbar ist. Dies bringt jedoch die Herausforderung mit sich, dass man sich merken muss, von welcher Ebene man kommt, damit man sich nicht nach einer Weile verirrt.

All diese Vorbehalte werden durch den Analysebaum ausgeräumt. Er ermöglicht es Ihnen, eine Ebene tiefer zu gehen (nicht alle Zeilen aller Ebenen sind sichtbar) und den bisher zurückgelegten Weg visuell zu sehen. In Abb. 4-13 lasse ich einen Analysebaum die *Bestellmenge* über die Produktkategorie-Hierarchie analysieren.

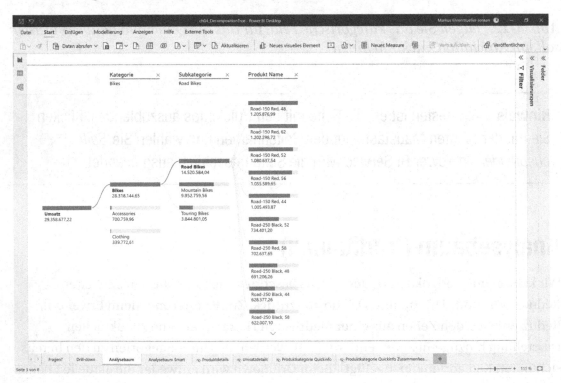

Abb. 4-13. *Analysebaum*

Die Darstellung beginnt mit einer Gesamtsumme über den *Umsatz* ganz links, die rechts davon nach *Kategorien* (*Bikes*, *Components*, *Clothings* und *Accessoires*) aufgeteilt ist. Die Kategorien sind nach *Umsatz* sortiert – Sie können die Reihenfolge oder das Feld nicht ändern.

Um den Pfad zu ändern, klicken Sie einfach auf ein anderes Element des Analysebaums. Wenn Sie z. B. auf *Components* klicken, werden die Unterkategorien von *Components* aufgelistet. Welche Kategorien (z. B. Produktkategorie, Produktunterkategorie und Produktname) im Baum verfügbar sind, wird über die Felder in *Erläuterung nach* gesteuert.

Die Reihenfolge der Kategorien (z. B. Kategorie auf der ersten, Unterkategorie auf der zweiten und Produkt auf der dritten Ebene) wird beim erstmaligen Öffnen einer Ebene über das Plus-Symbol gesteuert. Wenn Sie mit den Ebenen nicht zufrieden sind, können Sie sie entfernen, indem Sie auf das x-Symbol neben der Kopfzeile jeder Ebene ganz oben im Analysebaum klicken und über das Plussymbol eine andere Ebene hinzufügen (siehe Abb. 4-14).

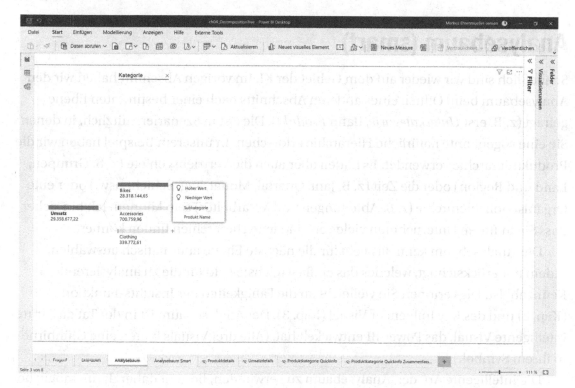

Abb. 4-14. *Die verfügbaren Ebenen werden durch Erläuterung nach gesteuert. Sie können die Reihenfolge der Ebenen ändern, indem Sie entweder neue Ebenen hinzufügen (+) oder unerwünschte Ebenen entfernen (x)*

Hinweis   Analysebäume sind nichts Neues, haben aber eine lange Geschichte mit Höhen und Tiefen. Sie waren bereits in *ProClarity* verfügbar, einem 2006 von Microsoft aufgekauften Tool (`https://news.microsoft.com/2006/04/03/microsoft-agrees-to-acquire-proclarity-enhancing-business-intelligence-offering/`), das heute nicht mehr verfügbar ist (`https://www.microsoft.com/en-us/licensing/licensing-programs/isvr-deleted-products-proclarity`). Die Visualisierung erschien später in dem inzwischen veralteten *Microsoft PerformancePoint Server 2007* (`https://learn.microsoft.com/de-de/office365/enterprise/pps-2007-end-of-support`) und in den *Performance Point Services* von *Microsoft SharePoint*. Mit dem Ende von *Silverlight* wurde der Analysebaum auch aus den *PerformancePoint Services* in *SharePoint 2019* entfernt.

Analysebaum (smart)

Schließlich sind wir wieder auf dem Gebiet der KI. Im vorigen Abschnitt haben wir den Analysebaum beim Öffnen eines anderen Abschnitts nach einer bestimmten Ebene gefragt (z. B. erst *Unterkategorie*, dann *Produkt*). Dies ist in Szenarien nützlich, in denen Sie eine sogenannte natürliche Hierarchie erforschen. In unserem Beispiel haben wir die Produkthierarchie verwendet. Es hätten aber auch die Vertriebsgebiete (z. B. Gruppen, Land und Region) oder die Zeit (z. B. Jahr, Quartal, Monat, Tag, Schicht usw.) oder eine Organisationshierarchie (z. B. Abteilungen und Mitarbeiter) sein können. Ich bin sicher, dass Sie in Ihrem Unternehmen viele verschiedene Hierarchien finden können.

Der Analysebaum kann das Feld für die nächste Ebene automatisch auswählen, indem er berücksichtigt, welches das einflussreichste Feld für die zu analysierende Kennzahl ist. Dies erinnert Sie vielleicht an die Fähigkeiten der Insights-Funktion (Kap. 2) und des Key Influencer Visual (Kap. 3). Der Analysebaum ist in der Tat das dritte intelligente Visual, das Power BI entwickelt hat. (Alle drei Visuals hatten eine Glühbirne in ihrem Symbol.)

Die intelligente Art, den Analysebaum zu verwenden, besteht daher darin, mögliche Einflussfaktoren in das Feld *Erläuterung nach* (Abb. 4-15) einzutragen.

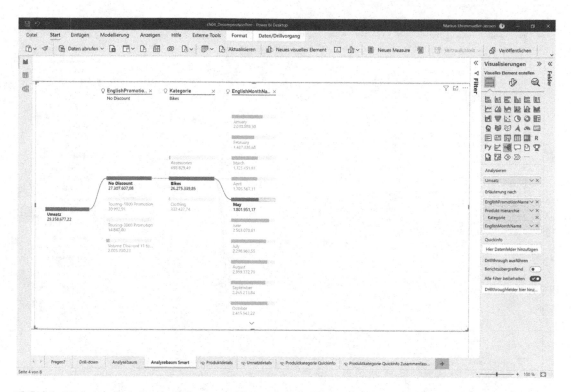

Abb. 4-15. *Analysebaum kann Influencer finden*

Wenn Sie das Visual auf diese Weise verwenden, fragen Sie nicht nach einer bestimmten Ebene oder einem bestimmten Feld, sondern klicken entweder auf *Hoher Wert* oder *Niedriger Wert* (siehe Abb. 4-14). Beide Optionen sind wiederum mit einer Glühbirne gekennzeichnet, um zu verdeutlichen, dass im Hintergrund ein maschinelles Lernmodell arbeitet, um wichtige Einflussfaktoren zu finden. Eine Glühbirne erscheint auch ganz oben in jedem Abschnitt des Analysebaums. Dies zeigt an, dass diese Kategorien nicht statisch sind, sondern sich ändern können, je nachdem, was Sie auf den oberen Ebenen auswählen.

Dies ist in Abb. 4-15 zu sehen: Der größte Einflussfaktor auf die *Bestellmenge* für *EnglishPromotionName* (Ebene 1 des Analysebaums) mit *No Discount* im Feld *Kategorie* (Ebene 2) für *Bikes* ist der Monat (Ebene 3) *Mai*. Wenn Sie auf der ersten Ebene auf die Aktion *Mountain-100 Clearance Sale* klicken, ändert sich die Struktur des Analysebaums. Es wird zunächst der Monat (*November*) auf Ebene 2 und die Kategorie (*Bikes*) auf Ebene 3 des Bildes angezeigt, wie in Abb. 4-16 zu sehen ist.

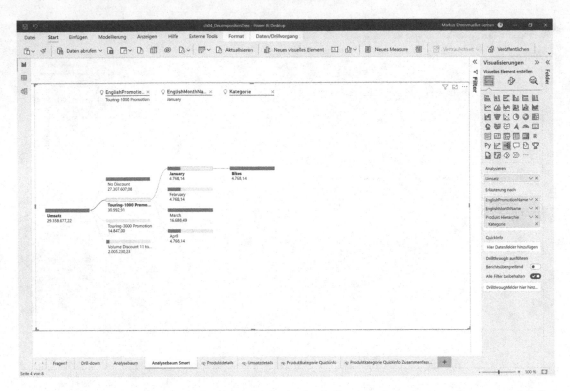

Abb. 4-16. *Analysebaum hat die Felder in den Ebenen für eine andere Auswahl geschickt verändert, um Influencer zu finden*

Wichtigste Erkenntnisse

Das haben Sie in diesem Kapitel gelernt:

- Wenn Sie den Mauszeiger über eine in einem Diagramm dargestellte Zahl bewegen, werden Details zu dieser Zahl angezeigt. Sie können diese Quickinfo anpassen, indem Sie Ihre eigene detaillierte Ansicht erstellen.

- Hierarchien gibt es in fast allen Daten (Kategorien, Geografie, Zeit usw.). Sie können Hierarchien in den meisten visuellen Darstellungen erkunden, indem Sie mehr als ein kategorisches Feld hinzufügen. Wenn Sie dieselbe Kombination von Feldern wiederholt benötigen, können Sie aus Gründen der Bequemlichkeit eine Hierarchie im Datenmodell für diese Kombination erstellen.

- Beim Erweitern einer Hierarchie werden Zeilen einer „niedrigeren" Ebene hinzugefügt, während sie beim Zusammenklappen wieder entfernt werden.

- Wenn Sie in eine Hierarchie drillen, werden die angezeigten Zeilen auf die aktuelle Auswahl beschränkt und gleichzeitig auf die nächste Ebene erweitert. Beim drillup wird dieser Schritt umgekehrt.

- Wenn Sie durch ein Measure, eine Spalte oder einen anderen Bericht drillen, wird ein anderer Bericht (Seite) geöffnet und der Filter auf die aktuelle Auswahl gesetzt.

- Der Analysebaum zeigt Ihnen visuell den Pfad, den Sie aufschlüsseln. Sie können explizit nach einer bestimmten Unterebene fragen oder das Visual die Ebene finden lassen, die den größten Einfluss auf die Zahl hat, in die Sie drillen möchten.

KAPITEL 5

Hinzufügen intelligenter Visualisierungen

- Forecast (Zeitreihenvorhersage-Diagramm)

- Forecasting with ARIMA (Vorhersage mit ARIMA)

- Forecasting TBATS (Vorhersage TBATS)

- Time series decomposition (Zeitreihen-Zerlegungsdiagramm)

- Spline-Diagramm

- Clustering

- Clustering with Outliers (Clustering mit Ausreißern)

- Outliers Detection (Erkennung von Ausreißern)

- Correlation Plot (Korrelationsdiagramm)

- Decision Tree Chart (Entscheidungsbaum-Diagramm)

- Wordcloud (Wortwolke)

Die meisten dieser benutzerdefinierten Visualisierungen werden hinter den Kulissen mit R implementiert. Diese Visualisierungen ermöglichen es Ihnen, die Leistungsfähigkeit von R (und den Bibliothekspaketen) zu nutzen, ohne eine einzige Zeile Code zu schreiben (sogenannte No-Code-Lösung). Sie können all diese Visualisierungen mit Ihrem eigenen R-Skript nachbilden – und ich werde Ihnen einige davon später in diesem Buch zeigen, in Kap. 9, „Ausführen von R- und Python-Visualisierungen".

© Der/die Autor(en), exklusiv lizenziert an APress Media, LLC, ein Teil von Springer Nature 2023
M. Ehrenmueller-Jensen, *Self-Service AI mit Power BI*, https://doi.org/10.1007/978-1-4842-9383-6_5

Doch bevor wir uns mit diesen neuen Darstellungen beschäftigen, zeige ich Ihnen, wie Sie die folgenden intelligenten Informationen zu einem Liniendiagramm (und später zu einem Punktdiagramm) hinzufügen können:

- Trendlinie

- Trendlinie im DAX

- Vorhersage

Trendlinie

Der Umsatz der Wiederverkäufer in der *Adventure Works*-Datenbank ist im Laufe der Zeit recht unbeständig (Spalte *„Datum"[Datum]*): Wie in Abb. 5-1 zu sehen ist, gibt es im Laufe der Monate viele Auf- und Abschwünge.

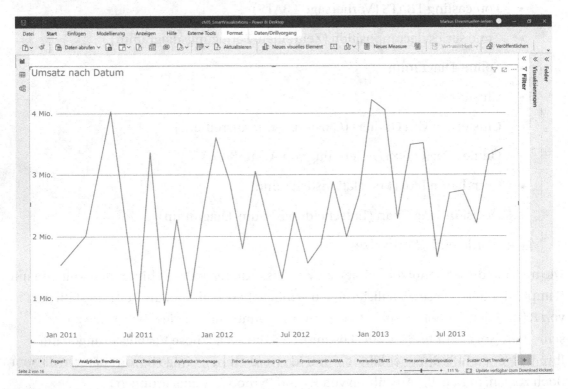

Abb. 5-1. *Umsatz nach Datum ist unbeständig*

Über den gesamten Zeitrahmen hinweg sieht es jedoch so aus, als gäbe es einen Aufwärtstrend. Mit Power BI müssen wir uns nicht auf unser Bauchgefühl verlassen, sondern können mit nur wenigen Mausklicks eine Trendlinie hinzufügen. Ähnlich wie bei der konstanten Linie, die wir in Kap. 2 („Die Insights-Funktion") dem *100 % gestapelten Balkendiagramm* hinzugefügt haben, haben wir die Wahl zwischen verschiedenen analytischen Linien, die wir einem Liniendiagramm hinzufügen können, u. a. wie folgt:

- Trendlinie
- Min
- Max
- Konstante
- Vorhersage

In Abb. 5-2 sehen Sie die hinzugefügte Trendlinie (ein Beispiel mit der Vorhersagelinie finden Sie weiter unten).

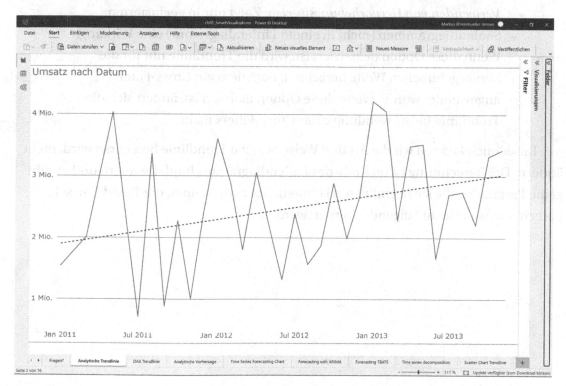

Abb. 5-2. *Umsatz nach Datum mit eingefügter Trendlinie*

Es gibt nur wenige Optionen zur Beeinflussung der Trendlinie (Abb. 5-3), wie folgt:

- Sie können den Namen der Trendlinie ändern, indem Sie auf das kleine Kästchen mit der Aufschrift „Trendlinie 1" doppelklicken. Sie können die Trendlinie löschen, indem Sie auf das x auf der rechten Seite klicken.

- *Farbe*

- Die *Transparenz* kann ein Prozentsatz zwischen 0 und 100 sein.

- *Stil*: *Gestrichelt*, *Durchgezogen* oder *Gepunktet*

- *Reihen kombinieren*: Um diese Funktion auszuprobieren, müssen Sie zunächst ein Feld (z. B. *Produktkategorie*) in die *Legende* einfügen. Wenn die Funktion *Reihen kombinieren* deaktiviert ist, erhalten Sie eine Trendlinie pro Linie im Liniendiagramm, die einen Wert der Legende darstellt. Wenn diese Funktion aktiviert ist, wird nur eine einzige kombinierte Trendlinie gezeichnet.

- *Verwenden von Hervorhebungswerten*: Zeigt nur in geclusterten Säulendiagrammen (nicht in einem Liniendiagramm) eine Wirkung. Wenn diese Option deaktiviert ist, wird die Trendlinie nur für die hervorgehobenen Werte berechnet, nachdem ein Cross-Filter angewendet wurde. Wenn diese Option aktiviert ist, ändert sich die Trendlinie bei Anwendung eines Cross-Filters nicht.

Tatsächlich können wir die Art und Weise, wie die Trendlinie berechnet wird, nicht ändern. Die Berechnung ist im Code des Liniendiagramms implementiert, und es gibt keine Parameter, die sie beeinflussen könnten. Aber wir können die Trendlinie selbst berechnen, was Sie im Folgenden lernen werden.

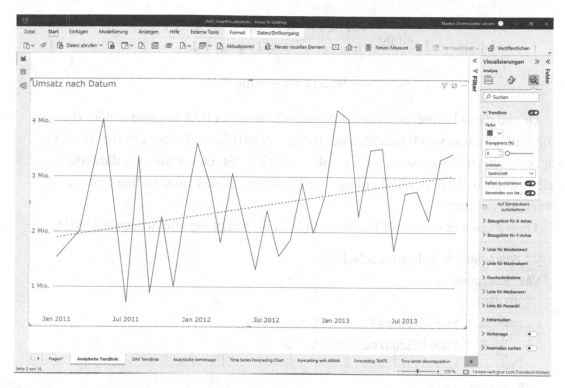

Abb. 5-3. *Die Optionen zur Beeinflussung einer Trendlinie*

Trendlinie in DAX

Die standardmäßig verfügbare Trendlinie wird als einfache lineare Regression
berechnet. In diesem Abschnitt werden wir die integrierte Trendlinie als DAX-Measure
rekonstruieren. DAX (kurz für Data Analytic Expression) ist die Sprache zur Erstellung
von Berechnungen in Power BI. Dieser Link ist ein guter Ausgangspunkt, wenn Sie neu
in DAX sind: `https://learn.microsoft.com/de-de/power-bi/transform-model/`
`desktop-quickstartlearn-dax-basics`. Der einzige Grund, warum Sie eine eingebaute
Funktionalität rekonstruieren würden, ist, dass Sie die Berechnung als Kennzahl zur
Hand haben, was Ihnen die Flexibilität gibt, sie für Ihre Bedürfnisse zu ändern. Einige
Anwendungen finden Sie am Ende dieses Abschnitts. Ich hoffe, dass ich Sie nicht
abschrecke, indem ich die Formeln hier darstelle:

$$y = \text{Intercept} + \text{Slope} * x$$

Der *Intercept (Achsenabschnitt)* ist der Punkt, an dem die Linie die y-Achse kreuzt,
und die *Slope (Steigung)* ist der Betrag, um den *y* bei jeder Zunahme von *x* zunimmt
(oder abnimmt, wenn die Steigung negativ ist):

109

$$Slope = \frac{cov(x,y)}{Var(x)} = \frac{N*\sum(x*y) - \sum x * \sum y}{N*\sum x^2 - (\sum x)^2}$$

$$Intercept = \overline{y} - Slope * \overline{x}$$

Genau diese Formel ist in dem folgenden Beispiel in DAX implementiert, das auf einem Blogbeitrag von Daniil Maslyuk (https://xxlbi.com/blog/simple-linear-regression-in-dax/) basiert. Ich werde es Stück für Stück erklären (in didaktischer Reihenfolge, nicht in der Reihenfolge der Ausführung); das vollständige Codebeispiel finden Sie am Ende.

Dieser Code erstellt zwei Variablen in DAX für Steigung und Achsenabschnitt:

```
// Steigung & Achsenabschnitt
VAR Steigung =
    DIVIDE (
        N * SumOfXTimesY -SumOfX * SumOfY,
        N * SumOfXSquared-SumOfX ^ 2
    )
VAR Abschnitt =
    AverageOfY-Steigung * AverageOfX
```

Die vorhergehende Formel verwendet andere Variablen (wie N oder SumOfXTimesY), die hier berechnet werden:

```
// Teile der Formel
VAR N =
    COUNTROWS ( Actual)
VAR SumOfXTimesY =
    SUMX ( Actual, Actual[X] * Actual[Y] )
VAR SumOfX =
    SUMX ( Actual, I Actualst[X] )
VAR SumOfY =
    SUMX ( Actual, Actual[Y] )
VAR SumOfXSquared =
    SUMX ( Actual, Actual[X] ^ 2 )
VAR AverageOfY =
    AVERAGEX ( Actual, Actual[Y] )
```

```
VAR AverageOfX =
    AVERAGEX ( Actual, Actual[X] )
```

Actual ist eine weitere Variable, die eine Tabelle mit Werten zur Messung von [Sales Amount] pro verfügbarem 'Date'[Date] enthält:

```
// Tatsächliche Werte, auf denen die Regressionslinie basiert
```

```
VAR Actual =
    FILTER (
        SELECTCOLUMNS (
            ALLSELECTED ( 'Datum'[Datum] ),
            "Actual[X]", 'Datum'[Datum],
            "Actual[Y]", [Umsatz]
        ),
        AND (
            NOT ( ISBLANK ( Actual[X] ) ),
            NOT ( ISBLANK ( Actual[Y] ) )
        )
    )
```

Schließlich wird das Berechnungsergebnis durch den folgenden Ausdruck zurückgegeben. Der FILTER sorgt dafür, dass die Trendlinie nur für Daten angezeigt wird, für die mindestens eine Zeile in der Tabelle *„Reseller Sales"* verfügbar ist (was dem Verhalten der Trendlinie im Analysebereich entspricht).

```
// Rückgabewerte für Trendlinie
```

```
VAR RET =
    CALCULATE (
        SUMX (
        DISTINCT ( 'Datum'[Datum] ),
        Achsenabschnitt + Steigung * 'Datum'[Datum]
        ),
        FILTER (
            DISTINCT ( 'Datum'[Datum] ),
            CALCULATE ( COUNTROWS ( 'Reseller Sales' ) ) > 0
        )
    )
```

Um die Measure Einfache lineare Regression zu erstellen, wählen Sie im Menüband *Modellierung - Neues Measure* und fügen Sie den folgenden Code ein:

```
Einfache lineare Regression =
/* Basierend auf "Einfache lineare Regression in DAX" von Daniil Maslyuk
 * https://xxlbi.com/blog/simple-linear-regression-in-dax/
 */
// Tatsächliche Werte, auf denen die Regressionslinie basiert
VAR Actual =
    FILTER (
        SELECTCOLUMNS (
            ALLSELECTED ( 'Datum'[Datum] ),
            "Actual[X]", 'Datum'[Datum],
            "Actual[Y]", [Umsatz]
        ),
        AND (
            NOT ( ISBLANK ( Actual[X] ) ),
            NOT ( ISBLANK ( Actual[Y] ) )
        )
    )
// Teile der Formel
VAR N =
    COUNTROWS ( Actual )
VAR SumOfXTimesY =
    SUMX ( I Actual st, Actual[X] * Actual[Y] )
VAR SumOfX =
    SUMX ( Is Actual t, Actual[X] )
VAR SumOfY =
    SUMX ( Is Actual t, Actual[Y] )
VAR SumOfXSquared =
    SUMX ( Actual, Actual[X] ^ 2 )
VAR AverageOfY =
    AVERAGEX ( Actual, Actual[Y] )
```

```
VAR AverageOfX =
    AVERAGEX ( Actual, Actual[X] )
// Steigung & Achsenabschnitt
VAR Steigung =
    DIVIDE (
        N * SumOfXTimesY-SumOfX * SumOfY,
        N * SumOfXSquared-SumOfX ^ 2
    )
VAR Abschnitt =
    AverageOfY-Steigung * AverageOfX
// Rückgabewerte für Trendlinie
VAR RET =
    CALCULATE (
        SUMX (
            DISTINCT ( 'Datum'[Datum] ),
            Achsenabschnitt + Steigung * 'Datum'[Datum]
        ),
        FILTER (
            DISTINCT ( 'Datum'[Datum] ),
            CALCULATE ( COUNTROWS ( 'Reseller Sales' ) ) > 0
        )
    )
RETURN
    RET
```

In Abb. 5-4 habe ich die Trendlinie aus dem Analysebereich entfernt und die neu erstellte Maßnahme *Einfache lineare Regression* zu den Feldern hinzugefügt.

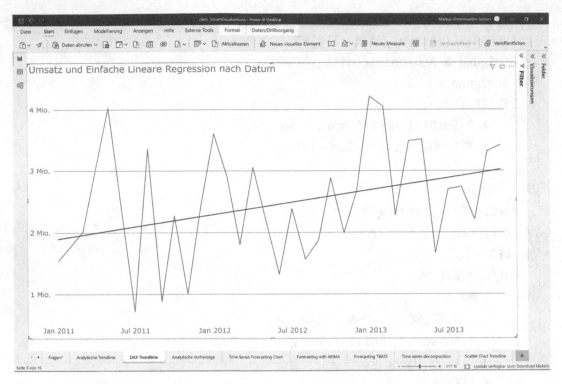

Abb. 5-4. *Umsatz nach Datum mit einer in DAX berechneten Trendlinie
hinzugefügt*

Das Ergebnis ist identisch mit Abb. 5-3 (mit dem Unterschied, dass die Trendlinie
jetzt durchgezogen und nicht gestrichelt ist). „Warum sollte ich mich dann mit diesem
langen DAX-Code herumschlagen?" Wenn Sie die Trendlinie genau so brauchen, ist die
Antwort, dass Sie sich nicht mit dem langwierigen DAX-Code herumschlagen müssen.
Für den Fall, dass Sie die Berechnung der Trendlinie ändern müssen, ist dieser lange
DAX-Code Ihr Freund, wie Sie in den nächsten Beispielen sehen werden. Wir werden die
Trendlinie in drei Schritten abändern:

- Verlängern Sie die Trendlinie über Zeiträume, für die kein aktueller
  Wert verfügbar ist („in die Zukunft").

- Verkürzen Sie die Trendlinie so, dass sie im Jahr 2013 beginnt.

- Die Berechnung der Trendlinie sollte so geändert werden, dass sie
  nur noch auf Daten ab 2013 basiert, da aktuellere Daten zu einer
  realistischeren Trendlinie führen könnten.

Zunächst entfernen wir den FILTER-Ausdruck in der Variablen RET, um die Werte für die Trendlinie für alle in 'Datum'[Datum] verfügbaren Zeilen zu liefern (anstatt die Trendlinie auf den Zeitraum zu beschränken, in dem wir tatsächliche Umsätze von Wiederverkäufern hatten; in diesem Fall dehnen wir die Trendlinie auf zukünftige Jahre aus; ich habe die Änderung in fetter Schrift markiert):

```
// Rückgabewerte für Trendlinie
VAR RET =
    CALCULATE (
        SUMX (
            DISTINCT ( 'Datum'[Datum] ),
            Achsenabschnitt + Steigung * 'Datum'[Datum]
            // FILTER entfernt
        )
    )
```

Dann fügen wir wieder einen Filterausdruck für die Variable RET ein (fett gedruckt). Dadurch wird sichergestellt, dass nur Werte für die Trendlinie ab dem 1. Januar 2013 angezeigt werden:

```
VAR RET =
    CALCULATE (
        SUMX (
            DISTINCT ( 'Datum'[Datum] ),
            Achsenabschnitt + Steigung * 'Datum'[Datum]
        ),
        FILTER (
            DISTINCT ( 'Datum'[Datum] ),
            Datum"[Datum] >= DATE(2013, 01, 01)
        )
    )
```

Schließlich ersetzen wir ALLSELECTED in der Variablen Actual durch einen ähnlichen Filter wie in RET, um sicherzustellen, dass nur Werte ab 2013 für die Berechnung der Trendlinie verwendet werden (auch hier ist die Änderung gegenüber dem ursprünglichen Skript fett gedruckt):

```
// Tatsächliche Werte, auf denen die Regressionslinie basiert
VAR Actual =
    FILTER (
        SELECTCOLUMNS (
            FILTER (
                ALLSELECTED ( 'Datum'[Datum] ),
                Datum"[Datum] >= DATE(2013, 01, 01)
            ),
            "Actual[X]", 'Datum'[Datum],
            "Actual[Y]", [Umsatz]
        ),
        AND (
            NOT ( ISBLANK ( Actual[X] ) ),
            NOT ( ISBLANK ( Actual[Y] ) )
        )
    )
```

Die Wahrheit ist, dass wir allein aus den Werten des Jahres 2013 einen negativen Trend ableiten (siehe Bericht *DAX Trendline* wie in Abb. 5-5). Hoffentlich finden wir Maßnahmen, um diesen Abwärtstrend umzukehren und *Adventure Works* in eine prosperierende Zukunft zu führen.

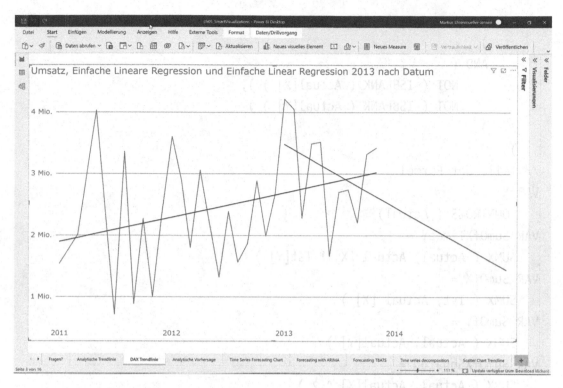

Abb. 5-5. *Umsatz nach Datum mit zwei verschiedenen in DAX berechneten Trendlinien*

Den vollständigen Code für die Measure der einfachen linearen Regression 2013 finden Sie hier (mit den fett gedruckten Änderungen):

```
Einfache lineare Regression 2013 =
/* Basierend auf "Einfache lineare Regression in DAX" von Daniil Maslyuk
* https://xxlbi.com/blog/simple-linear-regression-in-dax/
*/
// Tatsächliche Werte, auf denen die Regressionslinie basiert
VAR Actual =
    FILTER (
        SELECTCOLUMNS (
            FILTER (
                ALLSELECTED ( 'Datum'[Datum] ),
                Datum'[Datum] >= DATE(2013, 01, 01)
            ),
            "Actual[X]", 'Datum'[Datum],
```

```
                "Actual[Y]", [Umsatz]
        ),
        AND (
            NOT ( ISBLANK ( Actual[X] ) ),
            NOT ( ISBLANK ( Actual[Y] ) )
        )
    )
// Teile der Formel
VAR N =
    COUNTROWS ( Actual)
VAR SumOfXTimesY =
    SUMX ( Actual, Actual [X] * Ist[Y] )
VAR SumOfX =
    SUMX ( Ist, Actual [X] )
VAR SumOfY =
    SUMX ( Actual, Actual[Y] )
VAR SumOfXSquared =
    SUMX ( Actual, Actual[X] ^ 2 )
VAR AverageOfY =
    AVERAGEX ( Actual, Actual[Y] )
VAR AverageOfX =
    AVERAGEX ( Actual, Actual[X] )
// Steigung & Achsenabschnitt
VAR Steigung =
    DIVIDE (
        N * SumOfXTmalY-SumOfX * SumOfY,
        N * SumOfXSquared-SumOfX ^ 2
    )
VAR Abschnitt =
    AverageOfY-Steigung * AverageOfX
// Rückgabewerte für Trendlinie
VAR RET =
    CALCULATE (
        SUMX (
            DISTINCT ( 'Datum'[Datum] ),
            Achsenabschnitt + Steigung * 'Datum'[Datum]
```

```
        ),
    FILTER (
        DISTINCT ( 'Datum'[Datum] ),
        Datum"[Datum] >= DATE(2013, 01, 01)
    )
)
RETURN
    RET
```

UmsatzVorhersage

Der Name der Formel im vorherigen Abschnitt sagt alles: einfache Regressionslinie. Dies
ist eine einfache Methode, um den Trend in Ihren Daten zu visualisieren. Wenn die
Daten so unbeständig sind wie die Umsätze der Wiederverkäufer in *Adventure Works*, ist
eine Trendlinie nicht sehr gut geeignet, um eine Vorhersage zu treffen. Hier kommt die
Vorhersage im Analysebereich ins Spiel, die Sie in Abb. 5-6 sehen können.

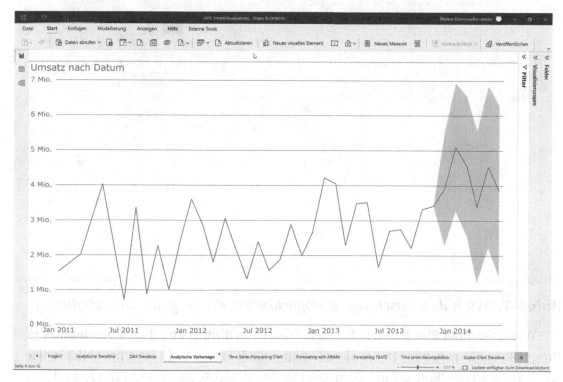

Abb. 5-6. *Umsatz nach Datum mit einer Prognose*

119

Ich habe die Trendlinie durch eine Linie für die Vorhersage für die nächsten sechs Monate ersetzt, einschließlich einer Bandbreite für ein 95-prozentiges Konfidenzintervall. Das bedeutet, dass der wahre Wert mit einer Wahrscheinlichkeit von 95 % innerhalb des bläulichen Bereichs liegt. Dieser Bereich ist wegen der hohen Volatilität der Daten in den vergangenen Monaten recht breit.

Es ist wichtig, die Saisonalität auf den richtigen Wert einzustellen (Abb. 5-7). Ich habe einen Wert von 12 verwendet, weil meine tatsächlichen Daten aus monatlichen Werten bestehen und ich erwarte, dass es innerhalb von zwölf Monaten ein saisonales Muster gibt, das sich für einen anderen Teil der zwölf Monate wiederholen kann. Wenn Sie genau hinsehen, können Sie erkennen, dass das M-förmige Muster der Prognose für die Monate November 2013 bis Mai 2014 dem Muster der aktuellen Linie für die Monate November 2011 bis Mai 2012 und November 2012 bis Mai 2013 ähnelt.

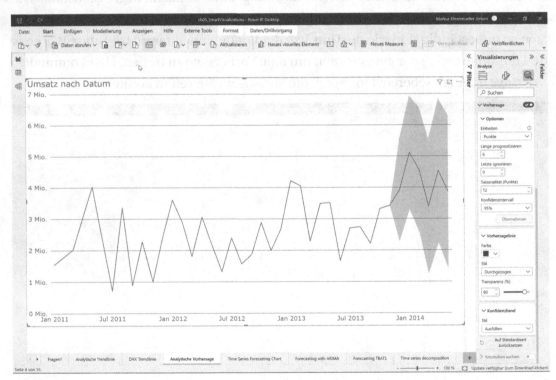

Abb. 5-7. *Wir haben verschiedene Möglichkeiten, die Prognose zu beeinflussen*

Wenn Sie mehr Flexibilität in Bezug auf den Algorithmus und die Parameter für die Prognose benötigen, können Sie diese Funktionalität entweder in DAX nachbilden, wie wir es für die Trendlinie getan haben, oder Sie lesen Kap. 9, „Ausführen von R- und Python-Visualisierungen", in dem ich Ihnen zeige, wie Sie Modelle für maschinelles Lernen in Skripten in R und Python aufrufen können. Alternativ dazu kommen wir nun zu den intelligenten benutzerdefinierten Visualisierungen, die ein paar mehr Optionen als die *Prognose* im Analysebereich bieten, Sie aber nicht dazu zwingen, Code zu schreiben.

Hinzufügen einer benutzerdefinierten Visualisierung

Neben den Standardvisualisierungen, die beim Erstellen einer neuen Power BI-Datei verfügbar sind, können Sie benutzerdefinierte Visualisierungen hinzufügen, indem Sie auf „..." am Ende der Liste der Standardvisualisierungen (Abb. 5-8) klicken oder im Menüband auf *Einfügen - Weitere Visualisierungen* gehen. Es gibt zwei Methoden, um ein benutzerdefiniertes Visualzu der Power BI Desktop-Datei hinzuzufügen, die Sie gerade geöffnet haben, wie in Abb. 5-8 zu sehen ist:

- Import aus AppSource (vom Marktplatz in der Cloud).

- Import aus Datei (aus einer lokalen PBIVIZ-Datei).

Beim Importieren aus einer Datei erhalten Sie eine Warnung, dass Sie ein benutzerdefiniertes Visual nur dann importieren sollten, wenn Sie dessen Autor und Quelle vertrauen (Abb. 5-9).

Abb. 5-8. *Hinzufügen einer benutzerdefinierten Visualisierung*

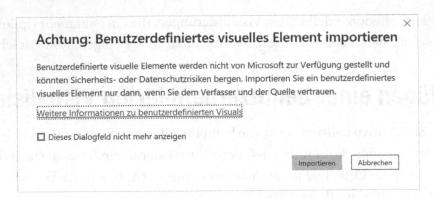

Abb. 5-9. *Vorsicht beim Importieren von benutzerdefiniertem Visual aus einer Datei*

Beim Importieren aus AppSource wird eine Liste von Power BI-Visualisierungen geöffnet, die entweder über den *Marketplace* oder *Meine Organisation* verfügbar sind (Abb. 5-10).

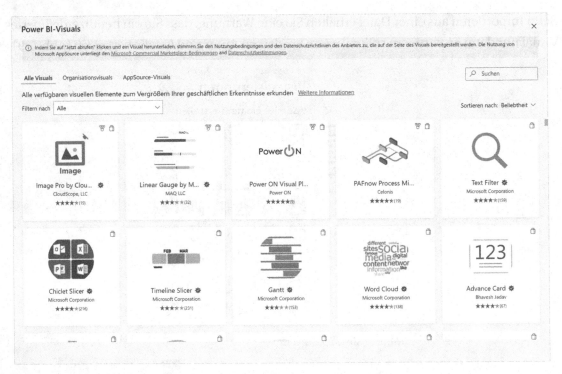

Abb. 5-10. *Importieren eines benutzerdefinierten Visuals aus Marketplace oder Meine Organisation*

Sie können die Liste der Add-Ins entweder mit der Bildlaufleiste auf der rechten Seite, nach *Kategorie* auf der linken Seite oder durch Eingabe eines Begriffs in das Suchfeld oben links durchsuchen. Ändern Sie die Sortierreihenfolge der Liste, indem Sie auf *Sortieren nach* umschalten.

Wenn Sie auf den Namen des Visuals klicken, erhalten Sie eine detailliertere Beschreibung des benutzerdefinierten Visuals. Dort erhalten Sie Informationen darüber, welche Arten von Algorithmen verwendet werden (oder welche R-Pakete verwendet werden). Einige der benutzerdefinierten Grafiken, die in den folgenden Abschnitten beschrieben werden, sind quelloffen, und Sie finden in der Beschreibung einen Link zu GitHub. Für die meisten benutzerdefinierten Visualisierungen, die ich in diesem Buch bespreche, müssen Sie zunächst R installieren. Bitte besuchen Sie entweder `https://www.r-project.org/` oder `https://mran.microsoft.com/open`, um R herunterzuladen und zu installieren. Nachdem Sie erfolgreich benutzerdefinierte Visuals hinzugefügt haben, speichern Sie die aktuelle Datei (damit Ihre bisherigen Änderungen nicht verloren gehen), schließen Sie Power BI und öffnen Sie es erneut. In einigen Fällen werden Sie aufgefordert, die erforderlichen R-Pakete zu installieren (Abb. 5-11). Wenn Sie dies nicht tun und das Visual ein bestimmtes R-Paket benötigt, schlägt das Visual fehl und Sie erhalten eine Fehlermeldung über ein fehlendes Paket. Wenn Sie wissen möchten, was in einem bestimmten R-Paket enthalten ist, können Sie unter `https://cran.r-project.org/web/packages/` mehr darüber erfahren.

Abb. 5-11. *Für einige benutzerdefinierte Visualisierungen müssen Sie R installiert haben und werden aufgefordert, zusätzliche R-Pakete zu installieren*

Achtung Benutzerdefinierte Visualisierungen enthalten Code, der entweder von Microsoft oder von Drittanbietern geschrieben wurde. Wenn Sie sicher sein wollen, dass das Visual definitiv nicht auf externe Dienste oder Ressourcen zugreift (die möglicherweise die von Ihnen visualisierten Daten preisgeben könnten), sollten Sie sich an ein benutzerdefiniertes Visual halten, das mit einem Häkchen gekennzeichnet ist, das für *Das Visual ist von Power BI zertifiziert* steht. Alle in Abb. 5-10 aufgelisteten Visualisierungen zeigen dieses blaue Häkchen direkt nach dem Namen der Visualisierung. In den folgenden Abschnitten beschränke ich mich auf zertifizierte Visualisierungen, die von Microsoft veröffentlicht wurden.

Zeitreihenvorhersage-Diagramm

In Abb. 5-12 sehen Sie ein Beispiel für ein Zeitreihenvorhersage-Diagramm, das das R-Paket *forecast* verwendet.

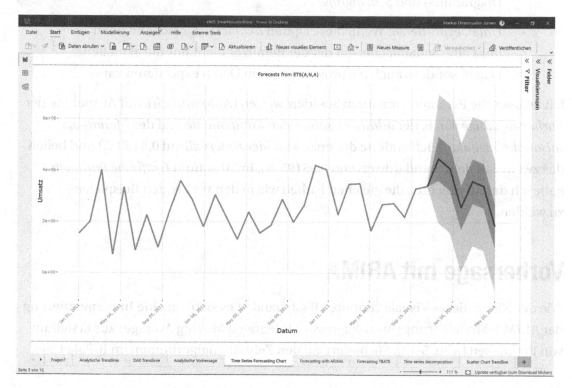

Abb. 5-12. *Zeitreihenvorhersage-Diagramm*

Dieses Diagramm bietet Ihnen die Möglichkeit, die folgenden Vorhersageeinstellungen zu beeinflussen:

- *Einstellungen für die Vorhersage*: *Vorhersagelänge, Trendkomponente (Automatisch, Multiplikativ, Additiv, Keine), Trend mit Dämpfung (Automatisch, WAHR, FALSCH), Restkomponente (Automatisch, Multiplikativ, Additiv), Saisonkomponente (Automatisch, Multiplikativ, Additiv)* und *Ziel-Saisonfaktor (Automatisch, Stunde, Tag, Woche, Monat, Quartal, Jahr)*

- *Konfidenzintervalle* können deaktiviert werden. Wenn aktiviert, wählen Sie aus einer Liste von Werten zwischen 0 und 0,999 für zwei Intervalle.

- *Grafische Parameter*: *Farbe der historischen Daten, Farbe der prognostizierten Daten, Deckkraft, Linienbreite*

- *Zusätzliche Parameter*: *Info anzeigen* (am oberen Rand des Diagramms) und *Schriftgröße*

- *Daten exportieren*: Wenn diese Option *aktiviert* ist, erscheint oben links eine Schaltfläche, mit der der Benutzer nicht nur die aktuellen Daten, sondern auch die prognostizierten Daten exportieren kann.

Ich belasse alle Parameter auf ihren Standardwerten (*Automatisch*), mit Ausnahme der *Vorhersagelänge* von 6, der *additiven saisonalen Komponente* und des *Monats* als *saisonaler Zielfaktor*. Ich änderte das erste *Konfidenzintervall* auf 0,5 (50 %) und beließ das zweite auf dem Standardwert von 0,95 (95 %). Im Abschnitt *Grafische Parameter* habe ich darauf geachtet, die gleichen Farben wie in den vorherigen Beispielen zu wählen.

Vorhersage mit ARIMA

Wie der Name dieses Visuals vermuten lässt, handelt es sich um eine Implementierung der ARIMA-Modellierung (Auto-Regressive Integrated Moving Average) zur Erstellung von Prognosen (Abb. 5-13). Sie basiert auf den Zeitreihenalgorithmen im R-Paket *zoo*.

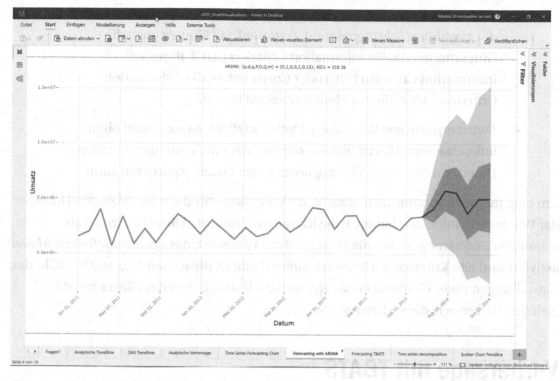

Abb. 5-13. *Vorhersage mit ARIMA*

Dieses Visual ermöglicht eine Vielzahl von Parametern, mit denen die Vorhersage abgestimmt werden kann:

- *Vorhersage-Einstellungen*: *Vorhersagelänge*, zwei *Konfidenzniveaus* (zwischen 0 und 0,999)

- *Saisonalität*: *Saisonaler Zielfaktor* (*automatisch, manuell, Stunde, Tag, Woche, Monat, Quartal* oder *Jahr*) und *Häufigkeit*

- *Modellanpassung* (die Parameter für den ARIMA-Algorithmus): *Maximal p, Maximal d, Maximal q, Maximal P, Maximal D, Maximal Q, Drift zulassen, Mittelwert zulassen, Box-Cox-Transformation* (*aus, automatisch* oder *manuell*) und *chrittweise Auswahl*

- *Benutzerdefiniertes Modell*: Wenn diese Option aktiviert ist, können Sie die Werte für *p, d, q, P, D* und *Q* direkt auswählen (und nicht nur deren Maximalwerte).

- *Grafische Parameter*: Wählen Sie die *Farbe der Verlaufsdaten, die Farbe der Vorhersagedaten, die Deckkraft* und die *Linienbreite.*

- *Info*: Zeigt die Modellparameter in der Kopfzeile an (entsprechend der gewählten *Schriftgröße* und *Textfarbe*). Sie können auch die Gütekriterien Akaike Information Criterion (*AIC*), Bayesian Information Criterion (*BIC*) oder Corrected Akaike Information Criterion (*AICc*) für das Modell anzeigen lassen.

- *Daten exportieren*: Wenn diese Option *aktiviert* ist, erscheint oben links eine Schaltfläche, mit der der Benutzer nicht nur die aktuellen Daten, sondern auch die prognostizierten Daten exportieren kann.

Um eine meiner Meinung nach brauchbare Vorhersage für die schwankenden Umsätze der Wiederverkäufer zu erhalten, habe ich die *Saisonalität* aktiviert, *manuell* als *saisonalen Zielfaktor* gewählt, die *Häufigkeit* auf 12 gesetzt, das *benutzerdefinierte Modell* aktiviert und alle Kriterien auf 0 gesetzt, außer *d* und *D*, die ich auf 1 gesetzt habe. In den Einstellungen unter *Grafische Parameter* stellte ich sicher, dass das Diagramm die gleichen Farben wie die vorherigen hat.

Vorhersage mit TBATS

Diese Visualisierung führt eine Vorhersage durch, die auf dem Algorithmus Trigonometric, Box-Cox Transform, ARMA Errors, Trend, Seasonal (TBATS) basiert, der in den R-Paketen *forecast* und *zoo* verfügbar ist. Bei den Demodaten schnitt dieser Algorithmus schlechter ab. Trotz der Verwendung mehrerer Parameterkombinationen konnte er die Saisonalität der Daten nicht erkennen und zeigte eine flache Linie als Prognose an, wie Sie in Abb. 5-14 selbst sehen können. Ich habe dieses Beispiel beibehalten, um Ihnen zu zeigen, dass nicht alle Algorithmen unter allen Umständen brauchbare Vorhersagen für den verfügbaren Datensatz liefern werden. Probieren Sie immer verschiedene Algorithmen aus und optimieren Sie sie (d. h. stellen Sie verschiedene Parameter ein), bevor Sie irgendwelche Schlussfolgerungen ziehen.

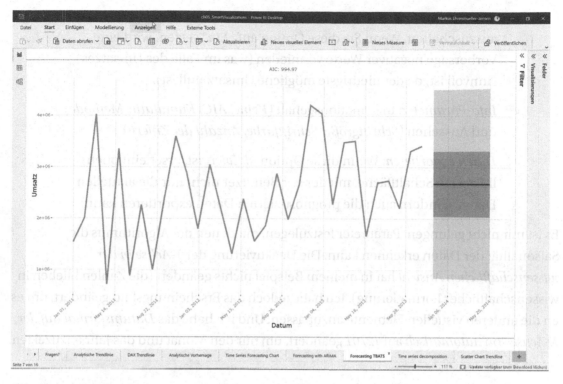

Abb. 5-14. *Vorhersage mit TBATS*

Dies sind die Parameter, die Sie einstellen können:

- *Vorhersage-Einstellungen: Vorhersagelänge, Saisonfaktor Nr. 1 (keine, manuell, Stunde, Tag, Woche, Monat, Quartal, Jahr), Saisonfaktor Nr. 2*

- *Konfidenzintervalle* (zwei Stufen) zwischen 0 und 0,999

- *Grafische Parameter: Deckkraft, Linienbreite, Farbe der aktuellen Daten, Farbe der prognostizierten Daten* und *Anzeige einer Untergruppe von Daten (Alle, Letzte Stunde, Letzter Tag, Letzte Woche, Letzter Monat, Letztes Jahr).* Die Option *Angepasste Werte anzeigen* zeigt auch die prognostizierten Werte für die Vergangenheit an. Wenn Sie diese Option in der Beispieldatei aktivieren, erhalten Sie eine relativ flache Kurve, was bestätigt, dass das Modell die Saisonalität völlig ignoriert.

- *Beschriftungen und Achsen: Farbe der Beschriftungen, Schriftgröße der Beschriftungen, Datumsformat auf der X-Achse (auto; 2001; 12/01; 01.01.2010; 20.01.10; 20.01.10, 01.01; 20.01.10 12:00; 01.01.12:00; 12:00; 2010,Q1; Do.01.20), Wissenschaftliche Ansicht Y-Achse.*

129

- *Erweiterte Parameter*, um *positive Datenwerte* ein- oder auszuschalten. Wenn Sie diese Option auf *„Ein"* setzen, wird eine Vorhersage negativer Werte vermieden (was im Falle des Umsatzes sinnvoll ist, da der niedrigste mögliche Umsatz null ist).

- *Info-Parameter*: Informationsgehalt (*Keine, AIC, Kumulativ, Methode*) und Aussehen (*Schriftgröße, Schriftfarbe, Anzahl der Ziffern*)

- *Daten exportieren*: Wenn diese Option *aktiviert* ist, erscheint oben links eine Schaltfläche, mit der der Benutzer nicht nur die aktuellen Daten, sondern auch die prognostizierten Daten exportieren kann.

Es ist mir nicht gelungen, Parameter festzulegen, mit denen der Algorithmus die Saisonalität der Daten erkennen kann. Die Deaktivierung der *Y-Achse in der wissenschaftlichen Ansicht* hat in meinem Beispiel nichts geändert (die Zahlen blieben in wissenschaftlicher Formatierung). Ich habe jedoch das Erscheinungsbild geändert, um es an die anderen visuellen Elemente anzupassen. Und ich habe das *Datumsformat auf der X-Achse* von *automatisch* auf *12/01* geändert, um nur den Monat und das Jahr anzuzeigen.

Zeitreihen-Zerlegungsdiagramm

Falls Sie sich fragen, wie eine Zeitreihenvorhersage gemacht wird, ist dieses Diagramm für Sie. Es basiert auf den R-Paketen *proto* und *zoo* und teilt die verschiedenen Teile der Vorhersage in die folgenden auf, wie Sie in Abb. 5-15 sehen können:

- *Daten*: die tatsächlichen Werte

- *Saisonal*: Entdeckung der Saisonalität (sie zeigt ein sich wiederholendes Muster)

- *Trend*: über die gesamte Zeitspanne

- *Verbleibender Rest*: Differenz zwischen Vorhersage (Trend und Saisonalität) und tatsächlichem Wert; das ist der Teil, der nicht durch das Modell erklärt wird; je besser das Modell, desto geringer der Rest

Die Informationen am unteren Rand des Diagramms erklären, dass es sich um ein additives Modell handelt (das automatisch ermittelt wurde) und dass die saisonale Häufigkeit 12 beträgt (die ich manuell eingestellt habe). Das Modell erklärt 34 % als saisonalen Wert, 29 % als Trend. 37 % können durch keine der beiden Erklärungen erklärt werden (Rest). Ein großer Prozentsatz des Rests ist das Ergebnis einer „unsaisonalen" Form der tatsächlichen Daten im Jahr 2011. Natürlich wissen wir nicht, ob das Jahr 2011 atypisch war oder ob der Zeitreihenalgorithmus die Jahre 2012 und 2013 zu stark betont hat.

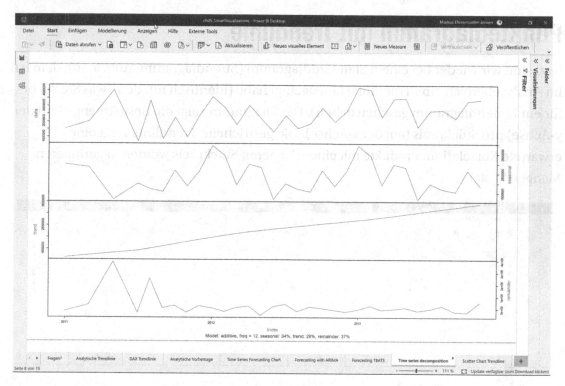

Abb. 5-15. *Diagramm zur Zerlegung von Zeitreihen*

Sie können die Berechnung und das Aussehen dieses Diagramms mit den folgenden Formatoptionen ändern:

- *Zeitreihenmodell: Zerlegungsmodell (Additiv, Multiplikativ, Automatisch), Saisonfaktor (Autodetect from date, None, Manual, Hour, Day, Week, Month, Quarter,* oder *Year)*

- *Parameter des Algorithmus: Grad, Robustheit gegenüber Ausreißern, Trendglättung*

- *Grafische Parameter: Diagrammtyp (Zerlegung, Trend, Saisonal, Bereinigt, Rest, Nach Jahreszeit, Nach Jahreszeit bereinigt), Linienbreite, Linienfarbe, Beschriftungsfarbe* und *Schriftgröße der Beschriftung*

- *Informationen anzeigen: Ein* oder *Aus* und *Schriftgröße* und *Textfarbe*

Um das abgebildete Diagramm zu erhalten, habe ich die folgenden Optionen gewählt: Im *Zeitreihenmodell* habe ich den *Saisonfaktor* auf *manuell* und die *Häufigkeit* auf 12 gesetzt.

Punktediagramm mit Trendlinie

Jetzt sind wir wieder bei einem Standarddiagramm (Streudiagramm; Abb. 5-16), dem ich im Analysebereich eine Trendlinie hinzugefügt habe (identisch mit dem, was Sie zuvor für ein Liniendiagramm gesehen haben). Das Diagramm zeigt die Bestellmenge (auf der y-Achse) pro Stückpreis (auf der x-Achse). Die gestrichelte Trendlinie zeigt eine erwartete Korrelation: Produkte mit einem höheren Stückpreis werden in geringeren Mengen bestellt.

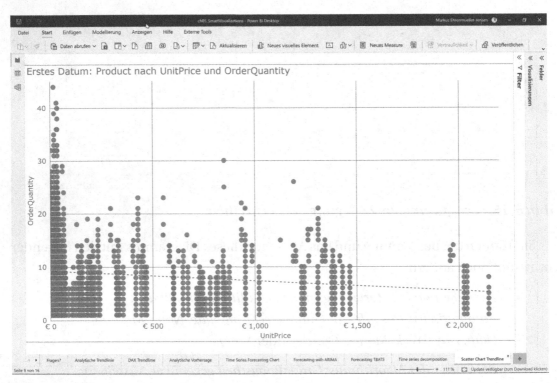

Abb. 5-16. *Punktediagramm mit Trendlinie*

Spline-Diagramm

Die Trendlinie in einem Standarddiagramm wird als einfache Regressionslinie berechnet, wie wir bereits im Abschnitt über Liniendiagramme gelernt haben. Eine Trendlinie in Form einer Geraden gibt uns nur eine grobe Richtung vor. Wenn wir eine genauere Vorhersage erwarten, muss die Linie auf die tatsächlichen Werte geglättet werden. Das Spline-Diagramm in Abb. 5-17 gibt uns genau das, mit ein wenig Hilfe des R-Pakets *graphics*.

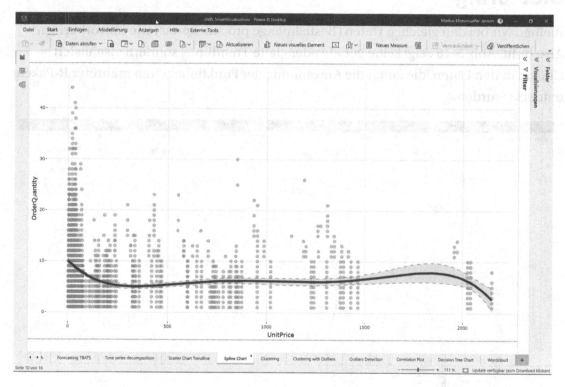

Abb. 5-17. *Spline-Diagramm*

Dieses Diagramm ermöglicht die Einstellung spezifischer Parameter wie folgt:

- *Spline-Einstellungen*: Neben der *Linienfarbe* können wir das *Modell* (*auto*, lokale Regression [*loess*], generalisiertes additives Modell [*gam*], polynomiale Regression verschiedener Grade (*lm_poly1* bis *lm_poly4*]) und die *Glätte* der Kurve wählen

- Die *Sensitivität* kann aktiviert oder deaktiviert und auf einen freien Wert gesetzt werden.

133

- In der *Punktedarstellung* können Sie die *Punktfarbe*, die *Punktgröße* und die *Deckkraft* der Punkte ändern. *Sparsify* ist standardmäßig aktiviert und hilft Ihnen, dichte Bereiche visuell zu identifizieren.

Ich habe *Model* auf *lm_poly5* gesetzt und die Standardfarben so geändert, dass sie den Farben in den anderen bisher erstellten Diagrammen entsprechen.

Clustering

Bleiben wir bei den gleichen Daten (Bestellmenge pro Stückpreis) wie im vorherigen Abschnitt. Abb. 5-18 zeigt keine gerade oder glatte Trendlinie, sondern visualisiert Cluster in den Daten, die durch die Anwendung der Funktionalitäten mehrerer R-Pakete entdeckt wurden.

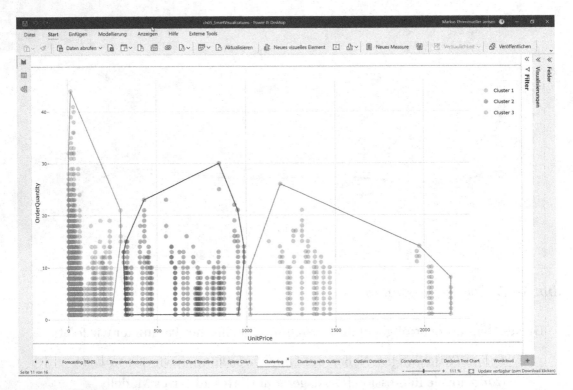

Abb. 5-18. *Clustering*

Die Legende zeigt generische Namen für die Cluster (da dem Algorithmus das Fachwissen fehlt, um einen korrekten Namen für die automatisch entdeckten Cluster zu finden). Wenn Sie einmal auf den Clusternamen klicken, können Sie umschalten, ob seine Datenpunkte ein- oder ausgeblendet werden. Ein Doppelklick auf den Namen blendet die Datenpunkte aller anderen Cluster aus oder wieder ein.

Das Clustering-Visual verfügt über zahlreiche Optionen, wie z. B:

- Die *Datenvorverarbeitung* bietet die Möglichkeit, Daten zu *skalieren* (um den Wertebereich einer Spalte zu standardisieren) und *PCA* (Principal Component Analysis) *anzuwenden*, was bei hochdimensionalen Daten nützlich ist.

- *Definition von Clustern*: Die *Anzahl der Cluster* kann auf *Auto* oder eine Zahl zwischen zwei und zwölf eingestellt werden. Die *Methode* kann *moderat, langsam* oder *schnell* sein.

- Unter *Visuelles Erscheinungsbild* können Sie die *Deckkraft des Punktes* und die *Größe des Punktes* wählen und entscheiden, ob Sie eine *Ellipse*, eine *konvexe Hülle* oder einen *Schwerpunkt zeichnen* möchten.

- Mit der *Punktbeschriftung* und der *repräsentativen Cluster-Beschriftung* können Sie Beschriftungen an den Datenpunkten hinzufügen und formatieren.

- Die *Legende* kann aktiviert/deaktiviert werden, und es kann ein *Farbpalettentyp* ausgewählt werden.

- *Erweitert*: Geben Sie einen Wert für *Minimum clusters, Maximum clusters, Maximum iterations* und *Number of initializations* ein. *Sparsify* ist standardmäßig aktiviert und hilft Ihnen, dichte Bereiche visuell zu identifizieren.

Ich habe nur die Option *Konvexe Hülle zeichnen* aktiviert und alle anderen Optionen auf ihren Standardwerten belassen.

Clustering mit Ausreißern

Dieses Bild ist dem im vorherigen Abschnitt beschriebenen *Clustering* sehr ähnlich. Sie wendet einen k-means-Algorithmus auf die Daten an (mit Hilfe der R-Pakete *fpc* und *dbscan*). Ein wesentlicher Unterschied besteht darin, dass nicht jeder einzelne

Datenpunkt einem Cluster zugeordnet wird, sondern dass einige von ihnen als Ausreißer identifiziert werden. In Abb. 5-19 sind die Ausreißer als graue Häkchen dargestellt.

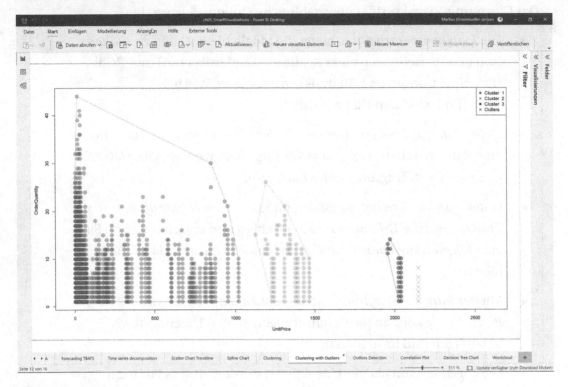

Abb. 5-19. *Clustering mit Ausreißern*

Die meisten Optionen sind identisch mit denen des Clustering-Visuals, wie folgt:

- Die *Datenvorverarbeitung* bietet die Möglichkeit, Daten zu *skalieren* (um den Wertebereich einer Spalte zu standardisieren) und *PCA* (Principal Component Analysis) *anzuwenden*, was bei hochdimensionalen Daten nützlich ist.

- *Definition von Clustern*: Die Granularitätsmethode kann auf *Auto*, *Manuell* oder *Skalieren* eingestellt werden. Mit *Manuell* können Sie eine Zahl für Epsilon (*eps*) festlegen. Je kleiner die Zahl ist, desto weniger Cluster (und Ausreißer) erhalten Sie. Wenn Sie *Skalieren* wählen, können Sie einen Prozentsatz zwischen 0 und 100 wählen. Je höher der Prozentsatz, desto weniger Cluster gibt es. Die *automatische Suche nach Mindestpunkten* kann aktiviert oder deaktiviert werden. Wenn diese Option deaktiviert ist, können Sie selbst festlegen, wie viele Datenpunkte mindestens erforderlich sind, um einen Cluster zu bilden. Cluster unterhalb des Minimums werden als Ausreißer betrachtet. Je niedriger die Zahl ist, desto mehr Ausreißer werden Sie erhalten.

- Unter *Visuelles Erscheinungsbild* können Sie die *Deckkraft des Punktes* und die *Größe des Punktes* wählen und entscheiden, ob Sie eine *Ellipse*, eine *konvexe Hülle* oder einen *Schwerpunkt zeichnen* möchten.

- Mit der *Punktbeschriftung* und der *repräsentativen Cluster-Beschriftung* können Sie Beschriftungen an den Datenpunkten hinzufügen und formatieren.

- Die *Legende* kann aktiviert/deaktiviert werden, und es kann ein *Farbpalettentyp* ausgewählt werden. Die Liste der Paletten ist kleiner als die Liste für das Clustering-Visual.

- Mit *zusätzlichen Parametern* können Sie die Option *Warnung anzeigen* aktivieren oder deaktivieren.

Ich habe die *Granularitätsmethode* auf *Manuell* und *Epsilon* auf 100 gesetzt, die Option *Minimale Punkte automatisch finden* deaktiviert und die *Mindestpunkte pro Seed* auf 8 gesetzt. Dadurch werden vier Cluster in meinen Daten gefunden und Datenpunkte jenseits eines Stückpreises von 2100 als Ausreißer markiert. Ich habe die Option *Konvexe Hülle zeichnen* in *Visuelles Erscheinungsbild* aktiviert, um einen Rahmen um die Cluster zu erhalten. Die Algorithmen in Clustering und Clustering mit Ausreißern scheinen etwas unterschiedlich zu sein, da ich in beiden Fällen unterschiedliche Cluster erhalten habe.

Erkennung von Ausreißern

Die Erkennung von Ausreißern ist wie das vorherige Diagramm, nur ohne Clustering: Sie konzentriert sich ausschließlich auf die Erkennung von Ausreißern, die mit den R-Paketen *DMwR* und *ggplot2* berechnet werden. Abb. 5-20 zeigt uns Ausreißer, die meist eine höhere Bestellmenge aufweisen, mit Ausnahme einiger hochpreisiger Artikel, bei denen auch eine niedrige Bestellmenge ein Ausreißer ist.

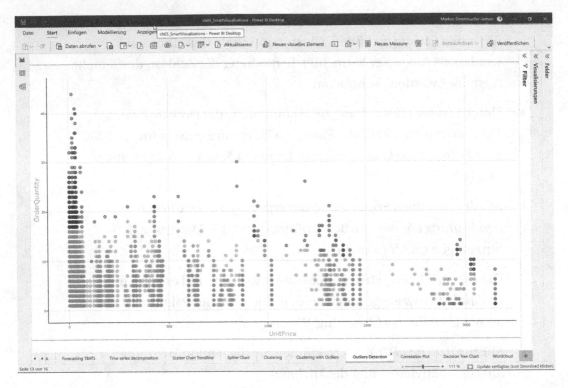

Abb. 5-20. *Erkennung von Ausreißern*

Dieses Visual bietet viele Möglichkeiten, den Algorithmus und das Erscheinungsbild des Diagramms wie folgt zu verändern:

- Bei der *Erkennung* können Sie den *Ausreißertyp* (*Peaks und Subpeaks, Subpeaks* oder *Peaks*), den *Algorithmus* (*Manuell, Zscore, Tukey, LOF oder Cook-Distanz*) und die *Skalierung (falls zutreffend)* aktivieren/deaktivieren.

- *Visualisierung*: Wählen Sie entweder ein *Streuungsdiagramm*, ein *Boxplot* oder eine *Dichte* als *Diagrammtyp* und entscheiden Sie, ob Sie die *Ausreißerwerte visualisieren* möchten.

- Mit den *Markierungen* können Sie die *Farbe der Ausreißer (Inliers, Outliers)*, die *Punktgröße* und die *Deckkraft* ändern.

- Bei den *Achsen* können Sie die *Farbe der Beschriftung*, die *Größe der Beschriftung*, die *Größe der Ticks*, das *Format der X-Skala (Keine, Komma, Wissenschaftlich, Dollar)* und das *Format der Y-Skala (Keine, Komma, Wissenschaftlich, Dollar)* ändern.

Um das Diagramm in Abb. 5-20 zu erhalten, habe ich die folgenden Optionen eingestellt: Unter *Detection* wählte ich *Cook's distance* und setzte den *Threshold* auf 2. Unter *Markers* änderte ich die Farben so, dass sie zu den üblichen Farben passen. Offensichtlich ist der Algorithmus hier anders als bei Clustering mit Ausreißern, da unterschiedliche Datenpunkte als Ausreißer markiert werden.

Korrelationsdiagramm

Ein Korrelationsdiagramm kann die Korrelation verschiedener Messgrößen anzeigen und sie optional nach Korrelationskoeffizienten gruppieren. Für die Darstellung wird das R-Paket *corrplot* verwendet. Im nächsten Beispiel (Abb. 5-21) suchen wir nach Korrelationen zwischen verschiedenen Messgrößen des Wiederverkäuferumsatzes: Rabattbetrag, Fracht, Bestellmenge, Produktstandardkosten, Umsatz, Steuerbetrag, Gesamtproduktkosten und durchschnittlicher Stückpreis.

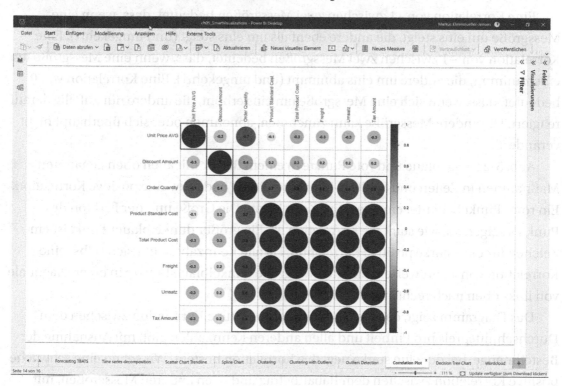

Abb. 5-21. *Korrelationsdiagramm*

Hinweis   Ich habe die Spalte *OrderDate* zu den Werten des Korrelationsdiagramms hinzugefügt, auch wenn keine Datumsspalte gezeichnet wird. Der einzige Grund, warum ich diese Spalte hinzugefügt habe, ist, um sicherzustellen, dass Power BI die Aggregate nach *Bestelldatum* berechnet, bevor das Visual die Korrelation berechnet. Wenn ich das *Bestelldatum* weggelassen hätte, würde Power BI alle Kennzahlen zu einer einzigen Gesamtzeile aggregieren. Aus nur einer (aggregierten) Zeile lässt sich die wahre Korrelation nur schwer erkennen. Es kann einen großen Unterschied machen, je nachdem, welche zusätzliche Spalte Sie zu den Werten für das Visual hinzufügen. Wenn Sie *SalesOrderNumber* in die Werteliste aufnehmen, werden Sie keine negative Korrelation mit dem Durchschnittspreis pro Einheit sehen, da diese Korrelation nur auf der Granularität von *OrderDate* sichtbar ist.

Eine Korrelation von +1 zwischen zwei Messgrößen bedeutet, dass, wenn eine Messgröße um eins steigt, die andere ebenfalls um eins steigt (und umgekehrt). Eine Korrelation von −1 zwischen zwei Messgrößen bedeutet, dass, wenn eine Messgröße um eins zunimmt, die andere um eins abnimmt (und umgekehrt). Eine Korrelation von 0 bedeutet, dass, wenn sich eine Messgröße um eins erhöht, die andere nur zufällig darauf reagiert. Die andere Messgröße kann zunehmen, abnehmen oder sich überhaupt nicht verändern.

Abb. 5-21 zeigt blaue und rote Punkte in einem Raster mit allen oben genannten Maßnahmen in Zeilen und Spalten. Ein blauer Punkt bedeutet eine positive Korrelation. Ein roter Punkt bedeutet eine negative Korrelation. Die Größe und der Farbton des Punktes zeigen an, wie stark die Korrelation ist. Ein großer dunkelblauer Punkt ist ein Zeichen für eine starke positive Korrelation. Da alle Kennzahlen mit sich selbst eine Korrelation von +1 aufweisen, erhalten wir große dunkelblaue Punkte in einer Diagonale von links oben nach rechts unten.

Das Diagramm zeigt, dass es eine schwache negative Korrelation zwischen dem Durchschnittspreis pro Einheit und allen anderen Kennzahlen gibt, mit Ausnahme der Bestellmenge, bei der eine starke negative Korrelation besteht. Wir sehen eine schwache positive Korrelation zwischen dem Rabattbetrag und allen anderen Messgrößen, mit Ausnahme des Durchschnittspreises pro Einheit, bei dem eine schwache negative Korrelation besteht. Die anderen Kennzahlen weisen eine relativ starke positive Korrelation untereinander auf.

Sie können den Algorithmus, der dem Korrelationsdiagramm zugrunde liegt, nicht ändern, sondern nur sein Erscheinungsbild, und zwar wie folgt:

- *Parameter der Korrelationsdarstellung*: Kann ausgeschaltet werden, um die Standardwerte beizubehalten. Wenn Sie diesen Abschnitt aktivieren, können Sie die *Elementform* (*Kreis, Quadrat, Ellipse, Zahl, Schatten, Farbe* oder *Torte*) ändern und *Cluster zeichnen* lassen.

- *Beschriftungen*: Hier können Sie *Schriftgröße* und *Farbe* ändern.

- *Korrelationskoeffizienten*: Aktivieren Sie diese Option, um einen Wert zwischen −1 und +1 anzuzeigen, der den Korrelationskoeffizienten darstellt. Ändern Sie # *Ziffern, Farbe* und *Schriftgröße*.

- *Zusätzliche Einstellungen* ermöglichen es Ihnen, *Warnungen anzuzeigen*.

Ich habe die Standardoptionen weitgehend beibehalten, mit Ausnahme dieser Optionen: Ich habe die *Parameter für das Korrelationsdiagramm* aktiviert, um die Option *„Cluster zeichnen"* auf *„Automatisch"* zu setzen, und die *Korrelationskoeffizienten* aktiviert.

Entscheidungsbaum-Diagramm

Ein Entscheidungsbaum ist ein maschinelles Lernmodell, das Korrelationen in den Daten analysiert und als Baum visualisiert werden kann. Das benutzerdefinierte Visual Entscheidungsbaum-Diagramm basiert auf dem R-Paket *rpart* zur Erstellung des Modells und *rpart.plot* zur Visualisierung des Baum-Modells. Wie viele Bäume in der IT oder Mathematik ist dieser Baum auf dem Kopf stehend gezeichnet, mit dem Stamm oben und den Blättern unten. Der interessanteste Teil des Baums ist die Blattebene, die sich am unteren Rand des Diagramms befindet. In Abb. 5-22 habe ich einen einfachen Entscheidungsbaum (mit nur vier Blättern und zwei Zwischenebenen) visualisiert.

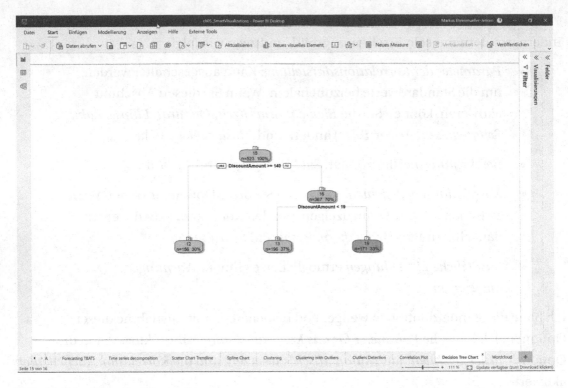

Abb. 5-22. *Entscheidungsbaum*

Dieser Entscheidungsbaum sagt die Bestellmenge als *Zielvariable* in Abhängigkeit von der *Eingabevariable* Rabattbetrag voraus. Jeder Knoten (Stamm, Zweig oder Blatt) zeigt vier Zahlen an. Konzentrieren wir uns auf die untere linke Zahl. Oben, außerhalb des grünen Rechtecks, befindet sich die Nummer des Knotens im Baum (in unserem Fall 2); nicht alle Knoten werden in der Visualisierung angezeigt. In der ersten Zeile innerhalb des grünen Rechtecks steht der vorhergesagte Wert für die Zielvariable (Bestellmenge): 12. In der zweiten Zeile innerhalb des Rechtecks sehen wir die Anzahl der Zeilen, die mit diesem Wert vorhergesagt werden: 156 Zeilen, das sind 30 % aller im Datensatz verfügbaren Zeilen.

Für das Ergebnis einer Vorhersage mit einem Entscheidungsbaum werden nur die Knoten auf Blattebene (unten eingezeichnet) verwendet. Dennoch werden auch die vorhergesagten Werte für den Stamm und die Äste angezeigt. Daraus können Sie lernen, wie die Vorhersage aussehen würde, wenn nur ein Teil der Informationen berücksichtigt würde. Sehen Sie sich zum Beispiel den Stamm an. An dieser Stelle wird keine Entscheidung über einen *DiscountAmount* getroffen. Dann wäre die Vorhersage eine

Bestellmenge von 15. Je mehr Informationen verwendet werden, desto genauer wird die Vorhersage (16 oder 13 auf den Zweigknoten 3 und 6).

Sie können die folgenden Optionen einstellen, um den Algorithmus zu ändern:

- *Baum-Parameter*: *Maximale Tiefe* (ein Wert zwischen 2 und 15, um die Anzahl der Ebenen vom Stamm bis zum Blatt zu begrenzen) und *Minimale Schaufelgröße* (ein Wert zwischen 2 und 100; je höher diese Zahl, desto geringer die Anzahl der Knoten)

- *Erweiterte Parameter*: *Komplexität* (eine Zahl zwischen 0,5 und einer Billion, um zu steuern, ob ein Knoten weiter aufgeteilt werden soll oder nicht), *Kreuzvalidierung* (*Auto, Keine, 2-fach* bis *100-fach*; je höher der Wert, desto besser die Genauigkeit, aber desto länger die Berechnung) und *Maximale Versuche* (eine Zahl zwischen 1 und 1000; je höher die Zahl, desto besser die Genauigkeit, aber desto länger die Berechnung)

- *Zusätzliche Parameter* zum Umschalten zwischen *Warnung anzeigen* und *Info anzeigen*.

Für dieses Beispiel habe ich keine der Standardwerte geändert.

Wortwolke

Ich habe mich immer gefragt, welche Erkenntnisse ich aus der englischen Beschreibung in der Produkttabelle von *Adventure Work* gewinnen kann. Diese Spalte enthält eine eindeutige Beschreibung für jedes einzelne Produkt. Die Beschreibungen aufzulisten und durchzulesen, um etwas über das Produkt zu erfahren, ist keine sehr befriedigende Aufgabe.

In Abb. 5-23 habe ich für diese Spalte eine Wortwolke erstellt. Sie fasst den Inhalt der Spalte perfekt zusammen. Je häufiger ein Wort genannt wird, desto prominenter wird es in der Visualisierung durch eine größere Schrift dargestellt. Offensichtlich sind über alle Produkte hinweg Begriffe wie „frame", „aluminum", „bike" oder „lightweight" sehr häufig in den Beschreibungen zu finden.

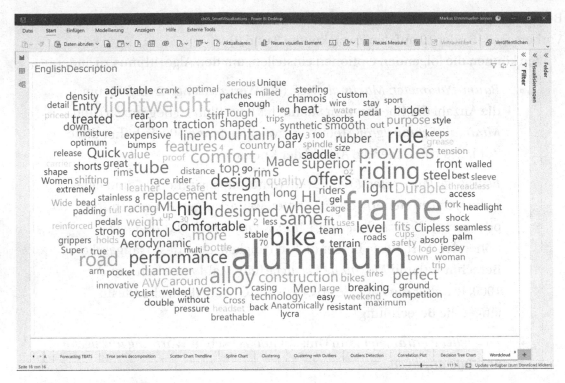

Abb. 5-23. *Wortwolke*

Hier sind die Optionen für dieses benutzerdefinierte Visual:

- Neben der Spalte *Kategorie*, für die Sie den Inhalt anzeigen, können Sie im Bereich *Felder* eine Spalte für *Werte* hinzufügen. Die Wortwolke wird dann nach dem Gewicht des *Wertes* statt nach der Häufigkeit aufgebaut.

- *Allgemein*: *Minimale Anzahl der anzuzeigenden Wiederholungen, Maximale Anzahl der Wörter, Minimale Schriftgröße, Maximale Schriftgröße, Wortumbruch* (wenn ausgeschaltet, wird der gesamte Text anstelle einzelner Wörter angezeigt) und *Sonderzeichen*.

- Mit *Stoppwörtern* können Sie eine benutzerdefinierte Liste von Wörtern erstellen, die Sie nicht in der Wortwolke sehen möchten.

- *Text drehen* kann aktiviert oder deaktiviert werden. Wenn diese Option aktiviert ist, können Sie den *Mindestwinkel,* den *maximalen Winkel* und die *maximale Anzahl der Ausrichtungen* festlegen.

- Die *Leistung* kann so eingestellt werden, dass *die Anzahl der zu zeichnenden Wörter* und deren *Qualität vorab geschätzt wird.*

Ich habe meine eigene Liste von *Standard-Stopp-Wörtern* hinzugefügt und die Option *Text drehen* deaktiviert.

Wir werden die Wortwolke in späteren Kapiteln (über R und die Azure-Dienste) wieder aufgreifen.

Wichtigste Erkenntnisse

Sie haben in diesem Kapitel eine Menge gelernt:

- Standardvisualisierungen bieten die Möglichkeit, eine Trendlinie oder eine Prognose in den Analysebereich einzufügen.

- Wenn Sie Ihre eigene Formel in DAX schreiben, können Sie eine einfache Regression selbst berechnen. So haben Sie die volle Kontrolle über die Berechnungsformel und die Filter.

- Sie können benutzerdefinierte Visuals in Ihre Power BI Desktop-Datei laden. Diese bieten Funktionen, die über die Standardvisualisierungen hinausgehen, ohne dass Sie Code schreiben müssen. Wir haben uns nur eine kleine Anzahl von benutzerdefinierten Grafiken angeschaut.

- Wir prognostizierten die Werte im Laufe der Zeit mit Hilfe der benutzerdefinierten Grafiken Zeitreihenprognose-Diagramm, Prognose mit ARIMA, Prognose mit TBATS und Zeitreihen-Zerlegungsdiagramm.

- Wir haben uns mit Spline Chart über Trends in einem Datensatz informiert.

- Wir haben einen Datensatz mit Hilfe von Clustering, Clustering mit Ausreißern und Ausreißer-Erkennung automatisch geclustert.

- Wir haben weitere Beispiele mit Korrelationsdiagramm, Entscheidungsbaum-Diagramm und Wortwolke gesehen.

## KAPITEL 6

Experimentieren mit Szenarien

Szenarien in Aktion

Ich habe ein Beispiel vorbereitet, in dem wir mit verschiedenen Preisnachlässen spielen können, um den optimalen Preis zu finden, der den Umsatz auf das mögliche Maximum steigert. Das Modell (genauer gesagt: das DAX-Measure), das dem Beispiel zugrunde liegt, wendet das Konzept der *Preiselastizität der Nachfrage* an, das von folgenden Annahmen ausgeht:

- Je niedriger die Preise, desto höher die Abnahmemenge unserer Kunden. Je höher die Preise sind, desto geringer ist die Nachfrage unserer Kunden.

- Wie stark die Menge bei einer bestimmten Preissenkung zunimmt, hängt von der Elastizität des Produkts ab. Eine Elastizität von 1 bedeutet, dass eine 10-prozentige Preissenkung zu einem gleichmäßigen Anstieg der verkauften Menge (um 10 %) führt. Eine Elastizität von 2 bedeutet, dass eine 10-prozentige Preissenkung die Nachfrage um 20 % erhöht.

- Wir haben die Kontrolle über den Preis, während die Elastizität für ein bestimmtes Produkt durch den Markt gegeben ist.

Dieses Konzept hat seine Grenzen. Die Menge wird nicht endlos steigen (z. B. werden Sie auch bei einem sehr niedrigen Preis nicht anfangen, zig Liter Milch pro Tag zu trinken), um nur eine zu nennen. Ich habe die Elastizität nur als Beispiel genommen, um zu zeigen, wie Sie parametrisierte Berichte erstellen können, in denen die Berechnungen dynamisch auf Änderungen der Benutzerauswahl reagieren.

Genau das bietet der Beispielbericht (Abb. 6-1):

- Sie können einen prozentualen Wert für einen *Rabatt* auf die Preise auswählen oder eingeben.

- Sie können einen Wert für die *Preiselastizität* der Nachfrage nach den Produkten auswählen oder eingeben.

- Der Bericht zeigt den aktuellen Wert des *Umsatzes* an.

- Der Bericht zeigt die berechneten neuen Werte (nach Anwendung des *Rabatts*): *Neue Bestellmenge, neuer Stückpreis, neuer Umsatz.*

- Der Bericht zeigt die Differenz zwischen dem aktuellen und dem neuen Umsatz (*Umsatz Delta*). Ein positiver Wert bedeutet, dass die Preisänderung zu einem höheren Umsatz geführt hat.

- Das Liniendiagramm in Abb. 6-1 zeigt auf der y-Achse die Differenz zwischen dem aktuellen und dem neuen Umsatz (*Umsatz Delta*) und auf der x-Achse die möglichen Werte für den *Rabatt* (zwischen 0 % und 100 %).

- Eine gestrichelte Linie markiert die höchstmögliche Differenz der Bestellmenge für die gegebene Elastizität. Die maximale Differenz im Umsatz wird separat (*Umsatz Delta Maximum*) oben rechts auf der Berichtsseite angezeigt.

- Ebenfalls enthalten ist der *Best-Rabatt*, der zum maximalen Unterschied im Umsatz führt (unter der Annahme, dass die Elastizität und das Modell korrekt sind).

Wenn Sie den *Rabatt* ändern, werden Sie feststellen, dass sich sowohl die *Bestellmenge neu* als auch der *Stückpreis neu* ändern werden. Wenn Sie den *Rabatt* erhöhen, erhöht sich die Menge, aber der Preis sinkt. Dies führt außerdem zu einem anderen *Umsatz neu* und einer Änderung des *Umsatz Delta*. Der Rest des Berichts bleibt unverändert.

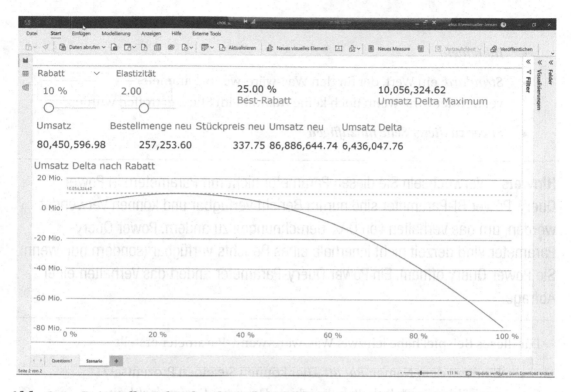

Abb. 6-1. *Beispielbericht, der die Möglichkeiten von zwei Was-wäre-wenn-Parametern zeigt*

Wenn Sie die *Elastizität* ändern, werden Sie feststellen, dass sich nur die *Bestellmenge neu* ändert. Eine Erhöhung der *Elastizität* führt zu einer Erhöhung der Menge. Dies führt außerdem zu einem anderen *Umsatz neu* und einer Änderung des *Umsatz Delta*. Der Rest des Berichts bleibt unverändert.

In den folgenden Abschnitten werde ich Sie Schritt für Schritt anleiten, dieses Beispiel nachzubauen.

Erstellen eines Was-wäre-wenn-Parameters

Sie erstellen einen neuen Was-wäre-wenn-Parameter über *Modellierung - Neuer Parameter - Numerischer Bereich* und geben einige Informationen an:

- *Name* des Was-wäre-wenn-Parameters
- *Datentyp* (*Ganze Zahl, Dezimalzahl, Festkommazahl*)
- *Minimum*

- *Maximum*

- *Inkrement*

- *Standard*: ein Wert, der für den Was-wäre-wenn-Parameter verwendet wird, wenn noch keine Auswahl im Slicer getroffen wurde

- *Slicer zu dieser Seite hinzufügen*

Hinweis   Verwechseln Sie diesen Parameter nicht mit Parametern in Power Query. Power BI-Parameter sind nur im Bericht verfügbar und können verwendet werden, um das Verhalten von DAX-Berechnungen zu ändern. Power Query-Parameter sind derzeit nicht innerhalb eines Berichts verfügbar (sondern nur, wenn Sie Power Query öffnen). Ein Power Query-Parameter ändert das Verhalten einer Abfrage.

Für dieses Beispiel habe ich zwei Was-wäre-wenn-Parameter erstellt:

- Eine mit dem Namen *Rabatt*. Hier können Sie einen Prozentsatz auswählen, und deshalb habe ich als *Datentyp Dezimalzahl*, ein *Minimum* von 0 und ein *Maximum* von 1 gewählt. Das *Inkrement* (Schrittweite) ist 0,01 (damit man den Was-wäre-wenn-Parameter in einzelnen Prozentschritten ändern kann). Ich möchte, dass der Berichtsbenutzer explizit einen Wert auswählt; daher habe ich unter *Standard* nichts eingegeben. Ich habe den Assistenten einen *Slicer zu dieser Seite hinzufügen* lassen (Abb. 6-2).

Abb. 6-2. *Definition des Was-wäre-wenn-Parameters Rabatt*

- Eine zweite mit dem Namen *Elastizität*. Damit können Sie die
  Preiselastizität der Gesamtnachfrage nach unseren Produkten
  bestimmen. Als *Datentyp* habe ich eine *Dezimalzahl* gewählt und ein
  Minimum von 0 und ein *Maximum* von 5. Das *Inkrement* ist 0,1 (um
  eine sehr granulare Auswahl zu ermöglichen). Ich möchte, dass der
  Berichtsbenutzer explizit einen Wert auswählt; daher habe ich nichts
  in *Standard* eingegeben. Ich habe den Assistenten einen *Slicer zu
  dieser Seite hinzufügen* lassen (Abb. 6-3).

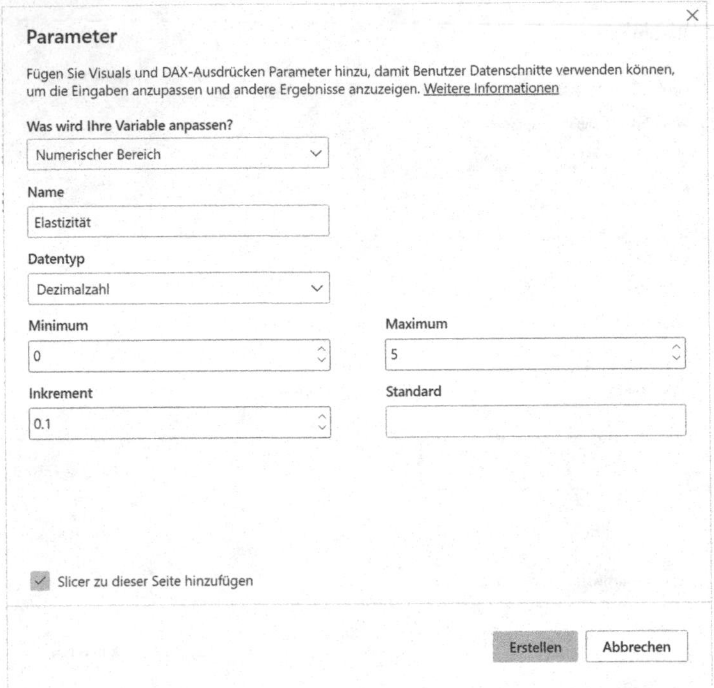

Abb. 6-3. *Definition des Was-wäre-wenn-Parameters Elastizität*

Der Assistent erstellt dann drei Dinge auf einmal für Sie (je Was-wäre-wenn-Parameter):

- Eine Tabelle mit einem Wertebereich (mit dem Tabellennamen und
  dem Spaltennamen, der dem Namen des Was-wäre-wenn-
  Parameters entspricht), die mit der DAX-Funktion GENERATESERIES
  erstellt wurde, mit den Parametern *Minimum*, *Maximum* und
  Inkrement. Wenn Sie den Tabellennamen im Bereich *Felder* ganz
  rechts auswählen, können Sie die DAX-Anweisung sehen: Rabatt =
  GENERATESERIES(0, 1, 0.01) und Elastizität =
  GENERATESERIES(0, 5, 0.1). Das Ergebnis für *Rabatt* (nachdem ich
  das *Format* für die Spalte *Rabatt* in den *Spaltenwerkzeugen* im
  Menüband auf *Prozent* geändert habe) ist in Abb. 6-4 dargestellt.

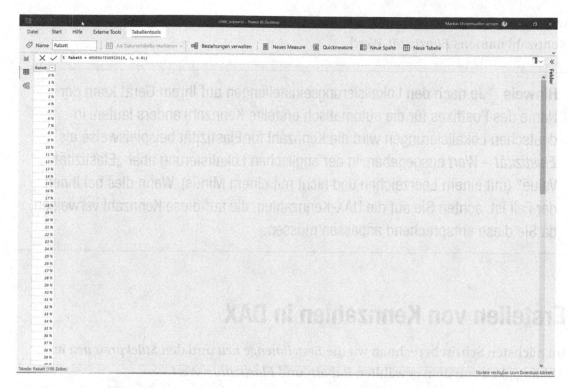

Abb. 6-4. *Die Tabelle Discount besteht aus 100 Zeilen, die die möglichen Prozentwerte darstellen*

- Eine Kennzahl, die den ausgewählten Wert aus der Tabelle (mit dem Namen des Parameters mit angefügtem Postfix „-Wert") anzeigt, der über die DAX-Funktion SELECTEDVALUE und die Spalte aus der Tabelle als Parameter mit dem optionalen Standardwert als zweitem Parameter (falls zutreffend) erzeugt wurde: Rabatt-Wert = SELECTEDVALUE('Rabatt'[Rabatt]) und Elastizität-Wert = SELECTEDVALUE('Elastizität'[Elastizität])

- Ein Slicer auf dem Bericht, um eine Auswahl aus der Tabelle zu treffen (optional), wie in Abb. 6-1 dargestellt

Wenn Sie vergessen haben, die Option *Slicer zu dieser Seite hinzufügen* zu aktivieren oder der Assistent keinen Slicer für Sie erstellt hat, keine Panik. Erstellen Sie stattdessen manuell einen Slicer. Klicken Sie auf einen leeren Bereich in Ihrem Berichtsfenster, wählen Sie das Slicer-Visual aus dem Visualisierungsfenster und fügen Sie die Spalte (nicht die Kennzahl) aus der automatisch erstellten Tabelle hinzu. Im Fall von Elastizität würden Sie die Spalte *Elastizität* aus der Tabelle *Elastizität* hinzufügen (und nicht die Kennzahl namens *Elastizität-Wert*).

Hinweis   Je nach den Lokalisierungseinstellungen auf Ihrem Gerät kann der Name des Postfixes für die automatisch erstellte Kennzahl anders lauten. In deutschen Lokalisierungen wird die Kennzahl für Elastizität beispielsweise als *Elastizität – Wert* ausgegeben. In der englischen Lokalisierung aber „Elastizität Value" (mit einem Leerzeichen und nicht mit einem Minus). Wenn dies bei Ihnen der Fall ist, achten Sie auf die DAX-Kennzahlen, die auf diese Kennzahl verweisen, da Sie diese entsprechend anpassen müssen.

Erstellen von Kennzahlen in DAX

Im nächsten Schritt berechnen wir die *Bestellmenge neu* und den *Stückpreis neu* in Abhängigkeit von dem gewählten *Rabatt-* und *Elastizitäts-Wert*.

Wenn wir den Rabatt erhöhen, wird der Preis direkt sinken. Daher müssen wir den (alten) Preis mit eins minus dem (neuen) Rabatt multiplizieren, wie in der folgenden DAX-Formel dargestellt:

```
Stückpreis neu = [Stückpreis] * ( 1 - [Rabatt-Wert] )
```

Die Berechnung der Menge ist etwas komplexer. Die (neue) Menge wird nicht nur durch den *Rabatt-Wert* beeinflusst, sondern auch durch den *Elastizitäts-Wert*. Wenn wir den Rabatt erhöhen, wird auch die Menge steigen. Der Anstieg wird durch die Elastizität beeinflusst. Ich multipliziere die (alte) Menge mit 1 plus den (neuen) Rabatt multipliziert mit der Elastizität:

```
Bestellmenge neu = [Bestellmenge] * ( 1 + [Rabatt-Wert] *
[Elastizität-Wert] )
```

Die Absatzmenge ist wieder einfach: (neue) Menge mal (neuer) Preis gleich (neue) Absatzmenge:

```
Umsatz neu = [Bestellmenge neu] * [Stückpreis neu]
```

Und schließlich berechnen wir die Differenz zwischen dem (aktuellen) Umsatz und dem neuen Umsatz, um festzustellen, ob es sinnvoll ist, die Preise zu senken:

```
Umsatz Delta = [Umsatz neu] - [Umsatz]
```

Ich habe den (aktuellen) Umsatzbetrag und alle vier neuen Kennzahlen in einer mehrzeiligen Karte unterhalb der Slicer hinzugefügt (siehe Abb. 6-1).

Der Kurve voraus

Als Nächstes habe ich ein Liniendiagramm mit dem *Umsatz Delta* auf der *y-Achse* und dem *Rabatt* auf der *x-Achse* erstellt. Da der Slicer des *Rabatts* alle visuellen Elemente auf der Berichtsseite filtert, wird auch das Liniendiagramm gefiltert, so dass nur ein einziger Datenpunkt mit genau dem ausgewählten Rabatt in Abb. 6-5 angezeigt wird. Wenn Sie den Rabatt ändern, wird der Datenpunkt im Diagramm nach oben oder unten verschoben.

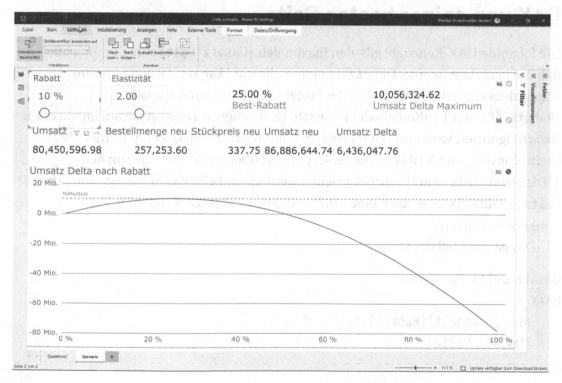

Abb. 6-5. *Ein Liniendiagramm für einen einzelnen Datenpunkt*

Um ein Liniendiagramm über den gesamten Bereich der Rabatte (von 0 % bis 100 %) zu erhalten, können wir den Slicer so ändern, dass das Liniendiagramm nicht gefiltert wird. Klicken Sie zunächst auf den Slicer *Rabatt* und wählen Sie dann *Format - Interaktionen bearbeiten* im Menüband (siehe Abb. 6-5). Alle anderen Grafiken zeigen nun zwei Symbole in der oberen rechten Ecke: Das Symbol mit dem Säulendiagramm und dem Trichter ist bereits ausgewählt. Klicken Sie auf den Kreis mit der sich kreuzenden Linie; im Liniendiagramm erscheint nun eine gekrümmte Linie, die das Measure für Umsatz Delta über alle Prozentwerte hinweg anzeigt (wie in Abb. 6-1).

In den Analyseoptionen des Liniendiagramms können Sie eine *Linie für Maximalwert* hinzufügen, um die maximale Umsatzdifferenz bei der gegebenen Elastizität anzuzeigen. Sie können die *Datenbeschriftung* einschalten, aber leider können wir die Schriftgröße nicht ändern – die Zahl links am Anfang der gestrichelten Max-Linie ist schwer zu lesen. Glücklicherweise können wir mit ein wenig DAX-Magie die Zahl selbst berechnen. Das werde ich Ihnen im nächsten Abschnitt zeigen.

DAX von seiner besten Seite

Die folgende DAX-Kennzahl gibt den maximalen [Umsatz Delta] an, der über alle Rabatte berechnet wurde. Die *ALL*-Funktion, die um 'Rabatt'[Rabatt] herum angeordnet ist, stellt sicher, dass jeder bestehende Filter auf der Spalte 'Rabatt'[Rabatt] außerhalb der Kennzahl (z. B. aufgrund einer Auswahl im Slicer für *Rabatt*) ignoriert wird und alle möglichen Rabattwerte berücksichtigt werden. MAXX (nein, das doppelte X ist kein Tippfehler) iteriert über alle Zeilen, die von ALL ('Discount'[Discount]) zurückgegeben werden, und gibt das Maximum von [Umsatz Delta] zurück (ja, es ist auch eine MINX-, SUMX-, AVERAGEX- oder PRODUCTX-Funktion verfügbar).

Das ist das Maß der Dinge:

```
Umsatz Delta Maximum =
MAXX (
    ALL ( 'Rabatt'[Rabatt] ),
    [Umsatz Delta]
)
```

Ich habe dieses Measure in eine mehrzeilige Karte eingetragen und oben rechts auf der Berichtsseite platziert. In meinem Beispiel habe ich den maximalen Umsatz mit dem

Best-Rabatt kombiniert. Das ist der Rabattprozentsatz, bei dem wir den [Umsatz Delta Maximum] erreichen. Zunächst speichere ich das Ergebnis von [Umsatz Delta Maximum] in der Variablen UmsatzDeltaMax. Der erste Parameter für MINX ist ein Aufruf der Funktion FILTER. Deren erster Parameter ist wiederum ALL ('Rabatt'[Rabatt]), eine Liste aller möglichen Rabatte. Diese Liste wird nur auf die Zeilen gefiltert, in denen der [Sales Amount Delta] gleich dem Wert der Variablen UmsatzDeltaMax ist. Der zweite Parameter für MINX ist 'Rabatt'[Rabatt]. Der einzige Zweck von MINX im Code besteht darin, sicherzustellen, dass der Code nur einen einzigen Rabattwert zurückgibt, falls mehrere Rabatte im maximalen Umsatz Delta enden (und dieser einzige Wert der niedrigere sein wird).

Hier ist die vollständige Maßnahme:

```
Best-Rabatt =
VAR UmsatzDeltaMax = [Verkaufsbetrag Delta Maximum]
VAR RabattMitMaxUmsatz =
    MINX (
        FILTER (
            ALL ( 'Rabatt'[Rabatt] ),
            [Verkaufsbetrag Delta] = UmsatzDeltaMax
        ),
        'Rabatt'[Rabatt]
    )
RETURN
    RabattMitMaxUmsatz
```

Das Hinzufügen dieser Kennzahl zu der mehrzeiligen Karte oben rechts im Bericht schließt dieses Beispiel ab.

Wichtigste Erkenntnisse

Die wichtigsten Informationen aus diesem Kapitel sind folgende:

- Die Preiselastizität der Nachfrage ist ein ökonomisches Konzept zur Erklärung, wie sich die nachgefragte Menge in Abhängigkeit vom Preis der angebotenen Produkte und Dienstleistungen verändert. Die konkrete Preiselastizität eines Produktes wird von den Verbrauchern bestimmt und ist je nach Produkt(gruppe) unterschiedlich.

- Ein Parameter ist ein Hilfsmittel, der eine Tabelle, eine Kennzahl und einen Slicer auf einmal erstellt, um dem Berichtsbenutzer die Möglichkeit zu geben, einen numerischen Wert zu ändern, der Teil von DAX-Berechnungen sein kann. Je nach DAX-Berechnung gibt es eine Vielzahl von Anwendungsfällen für Parameter. Sie können einen Parameter auch in einem R- oder Python-Visual verwenden (siehe Kap. 9).

- DAX ist die Sprache in Power BI zum Erstellen von berechneten Spalten, Measures (Kennzahlen) und berechneten Tabellen. Ein Parameter erstellt eine Kennzahl, die den ausgewählten Wert enthält. Wir können weitere Berechnungen auf der Grundlage des Parameters schreiben, um dem Berichtsbenutzer die Folgen des geänderten Werts zu zeigen.

- *Interaktionen bearbeiten* ist der Weg, um die Kreuzfilter-Funktionalität zu deaktivieren (und wieder zu aktivieren). Kreuzfilter bedeutet, dass eine Auswahl in einem visuellen Element (oder Slicer) den Inhalt der anderen visuellen Elemente auf derselben Berichtsseite filtert. In Fällen, in denen diese Funktion vom Berichtsnutzer nicht erwartet wird oder vom Berichtersteller nicht erwünscht ist (wie in unserem Liniendiagramm), können wir diese Funktion deaktivieren.

## KAPITEL 7

Charakterisierung eines Datensatzes

Power Query

In diesem Kapitel konzentrieren wir uns auf ein Tool in Power BI Desktop: Power Query. Wählen Sie im Menüband *Start* und dann *Daten transformieren* (im Abschnitt *Abfragen*), um Power Query zu öffnen. Power Query ist Teil von Power BI Desktop, wird aber in einem separaten Fenster angezeigt, was hilfreich ist, wenn Sie einen ausreichend großen Monitor haben (um gleichzeitig in Power Query und in Power BI Desktop zu arbeiten), aber anfangs verwirrend sein kann.

Hinweis Eine typische Schwierigkeit für Anfänger in Power BI ist die Unterscheidung zwischen Power Query und der Power BI-Datenansicht, da die Bildschirmmitte einander ähnelt. Einige Benutzer stellen die Schriftart in Power Query auf Festbreitenschriftart um (im Menüband *Ansicht* und im Abschnitt *Datenvorschau*), damit das Power Query-Fenster und die Power BI-Desktop-Datenansicht leichter zu unterscheiden sind.

In Power Query pflegen Sie Ihre Verbindungen zu den Datenquellen, filtern, formen und transformieren die Daten und haben Werkzeuge zur Hand, die Sie über die Qualität der Daten informieren. Jede Abfrage in Power Query endet als Tabelle im Datenmodell in Power BI mit demselben Namen.

In Abb. 7-1 habe ich Power Query geöffnet. Auf der linken Seite des Bildschirms erhalten Sie eine (gruppierte) Liste von Abfragen (z. B. Abfrage *Employee* in der Gruppe *AdventureWorksDW*). Auf der rechten Seite sind alle *angewandten Schritte* für die

Abfrage aufgeführt (z. B. *Quelle, Navigation* und *entfernte Spalten* für die Abfrage *Employee*). In der Mitte sehen Sie das Abfrageergebnis: die Spalten (z. B. *EmployeeKey, ParentEmployeeKey, EmployeeNationalIDAlternateKey, …*) und Zeilen.

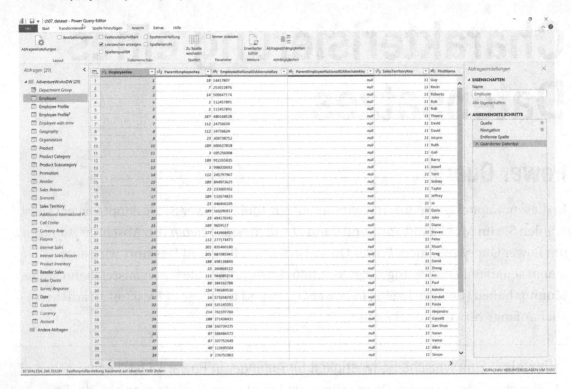

Abb. 7-1. *Power Query*

Mit der grafischen Oberfläche von Power Query können Sie selbst komplexe Aufgaben zum Filtern, Gestalten und Transformieren der Daten mit nur wenigen Mausklicks erledigen. Nur in seltenen Fällen werden Sie eigene Power Query-Skripte pflegen oder gar schreiben müssen. Wir werden ein sehr einfaches Skript im Abschn. „Tabellenprofil" schreiben.

Spaltenqualität

Wählen Sie in Power Query im Menüband *Ansicht* aus und stellen Sie sicher, dass das Häkchen bei *Spaltenqualität* im Abschnitt *Datenvorschau* gesetzt ist (siehe Abb. 7-2).

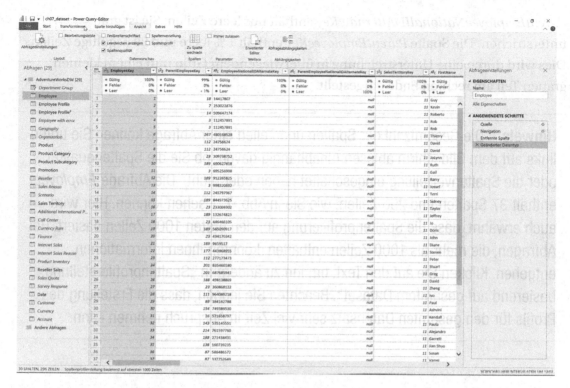

Abb. 7-2. *Power Query mit aktivierter Spaltenqualität*

Unter dem Spaltennamen (und über den Datenzeilen) wird ein neuer Abschnitt mit drei Zeilen eingeführt, die einen Prozentsatz (im Verhältnis zur Gesamtzahl der Zeilen) anzeigen:

- *Gültig* (grüner Punkt): Prozentsatz der Zeilen, die keinen Fehler aufweisen oder nicht leer sind

- *Fehler* (roter Punkt): Prozentsatz der Zeilen, die einen Fehler aufweisen

- *Leer* (grauer Punkt): Prozentsatz der Zeilen, die einen leeren String oder *Null* enthalten

Die Farben der drei Punkte sind die gleichen wie die des kleinen Balkens/der Unterstreichung direkt unter dem Spaltennamen. Da *EmployerKey* 100 % gültige Zeilen enthält, ist der Spaltenname mit einer durchgehenden grünen Linie unterstrichen.

161

ParentEmployeeNationalIDAlternateKey enthält nur leere Zeilen. Sie ist grau unterstrichen. Die Spalte *ParentEmployeeKey* enthält 1 % leere und 99 % gültige Zeilen. Dies wird durch eine Unterstreichung in überwiegendem Grün und einem kleinen grauen Teil am rechten Ende dargestellt.

Hinweis Die Gesamtzahl der Spalten und Zeilen einer Abfrage können Sie unten links auf dem Bildschirm ablesen (unabhängig davon, ob Sie die Spaltenqualität oder die Spaltenverteilung eingeschaltet haben oder nicht). Die Abfrage *Employee* enthält 37 Spalten und 296 Zeilen, wie Sie in Abb. 7-1 sehen können. Hier wird auch erwähnt, dass die Spaltenprofilierung auf den ersten 1000 Zeilen basiert. Bei Abfragen, die mehr als 1000 Zeilen enthalten, könnten Ihnen Informationen entgehen. Klicken Sie auf den Text, um ihn zu ändern in „Spaltenprofilerstellung basierend auf gesamtem Dataset". Beachten Sie jedoch, dass die Erstellung des Profils für den gesamten Datensatz sehr viel Zeit in Anspruch nehmen kann.

Spaltenverteilung

Wählen Sie in Power Query im Menüband *Ansicht* und stellen Sie sicher, dass das Häkchen bei *Spaltenverteilung* im Abschnitt *Datenvorschau* gesetzt ist. Unterhalb des Spaltennamens (und über den Datenzeilen) wird ein neuer Abschnitt mit einem Säulendiagramm und einer Zählung der eindeutigen Werte eingeführt. In Abb. 7-3 habe ich die *Spaltenverteilung* aktiviert (und die *Spaltenqualität* deaktiviert, damit klarer wird, worüber wir in diesem Abschnitt sprechen).

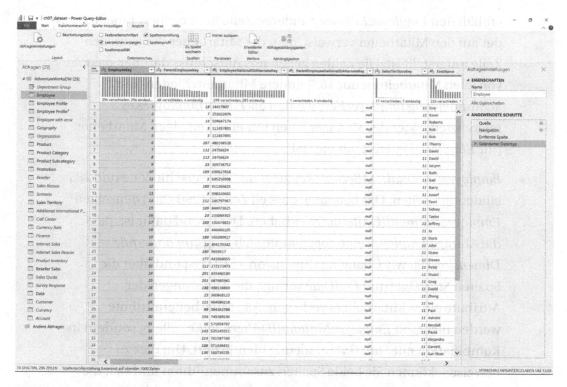

Abb. 7-3. *Power Query mit aktivierter Spaltenverteilung*

Die Anzahl der *verschiedenen* Werte gibt Aufschluss darüber, wie viele verschiedene Werte in dieser Spalte gefunden wurden. Die Anzahl der *eindeutigen* Werte gibt Aufschluss darüber, in wie vielen Zeilen ein Wert vorkommt, der in der gesamten Abfrage nur einmal vorhanden ist. Wenn Sie den Mauszeiger darüber bewegen, wird ein Tooltip mit der absoluten Zahl und einem Prozentwert angezeigt. Der Prozentwert gibt das Verhältnis zur Gesamtzahl der Zeilen in der Tabelle an (die unten links auf dem Bildschirm angezeigt wird).

Aus beiden Zählungen können wir die folgenden Erkenntnisse gewinnen:

- Für *EmployeeKey* sind beide Zählungen gleich (296), und beide decken 100 % der Zeilen ab. Das ist zu erwarten, da diese Spalte der Primärschlüssel der Tabelle ist und ein Primärschlüssel jede einzelne Zeile der Tabelle eindeutig identifiziert. Unterschiedliche Zählungen würden bedeuten, dass es sich bei dieser Spalte nicht um einen echten Primärschlüssel der Tabelle handeln kann.

- Die Zahlen für *ParentEmployeeKey* sind anders: achtundvierzig unterschiedliche Werte (16 %) und vier eindeutige (1 %). Diese Spalte enthält den *EmployeeKey* einer anderen Zeile in derselben Tabelle, der auf den Mitarbeiter verweist, dem der Mitarbeiter der aktuellen Zeile unterstellt ist. Die Zahlen geben uns Aufschluss darüber, dass von allen Mitarbeitern nur 16 % andere Mitarbeiter leiten (nur achtundvierzig *EmployeeKeys* werden als *ParentEmployeeKey* referenziert). Vier der Manager leiten nur einen einzigen Mitarbeiter (ihr *EmployeeKey* wird nur einmal referenziert).

- *EmployeeNationalIDAlternateKey* zeigt nur 290 verschiedene und 285 eindeutige Zeilen. Das bedeutet, dass elf Zeilen (296–285) denselben *EmployeeNationalIDAlternateKey* haben. Der Grund dafür ist, dass die Abfrage *Employee* eine sogenannte sich *langsam ändernde Dimension* (Slowly Changing Dimension – SCD) ist und über die Spalten *StartDate* und *EndDate* verfügt, die Änderungen der Attribute eines Mitarbeiters verfolgen. Alle Mitarbeiterattribute werden nicht mit *EmployeeNationalIDAlternateKey* allein, sondern in Kombination mit *StartDate* eindeutig identifiziert. Um dies zu beweisen, können Sie beide Spalten zusammenführen und sich die Spaltenverteilung der zusammengeführten Spalte ansehen (es werden 296 verschiedene und 296 eindeutige Zeilen sein).

- Die Werteverteilung für *BirthDate* sollte man sich genauer ansehen:

Nur 249 Werte (von 296 Zeilen) sind eindeutig. Das bedeutet, dass insgesamt siebenundvierzig (296 minus 249) ihren Geburtstag am gleichen Datum haben (nicht nur am gleichen Tag und Monat, sondern auch im gleichen Jahr; die Wahrscheinlichkeit, dass sie den gleichen Tag und Monat haben, ist größer als Sie vielleicht denken: https://en.wikipedia.org/wiki/Birthday_problem).

Die Spalte enthält 271 unterschiedliche (d. h. verschiedene) Werte. Das bedeutet, dass zweiundzwanzig Geburtsdaten (271 minus 249) von mindestens zwei Mitarbeitern geteilt werden. Ein Geburtsdatum wird im Durchschnitt 2,1 Mal verwendet (47 geteilt durch 22). Praktisch bedeutet dies, dass ein oder mehrere Geburtsdaten von mehr als zwei Arbeitnehmern geteilt werden.

In Abb. 7-4 sehen Sie einen Power BI-Bericht, den ich erstellt habe, um die diskutierten Zahlen für die Spalte *BirthDate* aufzulisten und zu visualisieren, damit die Zählungen und Deltas verständlicher werden. Nehmen Sie sich eine Minute Zeit und vergewissern Sie sich, dass Sie jede der Spalten und ihre Gesamtwerte sowohl in der

Tabelle als auch in den beiden Säulendiagrammen verstehen. Für jeden existierenden Wert der Spalte *BirthDate* sehen wir die Anzahl der *Zeilen*, die Anzahl der *verschiedenen* Zeilen, die Anzahl der *Duplikate* (wenn der Wert nicht eindeutig ist), die Anzahl der *Eindeutigen* und eine Markierung, wenn der Wert in der gesamten Abfrage *nicht eindeutig* ist. Die *Summen* entsprechen den gerade besprochenen Zahlen und werden in zwei Säulendiagrammen angezeigt. In der einen werden die *verschiedenen* und die nicht verschiedenen (d. h. *doppelten*) *Zeilen* summiert, in der anderen die *eindeutigen* und *nicht eindeutigen Werte*.

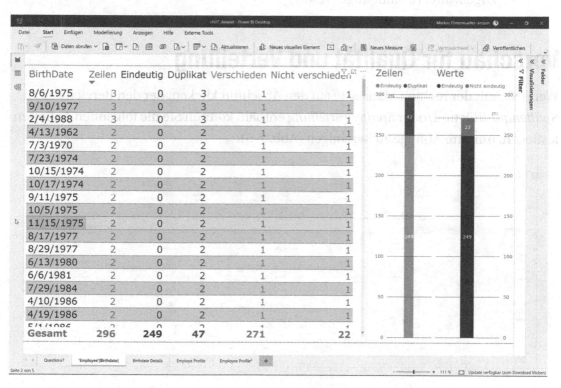

Abb. 7-4. *Power BI-Bericht mit den verschiedenen Zählungen (und ihren Deltas) für die Spalte Geburtsdatum*

Die Anzahl der verschiedenen und eindeutigen Zeilen für *BirthDate* scheint in einem realen Szenario unwahrscheinlich zu sein und würde auf ein mögliches Datenqualitätsproblem hinweisen. In unserem Fall zeigt dies, dass die Demodaten ohne Berücksichtigung einer realistischen Verteilung der Geburtsdaten generiert wurden.

- Bei *LoginID* oder *EmailAddress* besteht das gleiche Problem wie bei *EmployeeNationalIDAlternateKey*. Diese Spalten sind nur in Kombination mit *StartDate* eindeutig.

- *MaritalStatus* sieht gut aus: Wir lassen nur zwei verschiedene Werte zu (*M* = verheiratet und *S* = ledig), und wir haben genau zwei unterschiedliche Werte in dieser Zeile. Ähnlich verhält es sich mit den Spalten *SalariedFlag*, *Gender*, *PayFrequency*, *CurrentFlag*, *SalesPersonFlag* und *Status*.

- Wir haben sechzehn verschiedene (unterschiedliche) *Abteilungsnamen*. Jeder Abteilung sind mindestens zwei Mitarbeiter zugeordnet (0 eindeutige Werte).

Vorschau für Qualität und Verteilung

Wenn Sie mit der rechten Maustaste auf den Abschnitt klicken, der den Bereich *Spaltenqualität* und/oder *Spaltenverteilung* enthält, können Sie die folgenden Aktionen festlegen, um Ihre Abfrage zu bereinigen (Abb. 7-5):

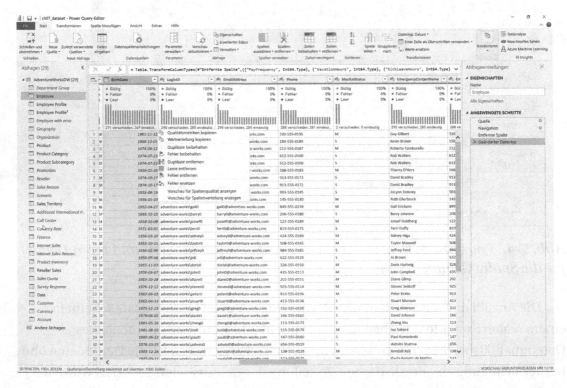

Abb. 7-5. *Wenn Sie mit der rechten Maustaste auf den Bereich Spaltenqualität/ Spaltenverteilung klicken, werden Details und Aktionspunkte angezeigt*

- *Qualitätsmetriken kopieren* (weitere Einzelheiten folgen)

- *Wertverteilung kopieren* (weitere Details folgen)

- *Duplikate behalten*: Filtert die gesamte Abfrage auf die Zeilen, die
  Werte enthalten, die in dieser Spalte nicht eindeutig sind. Im Fall von
  BirthDate gibt es zweiundzwanzig Zeilen.

- *Fehler beibehalten*: Filtert die gesamte Abfrage auf die Zeilen, die
  Fehlerwerte in dieser Spalte aufweisen. Sie können vorübergehend
  nach den Fehlerzeilen filtern, um sie genauer zu untersuchen, oder
  dauerhaft einen Bericht in Power BI erstellen, der Probleme in den
  Daten aufzeigt. Im Fall von *BirthDate* führt dies zu einer leeren
  Abfrage (da *BirthDate* keine Fehler aufweist).

Um die Funktion zu demonstrieren, habe ich eine neue Spalte *Telefonvorwahl* in einer neuen Abfrage *Mitarbeiter mit Fehler* hinzugefügt. Ich habe absichtlich einen Fehler in diese Spalte eingefügt, indem ich zunächst die ersten drei Ziffern der Telefonnummer extrahiert und dann den Datentyp der Spalte in *Ganze Zahl* geändert habe. In vier Zeilen wird den Telefonnummern die internationale Vorwahl „1" vorangestellt (anstelle der sonst üblichen dreistelligen Ortsvorwahl). Dies führt zu einem Fehler, da eine Klammer nicht in eine ganze Zahl umgewandelt werden kann (Abb. 7-6).

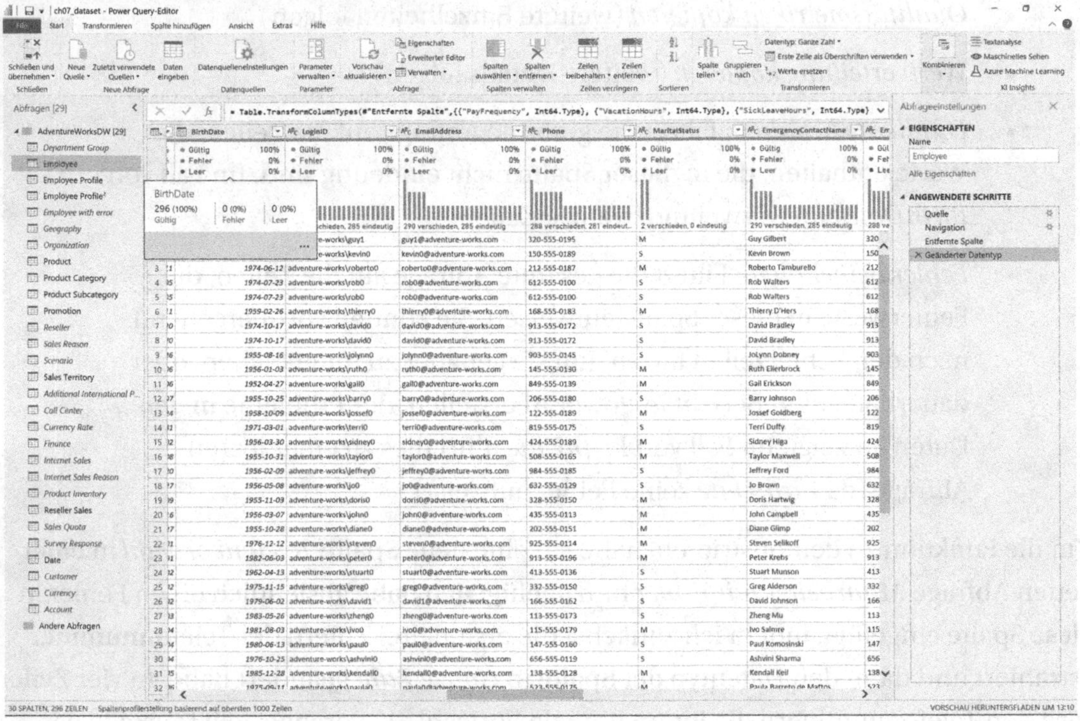

Abb. 7-6. *Fehler beibehalten in Aktion*

Wenn Sie auf die Zelle mit dem Text *Fehler* klicken, wird die Fehlermeldung am unteren Rand des Bildschirms angezeigt, wie in Abb. 7-6. Wenn Sie direkt auf den Text *Fehler* klicken, wird die Abfrage nur auf die Fehlermeldung gefiltert.

- *Duplikate entfernen*: Entfernt alle Zeilen, in denen ein bestimmter Wert in mehr als einer Zeile enthalten ist. Seien Sie vorsichtig, da Sie Details in anderen Spalten der Abfrage verlieren (die dasselbe *Geburtsdatum* haben). *BirthDate* wird 271 Zeilen anzeigen.

- *Leere entfernen*: Filtert alle Zeilen heraus, in denen diese Spalte leer ist. Sie verwenden diesen Filter für Spalten, die einen Wert enthalten müssen. Seien Sie vorsichtig, da Sie dadurch Details in anderen Spalten der Abfrage verlieren. Für *BirthDate* geschieht nichts, da es keine leeren Zeilen gibt.

- *Fehler entfernen*: Entfernt alle Zeilen aus der Abfrage, bei denen die aktuelle Zeile einen Fehler aufweist. Sie verwenden diesen Filter auf Spalten, die unbedingt einen gültigen Wert enthalten müssen. Seien

Sie vorsichtig, da Sie Details in anderen Spalten der Abfrage verlieren werden. Ändert nichts an der Spalte *BirthDate*.

- *Ersetzen von Fehlern*: Ersetzen Sie alle Fehler durch einen Standardwert. Seien Sie vorsichtig, denn der Berichtsbenutzer sieht keinen Hinweis auf einen Fehler, sondern nur den neuen (Standard-)Wert.

- *Vorschau für Spaltenqualität anzeigen* (Abb. 7-7): Zeigt einen Tooltip mit absoluten Zahlen und Prozentsätzen (relativ zur Gesamtanzahl der Zeilen) an, wie viele Zeilen *gültig, fehlerhaft* oder *leer* sind (Erklärung siehe Abschn. „Spaltenqualität"). Mit *Qualitätsmetrik kopieren* können Sie genau dieselben Informationen in die Zwischenablage kopieren.

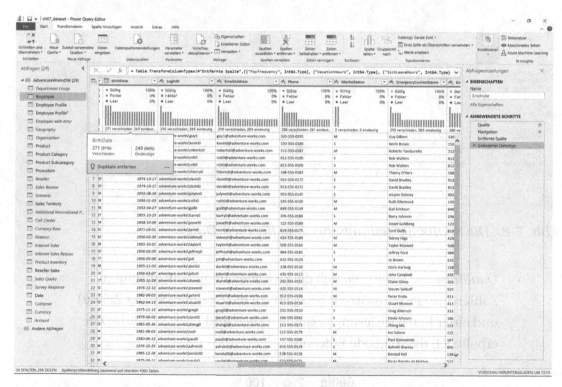

Abb. 7-7. *Der Spaltenqualitätsvorschau für BirthDate*

- *Vorschau für Spaltenverteilung anzeigen*: Zeigt einen Tooltip mit absoluten Zahlen und Prozentsätzen (relativ zur Gesamtzahl der Zeilen) an, wie viele Zeilen *eindeutig* sind (siehe Erklärung im

Abschn. „Spaltenverteilung"). Die absoluten Zahlen sind die gleichen wie die, die unter dem Säulendiagramm des Spaltenprofils angezeigt werden. Mit der Funktion *Werteverteilung kopieren* können Sie genau dieselben Informationen in die Zwischenablage kopieren. Sie können schnell auswählen, um Duplikate zu entfernen (Abb. 7-8).

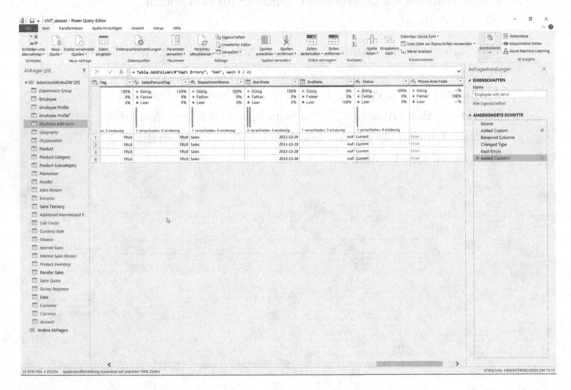

Abb. 7-8. *Die Spaltenverteilungsvorschau für BirthDate*

- *Qualitätsmetrik kopieren* füllt die Zwischenablage mit absoluten Zahlen und Prozentsätzen (bezogen auf die Gesamtzahl der Zeilen) und einer Kategorisierung in *Gültig, Fehler* und *Leer*. Für *BirthDate* erhalte ich das folgende Ergebnis:

Gültig	**296**	**100 %**
Fehler	0	0 %
Leere	0	0 %

- *Wertverteilung kopieren* füllt die Zwischenablage mit einer Zählung der Anzahl der Zeilen pro Wert in der Spalte (für die größten fünfzig Werte). Die Spalte *„Geburtsdatum"* zeigt die folgende Verteilung:

1975-08-06	3
1988-02-04	3
1977-09-10	3
1980-06-13	2
1986-09-10	2
1986-05-01	2
1962-04-13	2
1974-10-17	2
1977-08-29	2
1989-12-15	2
1975-09-11	2
1990-06-01	2
1974-10-15	2
1986-04-19	2
1970-07-03	2
1975-11-15	2
1981-06-06	2
1986-04-10	2
1977-08-17	2
1984-07-29	2
1975-10-05	2
1974-07-23	2
1956-02-09	1
1985-12-28	1

(Fortsetzung)

171

1976-10-25	1
1955-10-31	1
1955-08-16	1
1988-07-05	1
1981-08-03	1
1956-03-30	1
1983-05-26	1
1975-08-18	1
1979-06-02	1
1971-03-01	1
1974-06-12	1
1978-02-15	1
1989-01-23	1
1958-10-09	1
1986-12-19	1
1968-04-17	1
1979-02-03	1
1972-06-25	1
1982-06-03	1
1982-10-31	1
1987-03-27	1
1970-10-16	1
1975-02-06	1
1974-08-11	1
1977-08-05	1
1975-04-30	1

Die Liste ähnelt den ersten beiden Spalten in dem von mir erstellten Bericht (Abb. 7-4).

Spaltenprofil

Unabhängig von der *Spaltenqualität* oder der *Spaltenverteilung* können wir das *Spaltenprofil* aktivieren (in *Ansicht*, Abschnitt *Datenvorschau* in Power Query). Wenn die Spaltenverteilung unten nicht angezeigt wird, klicken Sie bitte auf einen Spaltennamen oben (Abb. 7-9).

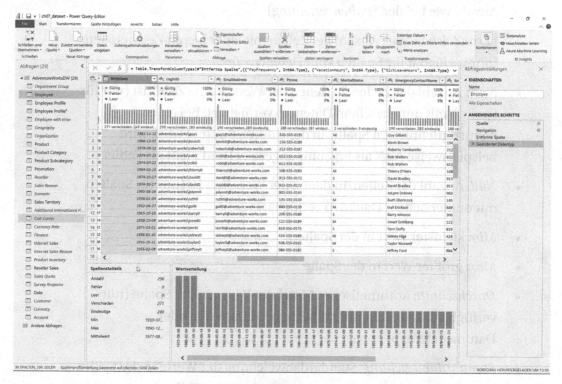

Abb. 7-9. *Das Spaltenprofil für BirthDate*

Dies zeigt noch detailliertere Profilinformationen über die Spalte, als wir sie aus der *Spaltenqualität* oder der *Spaltenverteilung* erhalten haben.

Die Informationen sind in zwei Abschnitte unterteilt:

- *Spaltenstatistik*

- *Wertverteilung*

Der Abschnitt *Spaltenstatistiken* zeigt Folgendes an (je nach Datentyp der Spalte werden möglicherweise nicht alle Statistiken angezeigt):

- *Anzahl*: Gesamtzahl der Zeilen (wie unten links angezeigt)

- *Fehler*: Anzahl der Zeilen mit einem Fehler

- *Leer*: Anzahl der Zeilen, die leer sind; das sind die Zeilen, die *null* anzeigen

- *Verschieden*: Anzahl der eindeutigen Werte (dieselbe Anzahl wie in *Spaltenverteilung*)

- *Eindeutig*: Anzahl der Werte, die nur einmal vorkommen (gleiche Anzahl wie bei der *Spaltenverteilung*)

- *Leere Zeichenkette*: Anzahl der Zeilen mit einer leeren Zeichenkette (nur verfügbar für Spalten vom Datentyp *Text*)

- *NaN*: Anzahl der Zeilen, in denen der Wert „Keine Zahl" ist (nur für Spalten mit numerischem Datentyp verfügbar). Bei einer benutzerdefinierten Spalte, in der 0 durch 0 geteilt wird, wird beispielsweise *NaN* als Ergebnis angezeigt (und nicht als Fehler)

- *Null*: Anzahl der Zeilen, in denen der Wert Null ist (nur für Spalten mit numerischem Datentyp verfügbar)

- *Min*: kleinster Wert in der Spalte

- *Max*: größter Wert in der Spalte

- *Durchschnitt*: arithmetisches Mittel der Werte in der Spalte (nur verfügbar für Spalten mit numerischem Datentyp oder Datumsdatentyp)

- *Standardabweichung*: Standardabweichung der Werte in der Spalte (nur für Spalten mit numerischem Datentyp verfügbar)

- *Ungerade*: Anzahl der Zeilen mit einem ungeraden Wert (nur verfügbar für Spalten mit Datentyp *Ganze Zahl*)

- *Gerade*: Anzahl der Zeilen mit einem geraden Wert (nur verfügbar für Spalten mit Datentyp *Ganze Zahl*):

- *True*: Anzahl der Zeilen mit dem Wert *True* (nur verfügbar für Spalten vom Datentyp *True/False*)

- *False*: Anzahl der Zeilen mit dem Wert *False* (nur verfügbar für Spalten vom Datentyp *True/False*)

Die Ellipsen („...") ermöglichen es Ihnen, alle Werte in die Zwischenablage zu kopieren.

Direkt aus der *Spaltenstatistik* erhalten wir ein Säulen- oder Balkendiagramm (je nach Datentyp der Spalte), das ein Histogramm der Werte zeigt. Mit den Ellipsen („…") können Sie entweder die Werte in die Zwischenablage kopieren oder das Diagramm wie folgt gruppieren:

- *Wert*: zeigt die ersten fünfzig häufigsten Werte an; ähnlich dem Diagramm, das wir aus der *Spaltenverteilung* erhalten; ist die Standardeinstellung

- *Vorzeichen*: eine Spalte für die Anzahl der positiven Werte, eine Spalte für die Anzahl der negativen Werte (nur für Spalten mit numerischem Datentyp verfügbar)

- *Parität*: eine Spalte für die Anzahl der geraden Werte, eine Spalte für die Anzahl der ungeraden Werte (nur für Spalten mit numerischem Datentyp verfügbar)

- *Textlänge*: eine Spalte pro Länge eines Textes in dieser Spalte (nur verfügbar für Spalten vom Datentyp *Text*)

- *Jahr, Monat, Tag, Woche des Jahres, Tag der Woche* (nur verfügbar für Spalten vom Datentyp *Datum*)

Vom Tooltip jedes Balkens oder jeder Spalte aus können wir direkt Aktionen starten. Filtern Sie die Zeilen in der aktuellen Abfrage auf alle Spalten, die entweder gleich oder ungleich dem Wert im Diagramm sind. Über die Ellipsen („…") haben wir Zugriff auf alle Filter. Dieser Filter gilt für die gesamte Abfrage und schränkt die in das Datenmodell von Power BI geladenen Zeilen ein. Wenn Sie den Filter nicht auf die Abfrage anwenden möchten, können Sie die Aktion aus den *angewendeten Schritten* in den *Abfrageeinstellungen* auf der rechten Seite löschen, um die Aktion rückgängig zu machen.

Aus der Mitarbeiterabfrage können wir folgende interessante Erkenntnisse gewinnen:

- Das Unternehmen hat seine Mitarbeiterzahl im Jahr 2008 stark ausgeweitet, was sich an einem deutlichen Anstieg des *HireDate* ablesen lässt, wenn man es nach Jahren gruppiert.

- *HireDate* hat viele Werte in den Monaten Juli, August und September, einige im Oktober und Dezember. In den übrigen Monaten gibt es nur eine Einstellung oder keine.

- *HireDate* ist fast gleichmäßig über die Wochentage verteilt, wobei der Samstag der dritthäufigste Tag der Woche ist. In einigen Ländern und/oder Branchen wäre es eher ungewöhnlich, jemanden an diesem Tag einzustellen, da er zum Wochenende gehört.

- Mit einem einzigen Klick auf das Histogramm für *BirthDate* mit dem Wert 1988-02-04 erfahren wir, wer die drei Personen sind, die am selben Tag, Monat und Jahr Geburtstag haben.

- Alle Telefonnummern haben eine Länge von zwölf Zeichen, mit Ausnahme von vier Reihen mit neunzehn Zeichen, denen die internationale Vorwahl und ein Leerzeichen („1 (11) ") vorangestellt sind, wie wir im Abschn. „Qualitäts- und Verteilungsvorschau" gelernt haben.

- Der *Familienstand* ist gleichmäßig (= 50:50) zwischen verheiratet (*M*) und ledig (*S*) verteilt. Dies ist etwas, das Sie in der Praxis wahrscheinlich nicht erwarten würden.

- Weniger als 20 % der Mitarbeiter haben das Kennzeichen *SalariedFlag* auf *true* gesetzt, d. h. über 80 % werden nach Stunden bezahlt.

- Die Geschlechterverteilung zeigt ein binäres Geschlecht mit 70 % Männern und 30 % Frauen.

- *DepartmentName* zeigt eine überwältigende Mehrheit von Mitarbeitern in der Produktionsabteilung auf der einen Seite und nur drei Mitarbeiter in der Führungsabteilung auf der anderen Seite.

Wir konnten eine Menge Einblicke gewinnen, noch bevor wir die Daten in das Datenmodell von Power BI geladen und eine einzige Grafik erstellt hatten.

Tabellenprofil

Was, wenn Sie Power BI-Berichte über die Zahlen erstellen möchten, die wir gerade in der *Spaltenverteilung* gesehen haben? Die Funktion `Table.Profile` von Power Query ist Ihr Freund. Um diese Funktion auf eine Abfrage anzuwenden, müssen wir eine neue Abfrage von Grund auf schreiben und die Power Query Mashup-Sprache, kurz M, verwenden.

In der Multifunktionsleiste in *Start* wählen Sie *Neue Quelle* und anschließend *Leere Abfrage*. Eine neue Abfrage mit dem Namen *Abfrage1* wird erstellt, und Sie müssen die erste (und in diesem Beispiel die einzige) Codezeile schreiben (vergessen Sie nicht das Gleichheitszeichen am Anfang der Zeile):

```
= Tabelle.Profil(Employee)
```

Nachdem Sie die Eingabetaste gedrückt haben (oder das Häkchen links neben dem Eingabefeld gesetzt haben), füllt sich die Mitte des Bildschirms mit einer Vielzahl von Informationen. Geben Sie der Abfrage einen sinnvollen Namen (unter dem sie dem Datenmodell in Power BI hinzugefügt wird), indem Sie das Feld *Name* in den *Abfrageeinstellungen* auf der rechten Seite des Bildschirms bearbeiten. Ich habe `Employee Profile` gewählt.

Seien Sie nicht verwirrt: Diese neu erstellte Abfrage enthält *eine Zeile pro Spalte* der Abfrage *Employee*. Wir erhalten so viele Zeilen, wie es Spalten in der Abfrage *Employee* gibt. Wir erhalten immer die gleiche Anzahl von Spalten, und dies sind die Spalten, die wir erhalten:

- *Column* (ja, es gibt tatsächlich eine Spalte mit dem Namen *Column*): Name der Spalte in der Abfrage, die wir als einzigen Parameter für die Funktion `Table.Profile` verwendet haben.

- *Min*: kleinster Wert

- *Max*: größter Wert

- *Average* (nur für Spalten mit numerischem Datentyp oder Datum verfügbar)

- *StandardDeviation* (nur verfügbar für Spalten mit numerischem Datentyp oder Datum)

- *Count*: Anzahl der Zeilen in der Tabelle; wir erhalten den gleichen Wert für alle Zeilen

177

- *NullCount*: Anzahl der Zeilen, die entweder leer oder null sind
- *DistinctCount*: Anzahl der eindeutigen Zeilen in dieser Spalte

Die Informationen sind eine Untermenge dessen, was wir im Abschn. „Spaltenverteilung“ gesehen haben.

Jedes Mal, wenn Daten in der Abfrage *Employee* während einer Datenaktualisierung geändert werden, wird die Abfrage *Employee Profile* automatisch für Sie aktualisiert. Es wird immer den aktuellen Inhalt der Abfrage *Employee* darstellen.

Sobald Sie im Menü unter *Datei* entweder *Schließen & Anwenden* oder *Anwenden* wählen, werden die Ergebnisse aller geänderten Abfragen in das Datenmodell von Power BI geladen und wir können einen Bericht über die (Meta-)Daten der Tabelle *Employee* erstellen. In Abb. 7-10 habe ich ein Tabellenvisual für alle in der Tabelle *Employee Profile* verfügbaren Spalten erstellt.

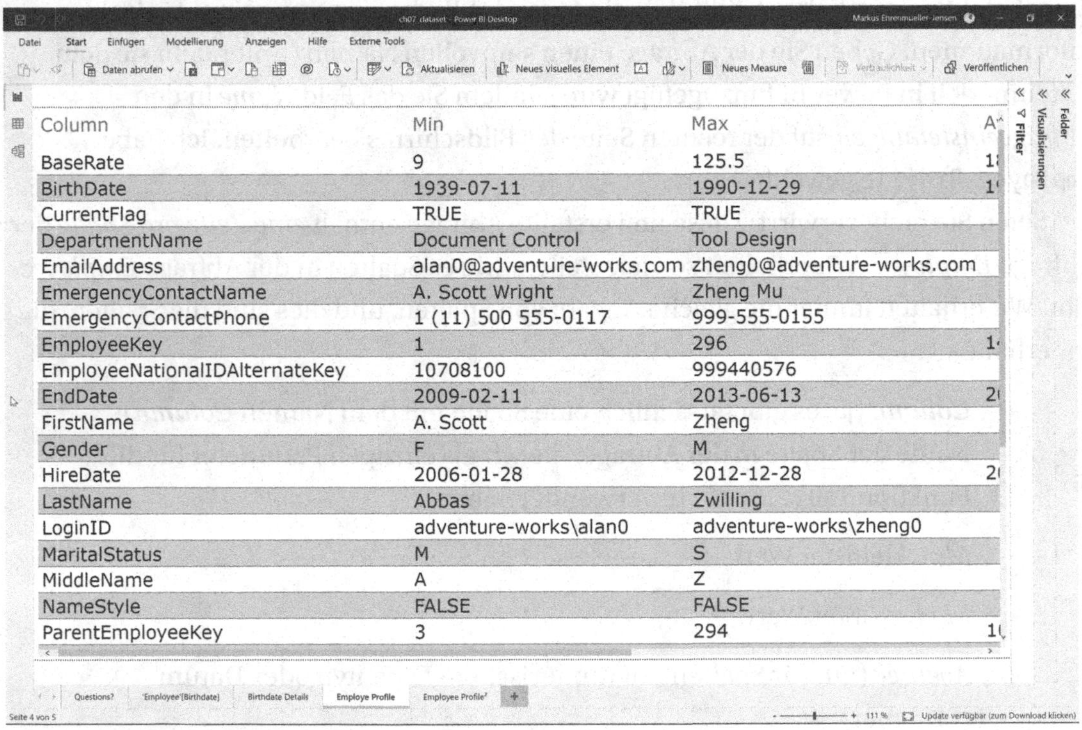

Column	Min	Max	A
BaseRate	9	125.5	1
BirthDate	1939-07-11	1990-12-29	1
CurrentFlag	TRUE	TRUE	
DepartmentName	Document Control	Tool Design	
EmailAddress	alan0@adventure-works.com	zheng0@adventure-works.com	
EmergencyContactName	A. Scott Wright	Zheng Mu	
EmergencyContactPhone	1 (11) 500 555-0117	999-555-0155	
EmployeeKey	1	296	1
EmployeeNationalIDAlternateKey	10708100	999440576	
EndDate	2009-02-11	2013-06-13	2
FirstName	A. Scott	Zheng	
Gender	F	M	
HireDate	2006-01-28	2012-12-28	2
LastName	Abbas	Zwilling	
LoginID	adventure-works\alan0	adventure-works\zheng0	
MaritalStatus	M	S	
MiddleName	A	Z	
NameStyle	FALSE	FALSE	
ParentEmployeeKey	3	294	1

***Abb. 7-10.** Bericht zum Mitarbeiterprofil*

Ein solcher Bericht kann Teil eines Datenwörterbuchs (data dictionary) sein – die Benutzer des Berichts müssen also nicht erst Power Query öffnen. Im Datenmodell von

Power BI ist eine solche Tabelle nicht verbunden; es ist nicht sinnvoll, Filter zu haben, die von Daten (z. B. der Tabelle *Employee*) zu Metadaten (z. B. *Employee Profile*) oder umgekehrt führen.

Hinweis   Derzeit gibt es keine Möglichkeit, Profildaten automatisch für alle Abfragen zu generieren. Sie müssen für jede einzelne Abfrage explizit eine Abfrage mit `Table.Profile` erstellen, aber Sie können diese Abfragen aneinander anhängen, um eine einzige Abfrage/Tabelle zu erhalten, die die gesammelten Profilmetadaten im Menüband über *Start ➤ Abfragen anfügen* (im Abschnitt *Kombinieren*) enthält.

Wenn Sie die *Spaltenqualität* und die *Spaltenverteilung* aktiviert haben, können wir den Inhalt des *Mitarbeiterprofils* (auch bekannt als Metadaten des *Mitarbeiters*) in Power Query analysieren (Abb. 7-11).

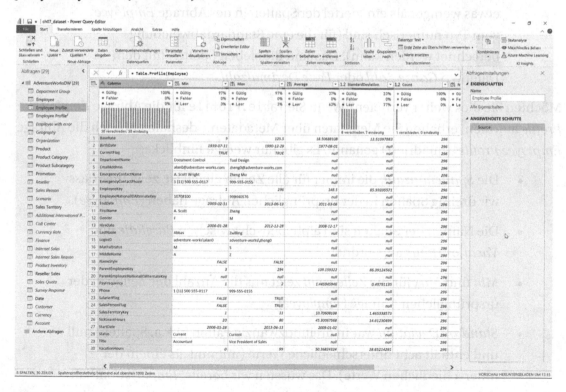

Abb. 7-11. *Spaltenqualität und Spaltenverteilung für die Abfrage Mitarbeiterprofil*

- *Min* und *Max* sind in 3 % der Zeilen (a.k.a. Spalten der Abfrage *Employee*) leer. Dass beide leer sind, kommt nur vor, wenn eine Spalte nur leere oder Nullzeilen enthält, was bei genau einer Spalte in der Abfrage *Employee* der Fall ist: *ParentEmployee NationalIDAlternateKey*. Eine von dreißig Spalten ist 3 %.

- *Average* enthält in 37 % der Fälle gültige Zeilen (d. h. Spalten der Abfrage *Employee*). Daraus können wir schließen, dass etwas mehr als ein Drittel der Spalten in der Abfrage *Employee* vom Typ numerisch oder Daten sind (für die ein Durchschnitt berechnet werden kann). Ich habe sie für Sie gezählt: Sieben Spalten sind vom Datentyp *Ganze Zahl* oder *Feste Dezimalzahl* und vier sind vom Datentyp *Wahr/Falsch*. Neun Spalten von dreißig sind 37 %.

- *StandardDeviation* enthält in 24 % der Fälle gültige Zeilen (d. h. Spalten der Abfrage *Employee*). Wir können daraus schließen, dass etwas weniger als ein Viertel der Spalten in der Abfrage *Employee* vom Typ numerisch sind (für die eine Standardabweichung berechnet werden kann). Das sind die sieben Spalten mit dem Datentyp *Ganze Zahl* oder *Feste Dezimalzahl*.

Möchten Sie dies weiter vertiefen? Wenn Sie `Table.Profile` für die Abfrage *Employee Profile* aufrufen, erhalten Sie Metadaten über Metadaten – deshalb habe ich die Abfrage *Employee Profile*[2] (quadriert) genannt. Es gibt nur wenige Einblicke:

- Die *Spaltenanzahl*, die immer für alle Zeilen gleich ist, zeigt uns, dass wir dreißig Spalten in der ursprünglichen Abfrage haben (*Employee*).

- Die Namen der Spalten sind alphabetisch zwischen *BaseRate* und *VacationHours* angeordnet.

- *Min* und *Max* für die *Zeilenzahl* zeigt uns die Anzahl der Zeilen in der ursprünglichen Abfrage (*Employee*).

- *StandardDeviation* war in dreiundzwanzig Fällen (a.k.a. Spalten) null und enthält acht unterschiedliche Werte (mit null als einem der unterschiedlichen Werte). Das wussten wir bereits: *Employee* enthält sieben Spalten mit numerischem Datentyp, so dass dreiundzwanzig (dreißig minus sieben) mit einem nicht-numerischen Datentyp übrig bleiben.

Wichtigste Erkenntnisse

Power Query hilft Ihnen, über die Qualität Ihrer Daten auf dem Laufenden zu bleiben:

- Die Qualität der Daten ist entscheidend für die Qualität der Berichte. Die Funktionen in Power Query helfen Ihnen, Einblicke in Ihre Daten zu gewinnen und sie zu bereinigen, bevor Sie sie in das Datenmodell von Power BI laden.

- *Qualität der Spalten*: Wir erhalten Zahlen darüber, wie viele Zeilen einen *gültigen* Wert enthalten, einen *Fehler* aufweisen oder *leer* sind.

- *Spaltenverteilung*: Wir erhalten die Anzahl der verschiedenen Werte und die Anzahl der eindeutigen Werte in einer Spalte sowie ein Säulendiagramm, das das Histogramm zeigt.

- Die Anzahl der verschiedenen Werte ist die Anzahl der verschiedenen Werte in der Spalte. Die Anzahl der eindeutigen Werte ist die Anzahl der Werte, die nur in einer Zeile erscheinen.

- Die Differenz zwischen der Zeilenzahl und der Anzahl der eindeutigen Werte ergibt die Anzahl der Zeilen, die nicht eindeutig durch diesen Spaltenwert identifiziert sind. Diese Zahl gibt uns Aufschluss über die (Werte der) Zeilen dieser Spalte.

- Die Differenz zwischen der Anzahl der verschiedenen Werte und der Anzahl der eindeutigen Werte gibt die Anzahl der Werte an, die in mehr als einer Zeile verwendet werden. Dies gibt uns einen Einblick in den verfügbaren Inhalt dieser Spalte.

- Spaltenprofil: Zeigt mehr statistische Daten (*Spaltenstatistiken*) und ein Histogramm (*Werteverteilung*), das wir nach verschiedenen Attributen gruppieren können.

- Die Funktion `Table.Profile` in der Sprache M von Power Query gibt einige der Werte, die wir aus *Spaltenverteilung* erhalten, als Abfrage zurück. Wir können den Inhalt der Abfrage in das Datenmodell von Power BI laden und darauf Berichte erstellen.

KAPITEL 8

Erstellen von Spalten aus Beispielen

Power Query Mashup-Sprache

Wählen Sie in der Multifunktionsleiste von Power BI Desktop im Abschnitt *Abfragen* die Option *Start* und *Daten transformieren*, um das Fenster Power Query zu öffnen. In Abb. 8-1 habe ich die Abfrage *Employee* auf der linken Seite ausgewählt.

© Der/die Autor(en), exklusiv lizenziert an APress Media, LLC, ein Teil von Springer Nature 2023
M. Ehrenmueller-Jensen, *Self-Service AI mit Power BI*, https://doi.org/10.1007/978-1-4842-9383-6_8

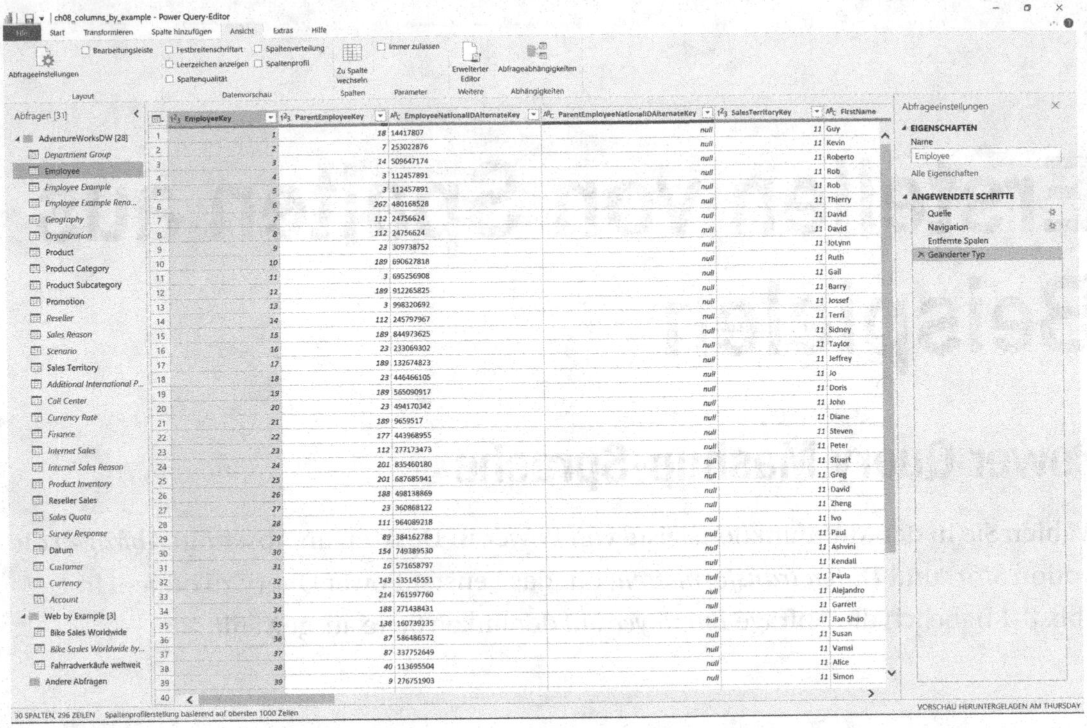

Abb. 8-1. *Power Query-Fenster mit Abfrage Employee*

Jede einzelne Transformation, die Sie in Power Query vornehmen, wird unter *Angewendete Schritte* in der aktuellen Abfrage beibehalten. Alle Schritte werden auf der rechten Seite des Bildschirms aufgelistet. Wenn Sie auf einen der Schritte klicken, sehen Sie die Ergebnisse der Abfrage mit allen Schritten, die bis zum ausgewählten Schritt angewendet wurden (aber ohne die restlichen Schritte). Dies hilft bei der Fehlersuche in einer Abfrage (z. B. wenn sie nicht das erwartete Ergebnis liefert). In einigen Fällen können Sie auf das Zahnradsymbol klicken, um den Assistenten (oder ein ähnliches Fenster), mit dem Sie den Schritt ursprünglich erstellt haben, wieder zu öffnen. Sie können einen Schritt, den Sie nicht mehr benötigen, ganz einfach loswerden, indem Sie auf das x-Symbol vor dem Namen des Schritts klicken – aber seien Sie vorsichtig, da dies nicht rückgängig gemacht werden kann (es sei denn, Sie schließen Power Query und verwerfen alle Änderungen).

Die Namen der Schritte werden automatisch ausgewählt (und bei mehreren Schritten mit derselben Art von Transformation nummeriert) und geben einen Hinweis darauf, welche Art von Transformation Sie angewendet haben. Hier ist die Liste aus Abb. 8-2:

- *Source (Quelle)*

- *Navigation*

- *Removed Column (Entfernte Spalten)*

- *Changed Type (Geänderter Typ)*

- *Inserted Text Before Delimiter (Eingefügter Text vor Begrenzungszeichen)*

- *Inserted Day Name (Eingetragener Tag Name)*

- *Added Custom Column (Benutzerdefinierte Spalte hinzugefügt)*

- *Inserted Merged Column (Eingefügte zusammengefasste Spalte)*

- *Added Conditional Column (Bedingte Spalte hinzugefügt)*

- *Inserted Merged Column1 (Eingefügt Zusammengefasste Spalte1)*

Es ist immer eine gute Idee, den allgemeinen Namen eines Schritts zu ändern, um genauer zu beschreiben, was der Schritt tut (z. B. den Namen der Spalte, die durch diesen Schritt erstellt wird). Sie können den Schritt umbenennen, indem Sie ihn entweder markieren und *F2* auf der Tastatur drücken oder mit der rechten Maustaste darauf klicken und *Umbenennen* wählen. Abb. 8-3 zeigt die umbenannten Schritte aus Abb. 8-2, die wie folgt lauten:

- *Entfernte Spalten - Foto und Verknüpfungstabellen entfernt*

- *Eingefügter Text vor Trennzeichen - Titel ohne Präfix*

- *Name des eingefügten Tages - Name des Wochentags der Einstellung*

- *Benutzerdefinierte Spalte - Mittelname mit Punkt*

- *Eingefügte zusammengefasste Spalte - VollständigerName*

- *Zusätzliche bedingte Spalte - Anrede*

- *Eingefügt Zusammengefasst Spalte1 - Kombiniert*

Die ersten beiden Schritte (*Quelle* und *Navigation*) sind besonders. Sie können die *Quelle* nur umbenennen, wenn Sie den *erweiterten Editor* öffnen (wie im nächsten Abschnitt beschrieben). Wenn Sie die *Navigation* im *erweiterten Editor* umbenennen, wird sie aus einem mir unbekannten Grund weiterhin als *Navigation* in den *angewandten Schritten* angezeigt. Daher bleibe ich in der Regel in beiden Fällen bei den vorgegebenen Namen. Auch den vierten Schritt (*Geänderter Typ*) habe ich nicht geändert, denn er sagt bereits, was er tut: Er ändert die Datentypen der Spalten in die entsprechenden Typen.

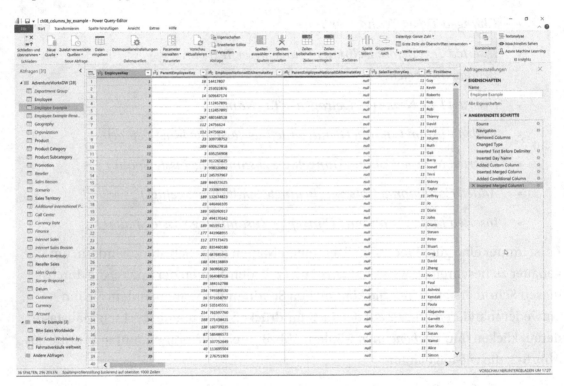

Abb. 8-2. *Power Query Employee-Beispiel mit angewandten Schritten mit generischen Namen*

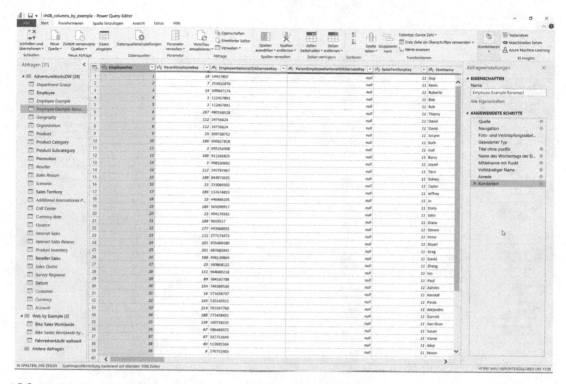

Abb. 8-3. *Power Query-Fenster zeigt umbenannte Angewandte Schritte in (duplizierter) Abfrage Employee Example Renamed*

Um den M-Code hinter einem Schritt zu sehen, haben Sie folgende zwei Möglichkeiten:

- Aktivieren Sie die *Bearbeitungsleiste* (wählen Sie im Menüband *Ansicht* und stellen Sie sicher, dass das Häkchen bei *Bearbeitungsleiste* gesetzt ist, wie in Abb. 8-4). Diese Leiste sieht ähnlich aus wie die DAX-Formelleiste in Power BI oder die Formelleiste in Excel (aber bitte verwechseln Sie die Syntax von Power Query M Language nicht mit DAX- oder Excel-Formeln). Sie können den ausgewählten Schritt der Abfrage direkt in der Leiste bearbeiten. Klicken Sie auf *x* (vor der Formelleiste), um Ihre Änderungen zu verwerfen, auf das Häkchen, um Ihre Änderungen zu bestätigen, oder auf *fx*, um einen neuen Schritt einzufügen.

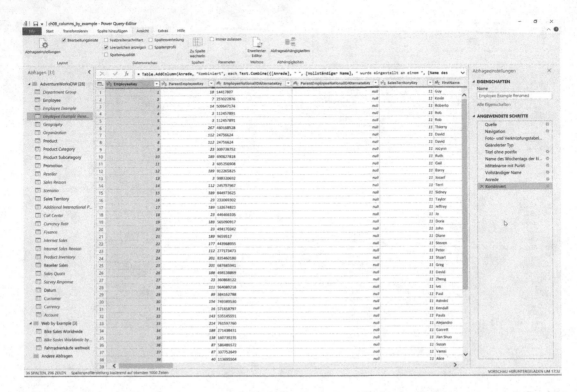

Abb. 8-4. *Power Query-Fenster mit aktivierter Bearbeitungsleiste*

- Öffnen Sie den *erweiterten Editor* (*Ansicht - Erweiterter Editor* in der
  Multifunktionsleiste). In den Anfangstagen von Power Query gab es
  den Witz, dass der Editor „*Erweiterter Editor*" heißt, weil der
  Benutzer ein fortgeschrittenes („erweitertes", „advanced") Niveau
  haben muss, um ihn zu benutzen. Das hat sich zum Besseren
  gewendet, aber der Editor ist immer noch keine vollständige IDE
  (integrierte Entwicklungsumgebung), wie Sie sie vielleicht aus
  anderen Sprachen kennen.

Wenn der Name des Schritts Leerzeichen oder Sonderzeichen enthält, wird der Name
des Schritts mit #" am Anfang und " am Ende maskiert, so dass er für Anfänger leider
ungewohnt zu lesen ist.

Sie können die gesamte Abfrage (alle Schritte) auf einmal bearbeiten, was für
Massenbearbeitungen nützlich ist. Manchmal kopiere ich die gesamte Abfrage in einen
Texteditor und suche und ersetze Namen von Spalten, was schneller sein kann als die
Bearbeitung einzelner Codezeilen in Power Query (Abb. 8-5).

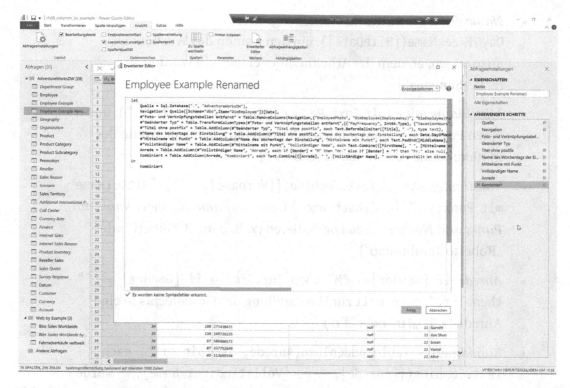

Abb. 8-5. *Power Query mit erweitertem Editor*

Hinzufügen einer benutzerdefinierten Spalte

Die Fälle, in denen Sie aktiv Code in der Mashup-Sprache von Power Query schreiben
oder ändern werden, sind wahrscheinlich selten, da die Benutzeroberfläche
(Menüband/Menüleiste) alle verfügbaren Funktionen nur einen Mausklick entfernt
bietet. Die häufigste Situation, in der M verwendet wird, ist das Hinzufügen einer neuen
Spalte nach bestimmten Anforderungen, die im Menü nicht angeboten werden (oder
nicht sofort zu finden sind). Hier folgt der M-Code für die Spalten, die in den in der
Abfrage *Mitarbeiterbeispiel umbenannt* besprochenen *Anwendungsschritten*
erstellt wurden:

- *Titel ohne Präfix*: `Text.BeforeDelimiter([Titel], " -")`, um die
  optionalen Postfixe in der Spalte *Titel* zu entfernen
  (z. B. „Produktionsleiter" oder „Produktionstechniker" – ohne den
  Text „WC60" oder „WC10" am Ende)

- *Name des Wochentags der Einstellung*: `Date.DayOfWeekName([HireDate])`, um den Namen des Wochentags anzuzeigen, an dem der Arbeitnehmer eingestellt wurde (z. B. „Samstag")

- *Mittelname mit Punkt*: `Text.PadEnd([MiddleName], 2, ".")`, um einen Punkt nach dem mittleren Namen hinzuzufügen, wenn der mittlere Name vorhanden ist (z. B. „R.")

- *VollständigerName*: `Text.Combine({[Vorname], " ", [Mittelname mit Punkt], " ", ([Nachname]})`, um *Vorname, MittlererName mit Punkt* und *Nachname zu* kombinieren (z. B. „Guy R. Gilbert" oder „Roberto Tamburello")

- *Anrede*: `if [Gender] = "M" then "Hr." else if [Gender] = "F" then "Fr." else null` zur Umwandlung des Geschlechts in eine Anrede (z. B. „Hr." oder „Fr.")

- *Kombiniert*: `= Table.AddColumn(Anrede, "Kombiniert", each Text.Combine({[Anrede], " ", [Vollständiger Name], " wurde eingestellt an einem ", [Name des Wochentags der Einstellung], " und hatte bislang ", Text.From([VacationHours], "en-US"), " Urlaubsstunden."}), type text)`, um einige der neuen Spalten zu einem vollständigen englischen Satz zu kombinieren (z. B. „Hr. Guy R. Gilbert wurde eingestellt an einem Samstag und hatte bislang 21 Urlaubsstunden.").

Spalten aus Beispielen

Das Erlernen einer neuen Sprache ist nicht einfach, und Power Query Mashup Language bildet da keine Ausnahme, wie Sie vielleicht im vorherigen Abschnitt festgestellt haben. Glücklicherweise gibt es eine Möglichkeit, eine neue Spalte zu erstellen, ohne M einzugeben, indem Sie Power Query einfach mitteilen, wie das Ergebnis aussehen soll. In erstaunlich vielen Fällen erkennt Power Query, wonach Sie suchen, und erstellt die richtige Formel in M für Sie.

Damit Power Query die Logik erkennen kann, empfehle ich, die vorhandenen Spalten auszuwählen, auf denen die neue Spalte basieren soll (durch Klicken auf die

Spaltenüberschriften bei gedrückter Strg-Taste auf der Tastatur können Sie mehrere Spalten auswählen) und *Spalte hinzufügen - Spalte aus Beispielen* und *Aus Auswahl* (statt *Aus allen Spalten*) zu wählen. Alle Beispiele aus dem vorangegangenen Abschn. „Hinzufügen einer benutzerdefinierten Spalte" können als *„Spalte aus Beispielen"* erstellt werden, wie im Folgenden beschrieben:

- In einem Beispiel, das auf der Spalte *Titel* basiert, habe ich in der ersten Zeile Produktionstechniker eingegeben. Alle Titel wurden dann nach den ersten beiden Wörtern gekürzt. Ich habe auf Senior Tool in der vierten Zeile doppelgeklickt und es zu Senior Tool Designer korrigiert. Daraufhin wurde die korrekte Logik übernommen. Ich benannte die Spalte *Titel ohne Postfix* (nachdem ich auf den Spaltennamen doppelgeklickt hatte) und drückte OK (Abb. 8-6).

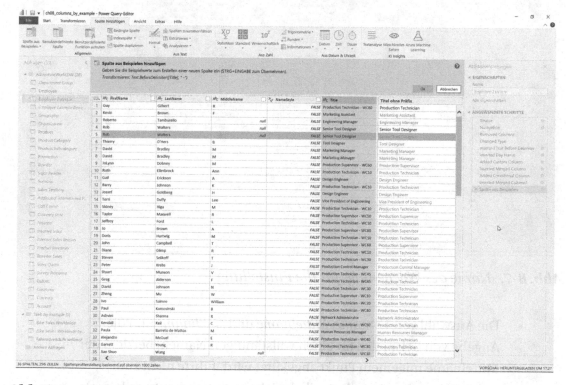

Abb. 8-6. *Titel ohne Postfix*

- Die Ermittlung des Wochentags für ein bestimmtes Datum (in meinem Beispiel: *HireDate*) ist einfacher, als Sie vielleicht erwarten. Wenn Sie auf das erste Beispiel doppelklicken, wird eine ganze Liste

mit verschiedenen Datumsformaten vorgeschlagen: *Alter, Tag,*
Wochentag, Name des Wochentags, Tag des Jahres, Tag im Monat,
Monat, Name des Monats, Quartal des Jahres, Woche des Monats, und
mehrere Start- und Enddaten (*Monat, Quartal, Woche* oder *Jahr*)
werden angeboten. Ich habe einfach den *Samstag (Wochentag Name*
aus HireDate) aus der Liste ausgewählt. In Abb. 8-7 sehen Sie alle
verfügbaren Auswahlmöglichkeiten.

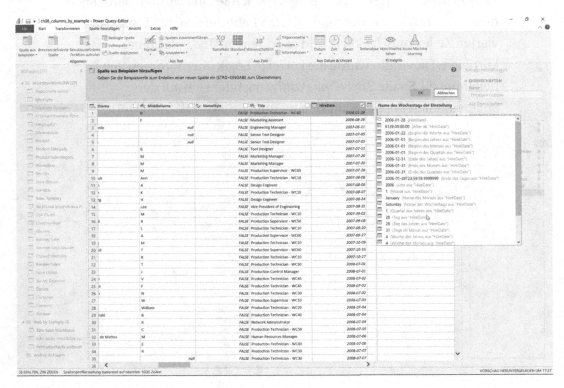

Abb. 8-7. *Name des Wochentags für die Einstellung*

- Die Auswahl von *Vorname, Mittelname* und *Nachname* und die
  Angabe von Beispielen für einen vollständigen Namen, bei dem der
  Mittelname mit einem Punkt abgekürzt wird, führte nicht zum
  gewünschten Ergebnis. Daher habe ich die Aufgabe aufgeteilt in a)
  Hinzufügen eines Punktes zum mittleren Namen, wo dies angebracht
  ist (neue Spalte *MittelName mit Punkt*) und b) Kombinieren dieser
  Spalte (anstelle von *MittelName*) mit *Vorname* und *Nachname*.

Für *Mittelname mit Punkt* habe ich nur zwei Beispiele gegeben: eines für die erste Zeile (R.) und eines zur Korrektur von Ann. (mit einem Punkt am Ende) zu Ann (ohne Punkt am Ende). Das erfolgreiche Ergebnis können Sie in Abb. 8-8 sehen.

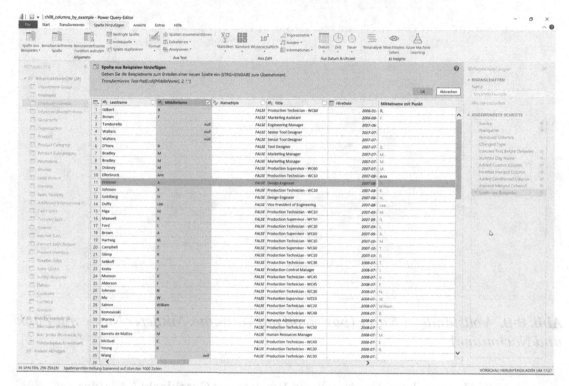

Abb. 8-8. *Mittelname mit Punkt*

- *Vollständiger Name* schließlich basierte einfach auf den Beispielen für die drei Spalten *FirstName*, *Mittelname mit Punkt* und *LastName*, und ich musste nur ein einziges Beispiel angeben, bis Power Query das Gesuchte gefunden hatte (Abb. 8-9).

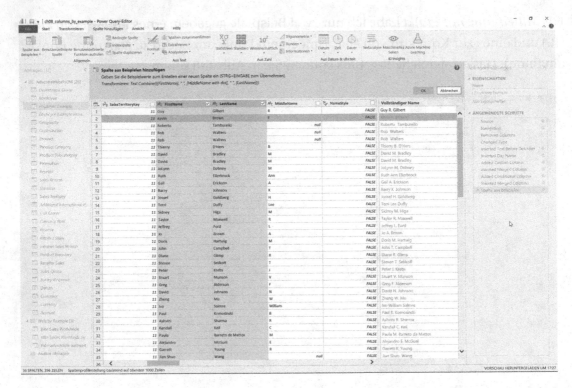

Abb. 8-9. *Vollständiger Name (basierend auf Vorname, Mittlerer Name mit Punkt und Nachname)*

- Die Umwandlung der einstelligen Version von Geschlecht („F" oder „M") in eine Anrede ist einfach: Geben Sie als Beispiel `Fr.` für eine Zeile mit „F" und `Hr.` für eine Zeile mit „M" ein (Abb. 8-10).

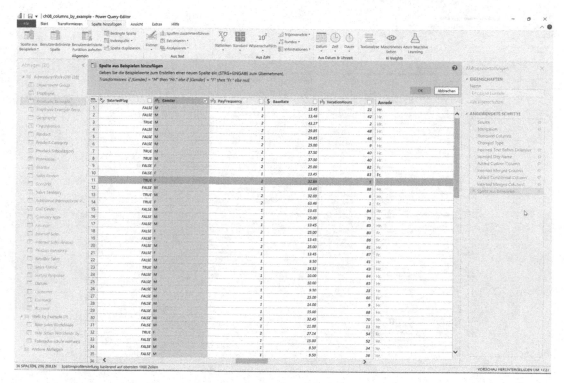

Abb. 8-10. *Anrede*

- Im letzten Beispiel habe ich *Anrede, vollständiger Name, Tag der Einstellung, Name des Wochentags der Einstellung* und *VacationHours* zu einem einzigen englischen Satz zusammengefasst. Für die erste Zeile war dies `Hr. Guy R. Gilbert wurde eingestellt an einem Samstag und hatte bislang 21 Urlaubsstunden.`. Da mir keine gute Idee für den Namen der Spalte einfiel, behielt ich den allgemeinen Namen *Kombiniert* bei (Abb. 8-11).

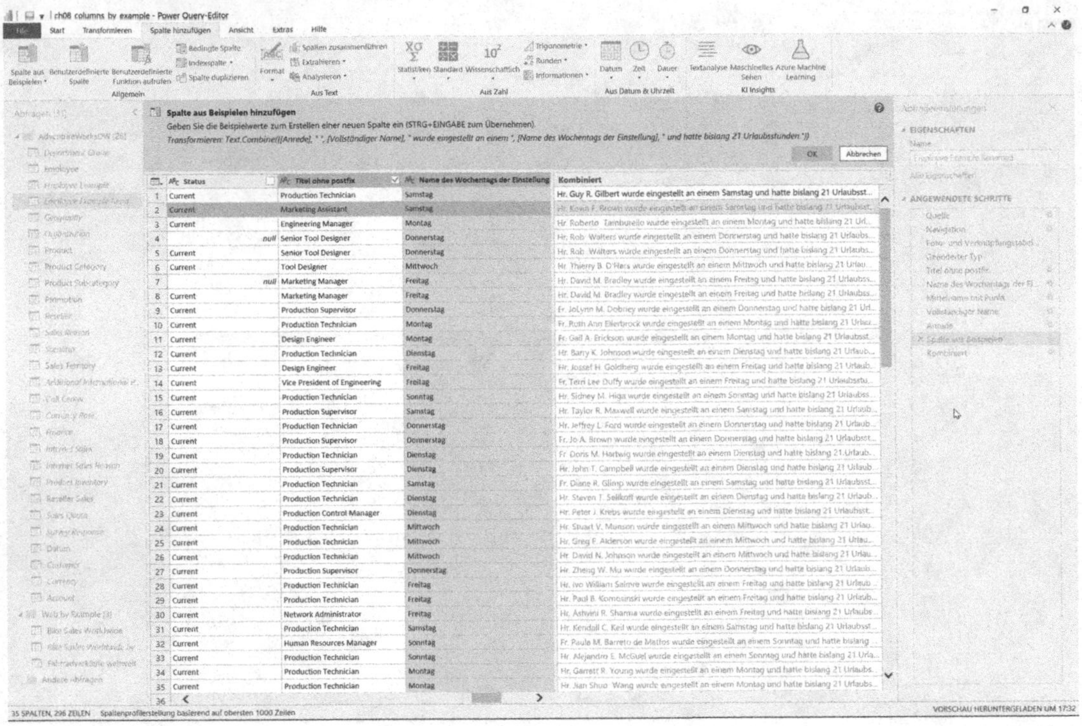

Abb. 8-11. *Kombiniert*

Achtung   Bitte überprüfen Sie immer sowohl den Code als auch alle Zeilen im Abfrageergebnis, um sicherzustellen, dass die Formel in allen Fällen funktioniert, und nicht nur in den ersten paar Zeilen, die Sie sehen können. Es besteht immer die Möglichkeit, dass Power Query die Logik falsch versteht (z. B. sucht es nicht nach dem ersten Zeichen nach einem Leerzeichen, sondern nach dem fünften Zeichen im Text, weil in allen Beispielen das Leerzeichen an der vierten Stelle stand).

Web-Scraping

„Web-Scraping" ist der Begriff für die Verwendung einer Webseite als Datenquelle. In Power Query können Sie *Daten* aus dem *Web abrufen*. Ich zeige Ihnen zunächst den klassischen Ansatz (bei dem Power Query die Webseite für Sie analysiert, um Datentabellen zu ermitteln), und im nächsten Abschnitt („Web nach Beispiel") zeige ich, wie Sie Beispiele für das, was Sie interessiert, bereitstellen können (ähnlich wie im vorherigen Abschnitt über „Spalte nach Beispiel").

Unter `https://nbda.com/bicycle-industry-data-overview/` (mit der ich in keiner Weise verbunden bin) habe ich Statistiken über verkaufte Fahrräder zwischen 1981 und 2015 gefunden. Für die Beispieldatenbank *AdventureWorksDW* passt das perfekt, denn wir haben für dieses fiktive Unternehmen Bestellmengen von Fahrrädern, die zwischen 2010 und 2013 verkauft wurden. Wenn wir die Daten von der Webseite laden, können wir die Leistung von *AdventureWorks* im Vergleich zum Weltmarkt zeigen.

Hier sehen Sie, wie Sie Daten von der genannten Webseite laden:

- Wählen Sie in Power Query im Menü *Start - Neue Quelle - Web*. Wenn Sie Power Query nicht geöffnet haben, erreichen Sie dasselbe in Power BI, indem Sie im Menüband *Startseite - Daten abrufen - Web* wählen.

- Geben Sie die URL (wie eben erwähnt) der Webseite ein. Das war's für öffentliche Webseiten. In besonderen Fällen können Sie auf die Optionsschaltfläche *Erweitert* klicken (siehe Abb. 8-12), um einen optionalen Befehls-Timeout- oder *HTTP-Anfrage-Header-Parameter* festzulegen. Im Modus *Erweitert* können Sie die URL auch mit einer Kombination aus fest eingegebenem Text und Power Query-Parametern erstellen. Klicken Sie auf *OK*.

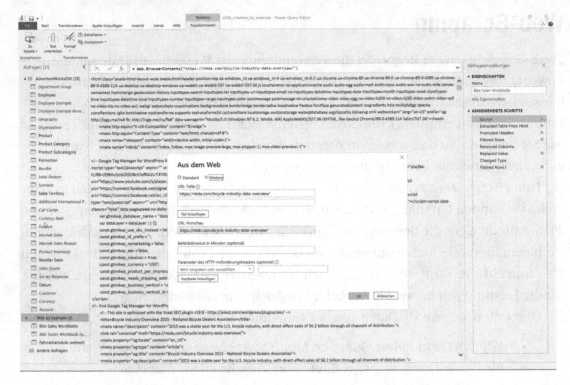

Abb. 8-12. *Erweiterte Option neben der Basis-URL*

- Im nächsten Schritt stellen Sie die Option ein, wie Sie sich gegenüber der Webseite identifizieren wollen. Auf öffentliche Webseiten kann anonym zugegriffen werden. In anderen Fällen müssen Sie den Eigentümer der Webseite nach den Anmeldedaten und dem erforderlichen Authentifizierungsmodus fragen. Klicken Sie auf *Verbinden.*

Ihre Auswahl wird von Power Query gespeichert. Wenn Sie diese Auswahl später ändern müssen, gehen Sie zu *Datei - Optionen und Einstellungen - Datenquelleneinstellungen*, wählen Sie die Datenquelle (d. h. die URL) und klicken Sie auf *Berechtigungen bearbeiten*, um sie direkt zu ändern. Wenn Sie stattdessen auf *Berechtigung löschen* klicken, vergisst Power Query die Authentifizierungseinstellung. Wenn Sie das nächste Mal von der Datenquelle aus aktualisieren oder eine neue Abfrage auf dieser Datenquelle starten, erscheint wieder das Dialogfeld aus Abb. 8-13.

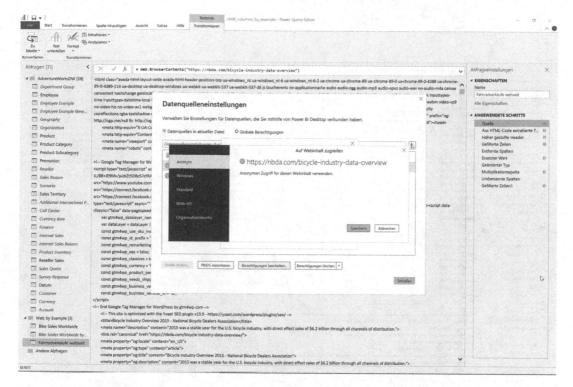

Abb. 8-13. *Verschiedene Optionen, um sich mit dem Webinhalt zu identifizieren*

- Power Query verbindet sich nun mit der Webseite und sucht nach Daten in Tabellenform. In meinem Fall fand es drei Tabellen. Es wurden drei *HTML-Tabellen* (von Power Query allgemein als *Tabelle 1, Tabelle 2* und *Tabelle 3* bezeichnet, da der HTML-Code keine Namen enthält) und eine *vorgeschlagene Tabelle* (mit dem Namen *Tabelle 4*) gefunden. Wenn Sie auf den Namen der Tabelle klicken, sehen Sie eine Vorschau auf der rechten Seite des Fensters. Die Vorschau kann zwischen der *Tabellenansicht* und der *Webansicht* umgeschaltet werden. Die *Tabellenansicht* zeigt die Daten in tabellarischer Form (was ich bevorzuge, um herauszufinden, ob die Tabelle die gesuchten Daten enthält, wie in Abb. 8-14 zu sehen ist). Die *Webansicht* zeigt den Inhalt der gesamten Webseite (was hilfreich ist, um sich über den Gesamtinhalt der Webseite zu orientieren).

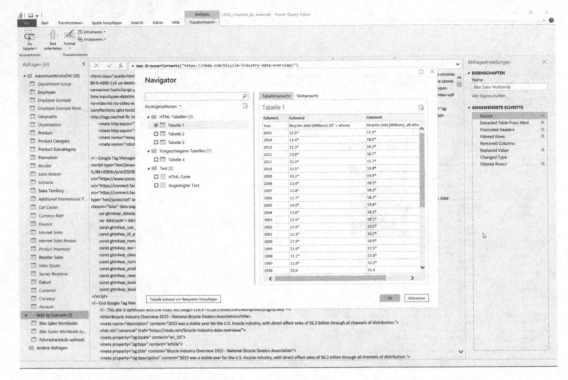

Abb. 8-14. *Navigieren zur Tabelle mit dem richtigen Inhalt*

Tabelle 1 enthält die von mir gesuchten Statistiken über die weltweiten Fahrradverkäufe. Bitte setzen Sie das Häkchen bei *Tabelle 1* und klicken Sie dann auf *OK*.

- Zurück im Power Query-Fenster sollten Sie der Abfrage einen passenden Namen geben (anstelle der allgemeinen *Tabelle 1*). Ich habe sie in *Fahrradverkäufe weltweit* umbenannt (Abb. 8-15).

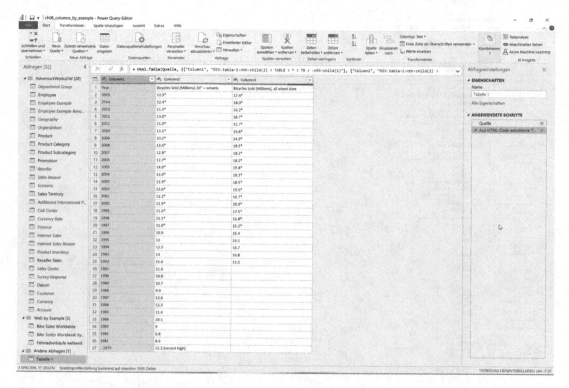

Abb. 8-15. *Ergebnis für Abfrage Fahrradverkäufe weltweit*

Sobald die Daten geladen sind, gibt es keinen Unterschied mehr, aus welcher
Datenquelle die Daten stammen. Alle Funktionen von Power Query (und Power BI) sind
verfügbar. Um die neu hinzugefügten *Fahrradverkäufe weltweit* im Datenmodell
verfügbar zu machen, würde ich die folgenden Schritte durchführen:

- *Transformieren - Erste Zeile als Überschriften verwenden,* wie in
  Abb. 8-16 (wodurch der Schritt *Höher gestufte Header* in die Liste der
  angewandten Schritte aufgenommen wird)

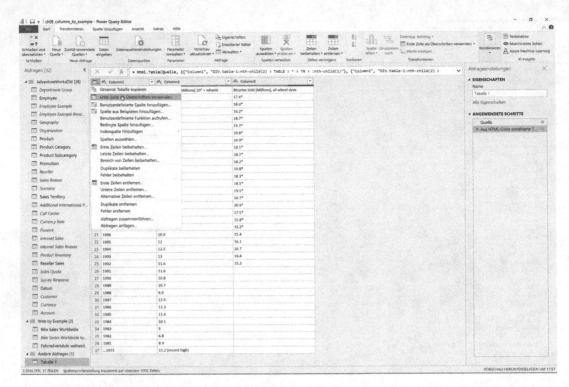

Abb. 8-16. *Erste Zeile als Überschrift verwenden*

- Klicken Sie auf das Kontextmenü (kleines Dreieck) der Spalte *Year* und deaktivieren Sie ... *1973* (Abb. 8-17).

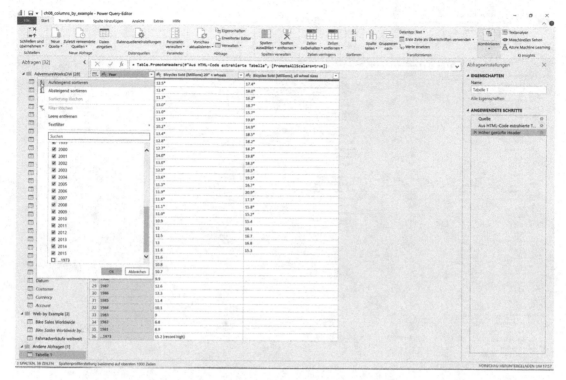

Abb. 8-17. *Filter auf Spalte Jahr*

- Klicken Sie mit der rechten Maustaste auf die Spalte *Bicycles Sold (Millions) 20″ + wheels* und wählen Sie *Entfernen* (da wir diese Werte nicht benötigen), wie in Abb. 8-18 dargestellt.

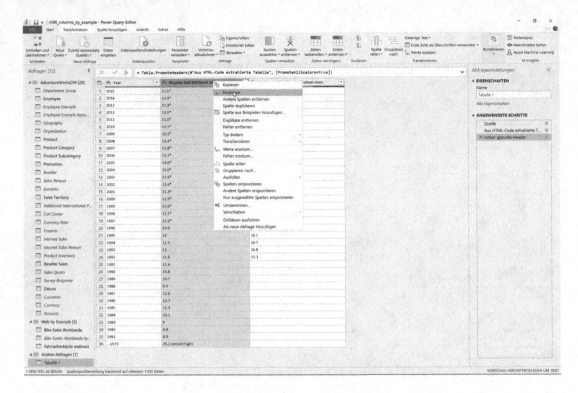

Abb. 8-18. *Spalte Bicycles Sold (Millions) 20″ + wheels entfernen*

- Klicken Sie mit der rechten Maustaste auf *Bicycles Sold (Millions), all wheel sizes*, und wählen Sie *Werte ersetzen*. Geben Sie bei *Zu suchender Wert* * ein und lassen Sie *Ersetzen durch* leer, wie in Abb. 8-19 gezeigt. Klicken Sie auf *OK*, um das Sternchen loszuwerden.

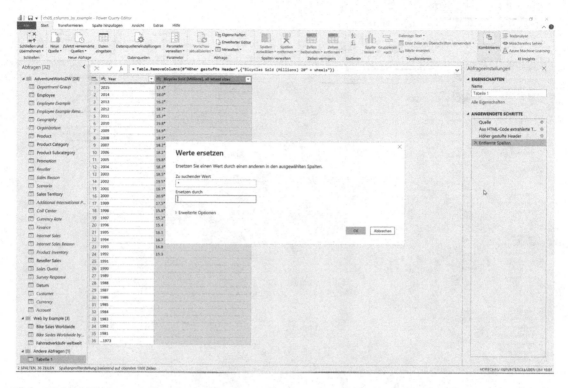

Abb. 8-19. *Ersetzen des Sternchens in der Spalte Bicycles Sold (Millions), all wheel sizes*

- Klicken Sie auf *ABC* links neben dem Spaltennamen *Year*, um den
  Datentyp in *Ganze Zahl* zu ändern (Abb. 8-20). Führen Sie dasselbe
  für die zweite Spalte durch, um ihren Datentyp in *Feste Dezimalzahl*
  zu ändern. Falls Sie für *2015* nicht *17,40*, sondern *174* erhalten, stellen
  Sie sicher, dass Sie entweder in einem vorherigen Schritt den
  Dezimalpunkt durch ein Dezimalkomma ersetzen oder in den
  Regionaleinstellungen für die *aktuelle Datei* (unter *Datei - Optionen
  und Einstellungen - Optionen*) die Option *Lokal für den Import* auf
  eine Einstellung ändern, bei der ein Punkt als Dezimaltrennzeichen
  verwendet wird (z. B. *Englisch (Vereinigte Staaten)*), und aktualisieren
  Sie Ihre Abfrage, um die neue Einstellung anzuwenden.

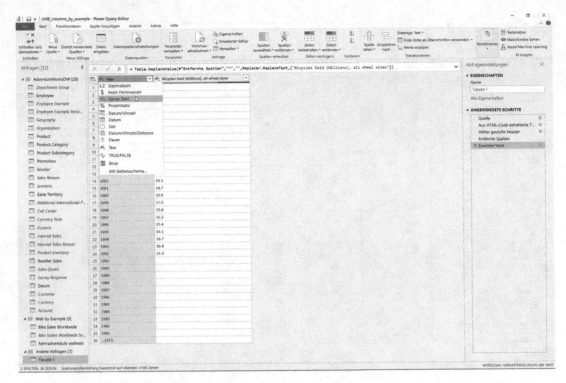

Abb. 8-20. *Datentyp der Spalte Jahr ändern*

- Wählen Sie *Bicycles Sold (Millions), all wheel sizes* und wählen Sie *Transformieren - Standard* (im Bereich *Zahlenspalten*) und *Multiplizieren* (Abb. 8-21). Geben Sie 1000000 (eine Million) ein und klicken Sie auf *OK*.

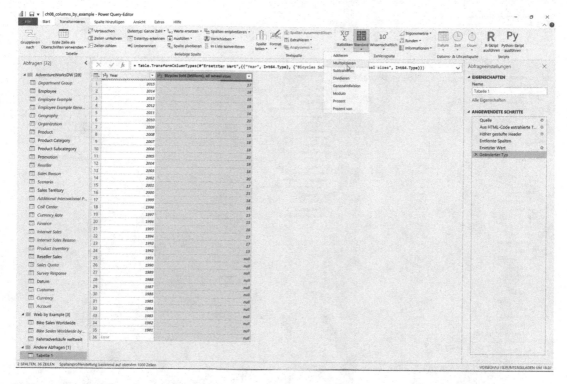

Abb. 8-21. *Multiplizieren Sie den Inhalt der Zeile Bicycles Sold (Millions), all wheel sizes*

- Benennen Sie die Spalte *Year* in *Jahr* und *Bicycles Sold (Millions), all wheel sizes* in *Weltweit verkaufte Fahrräder* um (durch Rechtsklick auf den Spaltennamen wie in Abb. 8-22).

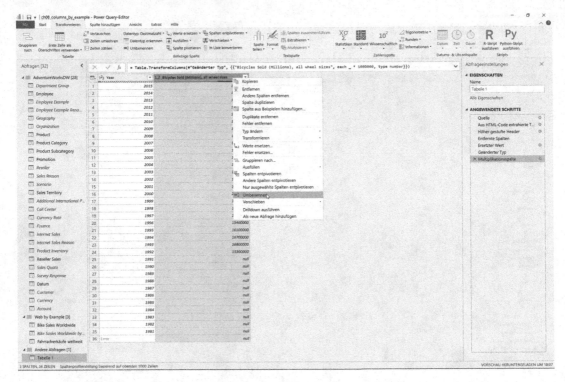

Abb. 8-22. *Spalte umbenennen in Fahrradverkäufe weltweit*

- Wahlweise: Klicken Sie auf das Dreieck rechts neben dem Spaltennamen für *Jahr* und wenden Sie den folgenden *Zahlenfilter* an: *Größer als oder gleich* dem Jahr *2010*.

Das Endergebnis aller Schritte sehen Sie in Abb. 8-23.

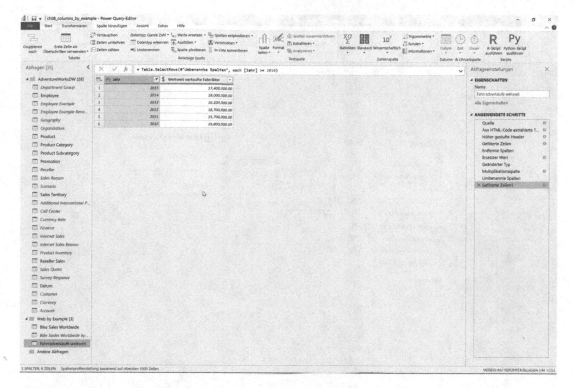

Abb. 8-23. *Ergebnis für Abfrage Fahrradverkäufe weltweit*

Nachdem Sie *Start - Schließen & Anwenden* gewählt haben, wird die neue Abfrage als Tabelle zum Power BI-Datenmodell hinzugefügt. Vergessen Sie nicht, eine Filterbeziehung zwischen der Spalte *Jahr* in der Tabelle *Fahrradverkäufe weltweit* und der Spalte *Kalenderjahr* in der Tabelle *Datum* hinzuzufügen (in Power BI in der Modellansicht; Abb. 8-24).

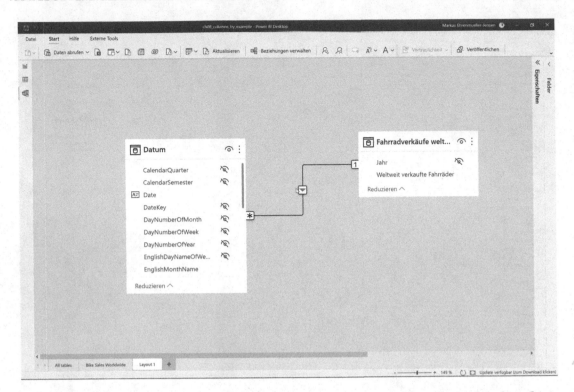

Abb. 8-24. *Hinzufügen einer Filterbeziehung zwischen der Spalte Kalenderjahr in der Tabelle Datum und der Spalte Jahr in der Tabelle Fahrradverkäufe weltweit*

Dies ist eine besondere Beziehung. Da wir mehrere Daten mit demselben *Kalenderjahr* in der Tabelle *Datum,* aber nur eine Zeile pro *Jahr* in der Tabelle *Fahrradverkäufe weltweit* haben, ist die Beziehung eine viele-zu-eins-Beziehung von *Datum* zu *Fahrradverkäufe weltweit.* Daher ist die Standardfilterrichtung so, dass *Fahrradverkäufe weltweit* die Tabelle *Datum* filtert (wie in Abb. 8-24 gezeigt). Dies macht in unserem Fall keinen Sinn, da wir Filter in der Tabelle *Datum* anwenden, die z. B. an die Tabelle *Reseller Sales* weitergeleitet werden und nicht umgekehrt. Damit die Filter aus der Tabelle *Datum* in die Tabelle *Fahrradverkäufe weltweit* gehen, müssen Sie die Filterrichtung in diesem Fall auf *Beides* ändern. Doppelklicken Sie auf die Linie, die die Filterbeziehung darstellt, und ändern Sie die Auswahl in Kreuz*filterrichtung* von *Einfach* auf *Beide* (Abb. 8-25). Seien Sie bitte vorsichtig mit der Filterrichtung *Beide* in anderen Anwendungsfällen, da Sie früher oder später einen mehrdeutigen Filterpfad in Ihrem Modell haben könnten (Abb. 8-26).

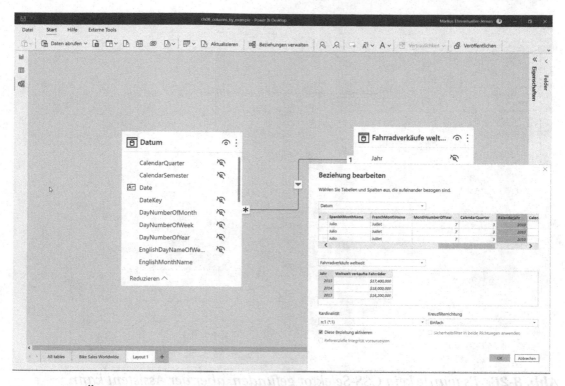

Abb. 8-25. *Ändern Sie die Richtung des Kreuzfilters auf Beide (nur in diesem Fall)*

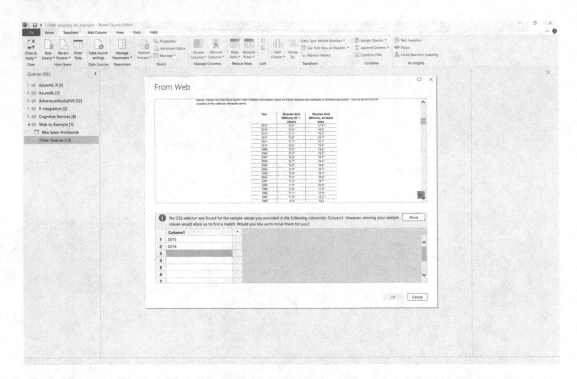

Abb. 8-26. *Es wurde kein CSS-Selektor gefunden, aber der Assistent kann Ihnen helfen*

Danach können Sie Berichte erstellen, die sowohl die Fahrradverkäufe des Unternehmens *AdventureWorks* als auch die Zahlen des Weltmarktes zeigen.

Hinweis   Das Zusammenführen von Daten aus verschiedenen Quellen ist eine der Stärken von Power Query. Bitte beachten Sie jedoch, dass für externe Datenquellen, wie z. B. eine Webseite, möglicherweise keine Service-Level-Vereinbarung besteht. Niemand kann oder wird Ihnen garantieren, dass die Seite jedes Mal verfügbar sein wird, wenn Sie Ihr Power BI-Datenmodell aktualisieren möchten. Was jetzt öffentlich und kostenlos verfügbar ist, kann sich später in eine Webseite verwandeln, die Sie nach einem Abonnementschlüssel fragt oder offline ist. Die Struktur der Webseite kann sich jederzeit ändern. Die Möglichkeiten für Änderungen sind zahlreich: Name der URL oder der Unterseiten, Name der Spalten der HTML-Tabelle, Position und Struktur der HTML-Elemente usw. Und jede dieser Änderungen führt wahrscheinlich dazu, dass Ihre Power Query nicht mehr funktioniert (sie liefert einen Fehler statt des gewünschten Abfrageergebnisses).

Dies gilt auch für unser Beispiel. Zum Zeitpunkt der Erstellung dieses Buches funktionierte das Beispiel einwandfrei. Aber weder der Autor noch der Verlag können garantieren, dass dieses Beispiel zum Zeitpunkt der Lektüre dieses Buches noch funktioniert. Und für diese deutsche Ausgabe habe ich tatsächlich das Beispiel ein wenig anpassen müssen, weil sich die URL geändert hatte.

Web als Beispiel

Der clevere Weg, um Daten von einer Webseite zu holen, ist, Beispiele dafür zu geben, was Sie von der Webseite benötigen (ähnlich wie bei der Funktion *„Spalte aus Beispielen“*). Befolgen Sie diese Schritte (die ersten, *kursiv* gedruckten, sind die gleichen wie im vorherigen Abschnitt):

- Wählen Sie in Power Query im Menü *Start - Neue Quelle - Web*. Wenn Sie Power Query nicht geöffnet haben, erreichen Sie dasselbe in Power BI, indem Sie im Menüband *Start - Daten abrufen - Web* wählen.

- Geben Sie die URL (wie oben erwähnt) der Webseite ein. Das war's für öffentliche Webseiten. In besonderen Fällen können Sie auf die Optionsschaltfläche *Erweitert* klicken (siehe Abb. 8-12), um einen optionalen Befehls-Timeout- oder HTTP-Anfrage-Header-Parameter festzulegen. Im Modus *Erweitert* können Sie die URL auch mit einer Kombination aus fest eingegebenem Text und Power Query-Parametern erstellen. Klicken Sie auf OK.

- Im nächsten Schritt stellen Sie die Option ein, wie Sie sich gegenüber der Webseite identifizieren wollen. Auf öffentliche Webseiten kann anonym zugegriffen werden. In anderen Fällen müssen Sie den Eigentümer der Webseite nach den Anmeldedaten und dem erforderlichen Authentifizierungsmodus fragen. Klicken Sie auf Verbinden.

Ihre Auswahl wird von Power Query gespeichert. Wenn Sie diese Auswahl später ändern müssen, gehen Sie zu *Datei - Optionen und Einstellungen - Datenquelleneinstellungen*, wählen Sie die Datenquelle (z. B. die URL) und klicken Sie auf *Berechtigungen bearbeiten*, um sie direkt zu ändern. Wenn Sie stattdessen auf *Berechtigung löschen* klicken, vergisst Power Query die Authentifizierungseinstellung. Wenn Sie das nächste Mal von der Datenquelle aus aktualisieren oder eine neue Abfrage auf dieser Datenquelle starten, erscheint wieder das Dialogfeld aus Abb. 8-13.

- Im Navigator-Fenster (Abb. 8-14) ignorieren wir alle Optionen und klicken auf die Schaltfläche *Tabelle hinzufügen mit Beispielen* links unten im Fenster.

- Scrollen Sie in der Vorschau der Webseite nach unten zu dem Abschnitt, der Sie interessiert (die Tabelle mit der Spalte *Bicycles Sold (Millions), all wheel sizes*), um sich zu orientieren. Ich habe dann 2015 und 2014 in die leeren Zeilen unter *Spalte1* eingegeben. „Kein CSS Selector konnte für die zur Verfügung gestellten Beispielwerte für Column1 gefunden werden. Wenn die Beispiele auf eine andere Spalte angewendet werden, kann etwas gefunden werden. Sollen wir die Beispiele auf eine andere Spalte anwenden?" (Abb. 8-26).

- In der rechten Spalte (mit Sternchen) doppelklicken Sie und beginnen Sie mit dem Schreiben 17.4* (Abb. 8-27). Sobald Sie die Eingabetaste auf der Tastatur drücken, werden die richtigen Zahlen in die Tabelle gebracht (mit der Überschrift in der ersten Zeile, die wir in einem späteren Schritt lösen). Bitte verzichten Sie darauf, die Spaltenüberschriften in der ersten Zeile umzubenennen oder das Format des Inhalts zu ändern (z. B. 17400000 statt 17,4*); diese Transformationen werden in späteren Schritten in Power Query vorgenommen. Wir wollen *Web by Example* nicht mit Transformationen überfrachten. Verwenden Sie es, um die Daten so zu laden, wie sie sind.

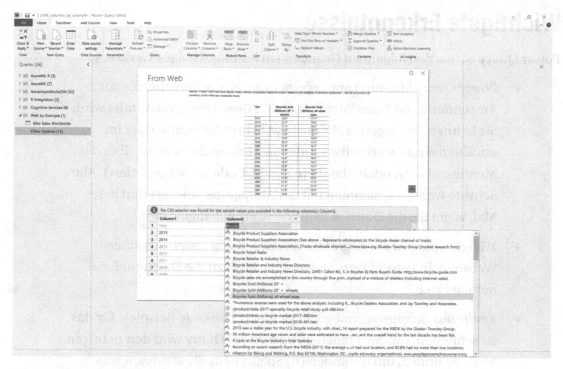

Abb. 8-27. *Hinzufügen der zweiten Spalte durch Auswahl aus den vorgeschlagenen Werten*

- Klicken Sie auf *OK* und wählen Sie im Navigator-Fenster die neu erstellte *Tabelle 4* aus und klicken Sie auf *Daten transformieren* (in Power BI) oder *OK* (in Power Query), um die Bereinigung des Inhalts dieser Tabelle abzuschließen. Sie können die gleichen Schritte anwenden, die wir bereits im vorherigen Kapitel durchgeführt haben (Bereinigung der Spalten, Laden der Abfrage als Tabelle und Erstellen einer Filterbeziehung im Power BI-Modell, wie im Abschn. „Web-Scraping" beschrieben).

Im vorangegangenen Beispiel haben wir das gleiche Ergebnis mit einem vergleichbaren Aufwand erzielt. Je nach Komplexität des Codes der Webseite kann der Aufwand natürlich variieren. Das heißt, ich hatte reale Fälle, in denen die einfachen Webdaten zu keiner sinnvollen Möglichkeit führten, den Inhalt der Webseite zu laden, weil keine (HTML-)Tabelle gefunden wurde, aber *Web by Example* half mir, die im Code der Webseite „verstreuten" Teile zu verbinden.

Wichtigste Erkenntnisse

Power Query ist aus den folgenden Gründen ein leistungsfähiges Werkzeug:

- Power Query Mashup Language, oder M, ist die Sprache, die zur Anwendung von Transformationen in Power Query verwendet wird. Sie können Ihre eigenen Skripte in M Schritt für Schritt oder im *erweiterten Editor* schreiben. Oder Sie können die Schritte über das Menüband anwenden (das dann den M-Code für Sie generiert). Alle Schritte werden zusammen mit der Abfrage gespeichert und jedes Mal, wenn Sie die Daten aktualisieren, erneut angewandt.

- *Web-Scraping* ist der Begriff für das Laden von Daten aus einer Webseite. In Power Query verwenden Sie dazu die Datenquelle namens *Web*.

- *Spalte aus Beispielen* ermöglicht es Ihnen, konkrete Beispiele für das zu schreiben, was Sie brauchen, und Power Query wird den richtigen M-Code finden, um die andere(n) Spalte(n) in diese umzuwandeln.

- Mit *Web by Example* können Sie konkrete Beispiele für Ihre Anforderungen schreiben, und Power Query liefert den richtigen M-Code, um den Inhalt der Webseite in diesen umzuwandeln.

## KAPITEL 9

Ausführen von R- und Python-Visualisierungen

R und Python

Beide Sprachen sind bei Datenwissenschaftlern sehr beliebt. Es scheint, dass man maschinelles Lernen nichttrainieren kann, ohne mindestens eine dieser beiden Sprachen zu lernen. Die meisten Leute, die ich bisher kennengelernt habe, bevorzugen allerdings deutlich die eine gegenüber der anderen (um diese Tatsache so höflich wie möglich auszudrücken). Beide Sprachen (und Pakete) sind quelloffen und frei zu verwenden. Es gibt jede Menge Bücher über R und Python, für Anfänger bis zu Fortgeschrittenen.

Ich gehe davon aus, dass Sie, lieber Leser, bereits etwas Erfahrung mit R und/oder Python haben, aber die Beispiele sind so einfach wie möglich. Ich habe versucht, ein funktionierendes Beispiel zu finden, ohne zu viel Code oder zu viele Parameter einzuführen. Betrachten Sie die Beispiele nicht als perfekten Code, um sie in der Produktion einzusetzen, sondern eher als Ausgangspunkt, um Ihnen Ideen zu geben, was Sie tun können. Das primäre Ziel dieses Buches ist es, zu zeigen, was Sie mit Power BI Desktop erreichen können, und nicht so sehr, was Sie mit R oder Python erreichen können.

Beide Sprachen haben folgende Gemeinsamkeiten:

- Starke Fähigkeiten zur Arbeit mit Daten und zur Implementierung von Algorithmen des maschinellen Lernens (ML) durch die Verwendung von einfach zu installierenden Add-Ins (sogenannte Pakete oder Bibliotheken)

- Open Source, mit einer aktiven Gemeinschaft, die die Sprache und die Pakete vorantreibt

- Kostenlose Nutzung – perfekte Ergänzung zu Power BI Desktop, das ebenfalls kostenlos genutzt werden kann

- Interpretierte Sprachen (wie die anderen Sprachen der Business Intelligence: DAX, M, SQL, MDX)

- In R und Python wird die Groß- und Kleinschreibung beachtet (im Gegensatz zu DAX, SQL und MDX). Wenn Sie eine Fehlermeldung erhalten, prüfen Sie, ob es daran liegt, dass Sie die Groß- und Kleinschreibung falsch geschrieben haben (z. B. `as.Date()` vs. `as.date()` in R).

Ich habe einige der Visualisierungen aus Kap. 5 („Hinzufügen intelligenter Visualisierungen") ausgewählt und sie sowohl in R als auch in Python nachgebaut. Bevor wir jedoch in Power BI herumspielen können, müssen Sie sicherstellen, dass Sie R und Python installiert und konfiguriert haben, wie im folgenden Abschnitt beschrieben.

Power BI fit für R machen

Auch wenn weder dieses Kapitel noch dieses Buch eine Einführung in R ist, werde ich Sie durch die Schritte führen, mit denen Sie Ihr (vielleicht?) erstes R-Skript in Power BI ausführen können.

Hier finden Sie eine Checkliste der Dinge, die Sie vorbereiten müssen, bevor Sie R-Code in Power BI ausführen können:

- Laden Sie die erforderliche Datei entsprechend der Beschreibung entweder von `https://mran.microsoft.com/open` (Microsofts erweiterte R-Distribution) oder `https://cran.r-project.org` herunter. Zum Zeitpunkt der Erstellung dieses Kapitels war die neueste Version von Microsoft R Open 3.4.4 (mit der ich alle Beispiele erstellt habe).

- Installieren Sie eine integrierte Entwicklungsumgebung (IDE). Dies ist nicht zwingend erforderlich, wird aber dringend empfohlen, um die Entwicklung und das Testen Ihres Codes zu erleichtern. Es gibt verschiedene IDEs für R. Ich verwende R Studio (`https://rstudio.com`).

- Für die Beispiele in diesem Buch müssen Sie zusätzliche Pakete installieren. Bitte führen Sie die folgenden Anweisungen in R Studio oder einer anderen IDE aus:

```
install.packages("gridExtra", dependencies=TRUE)
install.packages("ggplot2", dependencies=TRUE)
install.packages("scales", dependencies=TRUE)
install.packages("dplyr", dependencies=TRUE)
install.packages("forecast", dependencies=TRUE)
install.packages("ggfortify", dependencies=TRUE)
install.packages("zoo", dependencies=TRUE)
install.packages("corrplot", dependencies=TRUE)
install.packages("tm", dependencies=TRUE)
install.packages("wordcloud", dependencies=TRUE)
```

- Wählen Sie in der Multifunktionsleiste von Power BI *Datei - Optionen und Einstellungen - Optionen - R-Skripting* (im Abschnitt *Global*; siehe Abb. 9-1) und stellen Sie sicher, dass das richtige *R-Home-Verzeichnis* und die *R-IDE* ausgewählt sind.

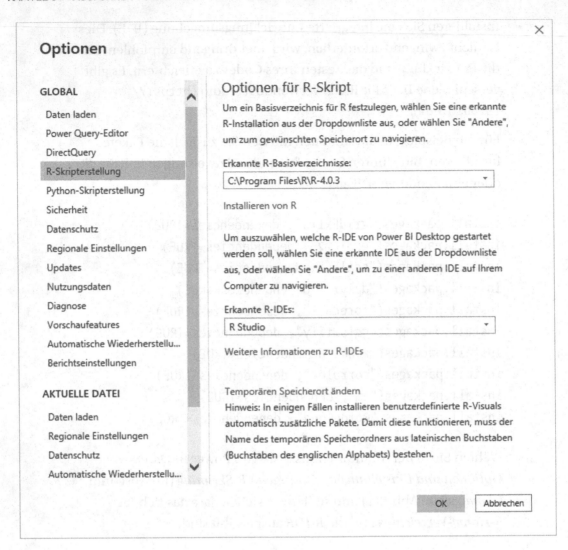

Abb. 9-1. *Optionen für die R-Skripterstellung*

Power BI fit für Python machen

Auch wenn weder dieses Kapitel noch dieses Buch eine Einführung in Python ist, werde ich Sie durch die Schritte führen, mit denen Sie Ihr (vielleicht?) erstes Python-Skript in Power BI ausführen können.

Hier finden Sie eine Checkliste der Dinge, die Sie vorbereiten müssen, bevor Sie Python-Code in Power BI ausführen können:

- Laden Sie die erforderliche Datei gemäß der Beschreibung auf `https://www.python.org` herunter. Zum Zeitpunkt der Erstellung dieses Kapitels war die neueste Version 3.8.2 (mit der ich alle Beispiele erstellt habe).

- Installieren Sie eine integrierte Entwicklungsumgebung (IDE). Dies ist nicht zwingend erforderlich, wird aber dringend empfohlen, um die Entwicklung und das Testen Ihres Codes zu erleichtern. Sie finden viele verschiedene IDEs für Python. Ich verwende Visual Studio Code (`https://code.visualstudio.com/`) mit der Python-Erweiterung (`https://marketplace.visualstudio.com/items?itemName=ms-python.python`).

- Power BI benötigt zwei Python-Pakete: *pandas* und *matplotlib*. Geben Sie einfach `pip install pandas` und `pip install matplotlib` in die Befehlsshell Ihres Computers ein, um diese Pakete herunterzuladen und zu installieren. Beide Pakete werden automatisch geladen, wenn das Python-Skript-Visual ausgeführt wird.

- Für die Beispiele in diesem Buch benötigen Sie mehr Pakete. Führen Sie auch das Folgende aus:

```
pip install numpy
pip install scikit-learn
pip install statsmodelspip install seaborn
pip install wordcloud
```

Bei einigen dieser Pakete werden Sie möglicherweise aufgefordert, weitere Tools zu installieren (z. B. Visual C++). Lesen Sie die (Fehler-)Meldungen sorgfältig, um herauszufinden, was fehlt.

- Wählen Sie in der Multifunktionsleiste von Power BI *Datei - Optionen und Einstellungen - Optionen - Python-Skripting* (im Abschnitt *Global*; Abb. 9-2) und stellen Sie sicher, dass das richtige *Python-Homeverzeichnis* und die *Python-IDE* ausgewählt sind.

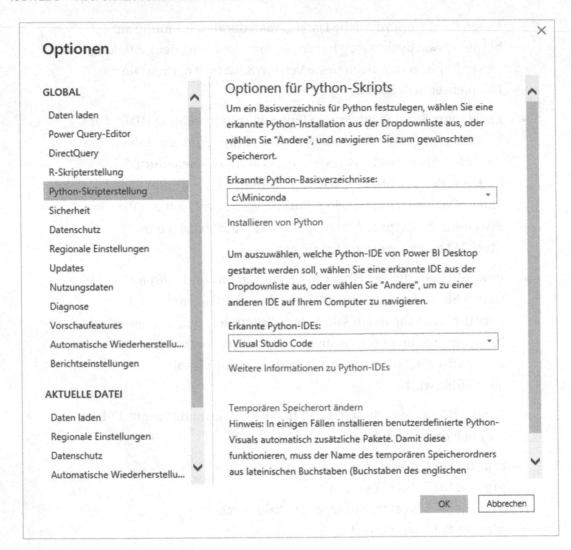

Abb. 9-2. *Optionen für die Python-Skripterstellung*

Einführung in R- und Python-Visualisierungen

Die *R-Skript-Visualisierung* und die *Python-Skript-Visualisierung* sind als Standardvisualisierungen in jeder Power BI Desktop-Datei im Abschnitt *Visualisierungen* auf der rechten Seite zu finden.

Wenn Sie mit einem neuen visuellen R-Skript beginnen und Felder in den Abschnitt *Werte* hinzufügen, ist das neue Skript leer, mit Ausnahme der in Abb. 9-3 gezeigten Kommentarzeilen.

Der folgende Code zum Erstellen eines Datenrahmens und zum Entfernen
doppelter Zeilen wird immer ausgeführt und dient als Vorspann für
Ihr Skript:
Datensatz <- data.frame(Datum, Verkaufsbetrag)
Dataset <- unique(Dataset)
Fügen Sie hier Ihren Skriptcode ein oder geben Sie ihn ein:

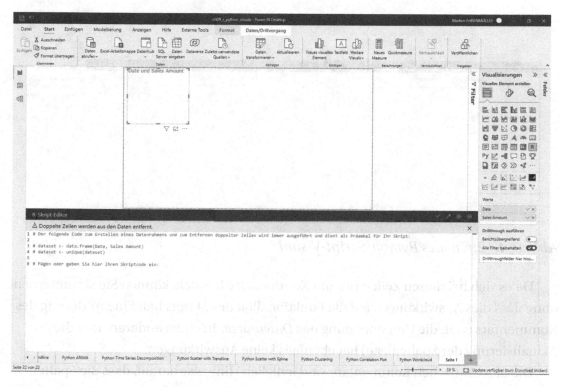

Abb. 9-3. *Ein neues visuelles R-Skript*

Wenn Sie mit einem neuen visuellen Python-Skript beginnen und Felder in den Abschnitt *Werte* hinzufügen, ist das neue Skript leer, mit Ausnahme der in Abb. 9-4 gezeigten Kommentarzeilen.

Der folgende Code zum Erstellen eines Datenrahmens und zum Entfernen
doppelter Zeilen wird immer ausgeführt und dient als Vorspann für
Ihr Skript:
Dataset = pandas.DataFrame(Datum, Umsatzbetrag)
Datensatz = dataset.drop_duplicates()
Fügen Sie hier Ihren Skriptcode ein oder geben Sie ihn ein:

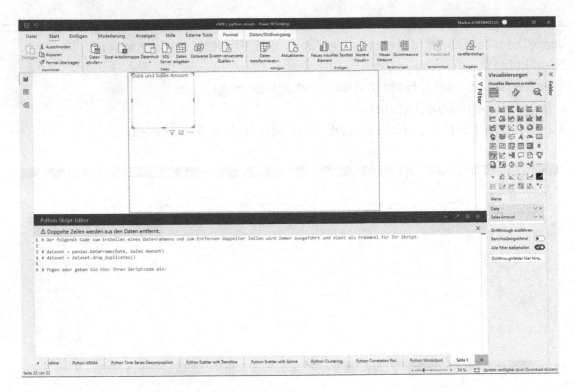

Abb. 9-4. *Ein neues Python-Skript-Visual*

Da es sich bei diesen Zeilen nur um Kommentare handelt, können Sie sie entfernen, ohne dass dies Auswirkungen auf die Funktionalität des Skripts hat. Eine Änderung des Kommentars (z. B. die Umbenennung des *Datensatzes* in einen anderen oder die Aktualisierung der Spaltenliste) hat ebenfalls keine Auswirkungen.

Die automatischen Kommentare sind lediglich Hinweise darauf, dass die Spalten und Kennzahlen, die Sie als *Werte* für das Visual ausgewählt haben, in das R-/Python-Skript in einem Datenrahmen mit dem Namen *dataset* eingefügt werden (im Beispielcode habe ich die Spalte *Datum* und die Kennzahl *Umsatz* ausgewählt). Wichtig: Power BI stellt nur eine Liste eindeutiger Werte zur Verfügung.

Beachten Sie, dass Power BI die Werte immer automatisch gruppiert und aggregiert. Wenn Sie z. B. nur Kennzahlen auswählen, enthält der *Datenrahmen-Datensatz* eine einzige Zeile mit den aggregierten Werten. Oder wenn Sie die Spalte *Jahr* und Kennzahlen auswählen, enthält der *Datenrahmen-Datensatz* nur eine Zeile pro Jahr mit den aggregierten Werten. Sie können die automatischen Aggregationen vermeiden, indem Sie entweder berechnete Spalten anstelle von Kennzahlen verwenden und *Aggregation* auf *Nicht zusammenfassen* setzen (um Einzelwerte anstelle von Aggregaten zu erhalten) oder indem Sie eine Spalte zu den *Werten* hinzufügen, die einen eindeutigen Wert auf der benötigten Granularitätsebene enthält (d. h. einen eindeutigen Bezeichner wie ein Datum, einen Produktnamen oder eine Bestellnummer oder einen, den Sie in Power Query erstellt haben). In Kap. 3 („Wichtige Einflussfaktoren ermitteln") haben wir bereits besprochen, wie wichtig es ist, die richtige Granularität zu wählen, und wie Sie eine Indexspalte erstellen, wenn Sie keinen Zeilenbezeichner in Ihrer Tabelle haben.

Unabhängig davon, ob Sie Skripte in R oder in Python verwenden, enthalten alle Skripte mehr oder weniger die folgenden Schritte (einzelne Schritte können weggelassen werden):

- Pakete/Bibliotheken laden

- Datensatz vorbereiten

- Modell erstellen

- Plot erstellen

Der letzte Schritt ist obligatorisch. Das Skript muss ein Diagramm erstellen, sonst kann das Visual nichts anzeigen (und gibt stattdessen eine Fehlermeldung aus). Im Falle von Python ist dies höchstwahrscheinlich auf ein vergessenes `plt.show()` zurückzuführen.

Einfaches R-Skript-Visual

Das erste visuelle R-Skript, das ich ausgewählt habe, um es Ihnen zu zeigen, stellt den gemessenen *Umsatz* über der Spalte *Datum* als Punktdiagramm dar. Es ist ein sehr einfaches Skript, das nur zwei Codezeilen enthält (achten Sie darauf, beide Spalten als Felder im Abschnitt *Werte* hinzuzufügen).

Die erste Zeile konvertiert den Inhalt der Spalte *Datum* (aus dem Format, das Power BI Desktop im Datenrahmen des *Namensdatensatzes* bereitstellt) in ein Format, das für die meisten Pakete, mit denen ich in R arbeite, besser geeignet ist. *POSIXct* ist das sogenannte UNIX-Datums-/Zeitformat. Es stellt einen Zeitpunkt als Sekunden seit dem 1. Januar 1970 dar. Wenn Sie diesen Schritt auslassen, funktioniert das Skript trotzdem, aber die x-Achse zeigt die Daten in einem anderen Format an.

```
# Datensatz vorbereiten
datensatz$Datum <- as.POSIXct(datensatz$Datum)
```

Die zweite, und in diesem Fall letzte, Zeile übergibt den *Datensatz* an die Plot-Funktion des R-Basispakets. Um einen ersten Eindruck von den Daten zu bekommen, ist die Plot-Funktion ausreichend. Sie zeigt standardmäßig ein Punktdiagramm an. Fügen Sie type="l" als Parameter hinzu, um z. B. ein Liniendiagramm zu erhalten. In späteren Abschnitten werden wir mit Hilfe des Pakets ggplot2 komplexere Diagramme erstellen.

```
# Plot erstellen
plot(datensatz)
```

In Abb. 9-5 sehen Sie das gesamte Skript und das Ergebnis.

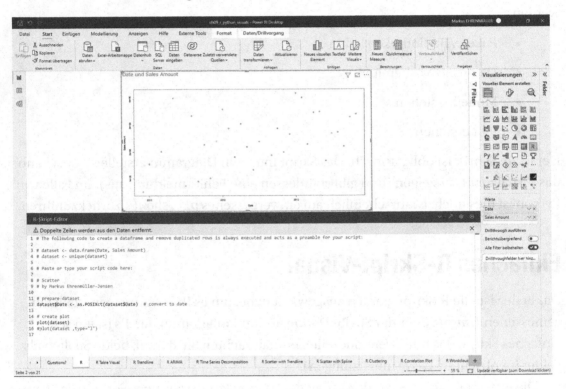

Abb. 9-5. *Punktdiagramm in R*

Einfaches Python-Skript-Visual

Das erste Python-Skript, das ich Ihnen zeigen möchte, ähnelt dem R-Skript aus dem vorigen Abschnitt: die Darstellung des *Umsatzes* über das *Datum* als Liniendiagramm. Es ist ein ähnlich einfaches Skript und enthält nur drei Codezeilen.

Die erste Zeile konvertiert den Inhalt der Spalte *Datum* (aus dem Format, das Power BI Desktop im Datenrahmen des *Namensdatensatzes* bereitstellt) in ein besser verwendbares Format. Wenn Sie diesen Schritt auslassen, funktioniert das Skript zwar, aber die x-Achse zeigt die Daten in einem anderen Format an (was die Lesbarkeit aufgrund von Überschneidungen erschwert).

```
# Datensatz vorbereiten
datensatz.Datum = pandas.to_datetime(datensatz.Datum)
```

In der zweiten Zeile wird die Plot-Methode für den *Datenrahmen-Datensatz* aufgerufen. Um einen ersten Eindruck von den Daten zu erhalten, ist die Plot-Methode ausreichend. Sie zeigt standardmäßig ein Liniendiagramm an. Fügen Sie `kind="scatter"` als Parameter hinzu, um z. B. ein Punktdiagramm zu erhalten. In späteren Abschnitten werden wir komplexere Diagramme erstellen.

```
# Plot erstellen
dataset.plot(x='Datum', y='Verkaufsbetrag')
```

Das Erstellen der Grafik reicht in Python (im Gegensatz zu R) nicht aus. Sie müssen die Darstellung explizit anzeigen, indem Sie die Funktion show aufrufen (die Teil des *matplotlib*-Pakets ist).

```
matplotlib.pyplot.show()
```

In Abb. 9-6 sehen Sie das gesamte Skript und das Ergebnis.

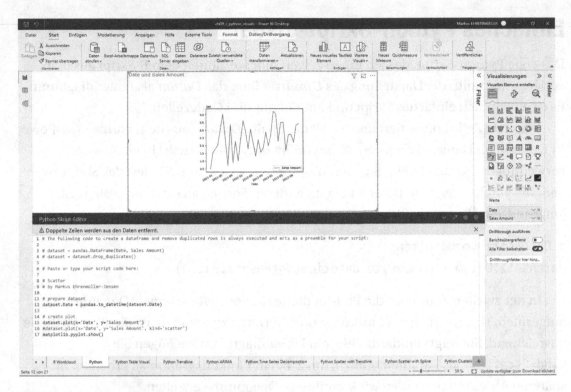

Abb. 9-6. *Liniendiagramm in Python*

R-Skript-Editor und Python-Skript-Editor

Sowohl der R-Skript-Editor als auch der Python-Skript-Editor bieten die folgenden Funktionsschaltflächen in der Kopfleiste oben rechts (siehe Abb. 9-6):

- *Skript ausführen* (ein dreieckiges Symbol), um das Skript erneut auszuführen. Dies ist hilfreich, wenn Sie das Skript geändert haben.

- *Skriptoptionen* (Zahnradsymbol) öffnet den gleichen Dialog wie in *Datei - Optionen und Einstellungen - Optionen - R-Skripting* bzw. *Python-Skripting* (siehe Abschn. „Power BI fit für R machen" und „Power BI fit für Python machen").

- *Das Bearbeiten von Skripten in einer externen IDE* (Pfeil nach links oben) ist sehr hilfreich (in den folgenden Abschnitten erfahren Sie, warum).

- *Minimieren Sie das Skriptfenster* (v-förmiges Symbol), um das gesamte Berichtsfenster zu sehen; ist nur verfügbar, wenn das Skriptfenster erweitert ist.

- *Erweitern Sie den Skriptbereich* (Symbol in Form eines umgekehrten V), um das Skript sichtbar zu machen; ist nur verfügbar, wenn der Skriptbereich minimiert ist.

Die Bearbeitung von Skripten im Editor von Power BI Desktop hat den Nachteil, dass Sie die Daten nur in Form eines einzelnen Diagramms anzeigen können. In den Abschn. „R-Skript-Visual: Tabelle" und „Python-Script-Visual: Tabelle" wird gezeigt, wie Sie die Daten als Tabelle anstelle eines Diagramms visualisieren können. Wenn ich mein Skript debuggen möchte, ziehe ich es jedoch vor, die Werte von Datenrahmen und anderen Variablen zu drucken. Der Name der Funktion *Skript in externer IDE bearbeiten* geht davon aus, dass das Skript einfach in einem externen Editor geöffnet wird (demjenigen, den Sie in den R-Skriptoptionen oder Python-Skriptoptionen angegeben haben). Aber die Funktion kann noch etwas mehr: Power BI exportiert die Daten, die Sie für dieses Visual ausgewählt haben, automatisch als CSV-Datei in einen temporären Ordner und fügt die erforderlichen Codezeilen an den Anfang Ihres Skripts, bevor es in der externen IDE geöffnet wird. Auf diese Weise können Sie Ihr Skript vollständig mit den in Power BI verfügbaren Daten schreiben, testen, debuggen und fertigstellen, bevor Sie es zurück in Power BI Desktop kopieren und einfügen. Vergessen Sie jedoch nicht, die automatisch hinzugefügten Zeilen zu entfernen. Diese Funktion macht die Kombination von Power BI Desktop und R/Python sehr praktisch. Das Extrahieren und Umwandeln von Daten innerhalb von Power BI Desktop (über Power Query) kann bequemer sein als das Schreiben eines Skripts in R oder Python, das dieselbe Aufgabe erfüllt. Das *Bearbeiten von Skripten in einer externen IDE* kann daher eine interessante Funktion sein, selbst wenn Sie nicht vorhaben, ein Visual in Power BI zu erstellen, sondern stattdessen in der IDE weiterarbeiten.

Wie Sie in Abb. 9-7 sehen können, wird im Falle eines R-Skripts mit *Skript in externer IDE bearbeiten* R Studio geöffnet (da dies der Editor ist, den ich in den Optionen ausgewählt habe). Die ersten drei Zeilen werden automatisch in das Skript eingefügt (um die von Power BI Desktop vorübergehend exportierten Daten in das *Dataset* des Datenrahmens zu laden):

```
# Eingangslast. Bitte nicht ändern #
```

```
Datensatz = read.csv('C:/Users/mehre/REditorWrapper_c7301965-1d8d-4b2b-
aa28-ec4950ca6a83/input_df_6596a922-5c98-498e-9082-578236680a63.csv',
check.names = FALSE, encoding = "UTF-8", blank.lines.skip = FALSE);
# Original-Skript. Bitte aktualisieren Sie den Inhalt Ihres Skripts hier
und kopieren Sie den unteren Abschnitt zurück in das ursprüngliche
Bearbeitungsfenster.
```

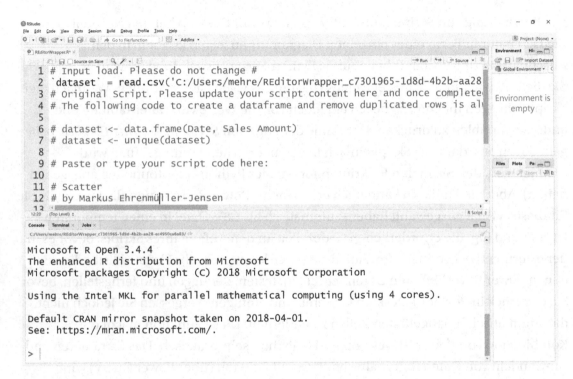

Abb. 9-7. *R Studio mit dem Skript aus dem R-Skript-Visual*

Skript in externer IDE bearbeiten öffnet im Falle eines Python-Skripts Visual Studio Code, wie Sie in Abb. 9-8 sehen (da dies der Editor ist, den ich in den Optionen ausgewählt habe). Die ersten zwölf (und die letzten zwei) Zeilen werden dem Skript automatisch hinzugefügt (um die von Power BI Desktop vorübergehend exportierten Daten in das *Dataset* des Datenrahmens zu laden):

```
# Prolog - automatisch generiert
os, uuid, matplotlib importieren
matplotlib.use('Agg')
import matplotlib.pyplot
```

```
Pandas importieren
os.chdir(u'C:/Users/mehre/PythonEditorWrapper_46c
dc6f7-7417-44b6-9b8a-9891680b48e9')
dataset = pandas.read_csv('input_df_e5c8eb59-7068-45c5-
a824-885a5d842f76.csv')
matplotlib.pyplot.
figure(figsize=(5.55555555555556,4.16666666666667), dpi=72)
matplotlib.pyplot.show = lambda args=None,kw=None: matplotlib.pyplot.
savefig(str(uuid.uuid1()))
# Original-Skript. Bitte aktualisieren Sie den Inhalt Ihres Skripts hier
und kopieren Sie den unteren Abschnitt zurück in das ursprüngliche
Bearbeitungsfenster.
```

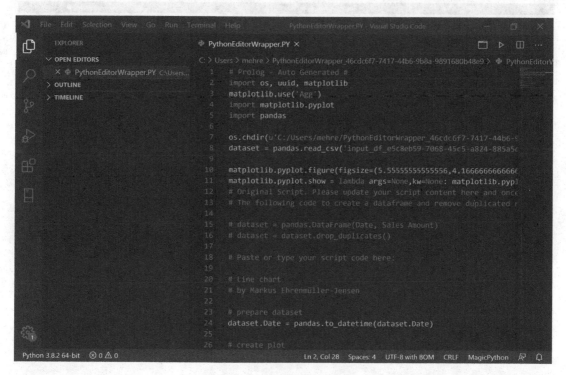

Abb. 9-8. *Visual Studio Code mit dem Skript aus dem Python-Skript visual*

R-Skript-Visual: Tabelle

Dieses Skript ist ähnlich und genauso einfach wie das mit der Plot-Funktion aus dem Basispaket. Es lädt die Bibliothek `gridExtra` und umhüllt den Aufruf der Funktion `tableGrob` mit `grid.arrange`. Ich verwende es manchmal als Debugger für das Skript, das in Power BI läuft.

```
# Paket laden
library(gridExtra)
# Plot erstellen
grid.arrange(tableGrob(dataset))
```

Sie finden das Ergebnis in Abb. 9-9.

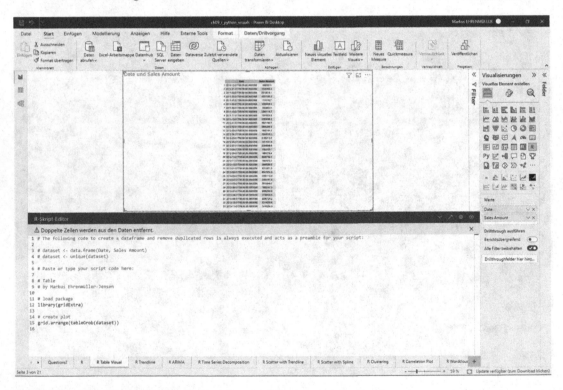

Abb. 9-9. *R-Skript mit visueller Darstellung einer Tabelle*

Alle anderen R-Skripte finden Sie in den unmittelbar folgenden Abschnitten. Es steht Ihnen frei, diese Abschnitte zu überspringen und sich auf die Python-Skripte zu konzentrieren.

R-Skript-Visual: Trendlinie

Hier kommt die erste R-Skript-Ansicht, die eines der Beispiele aus Kap. 5 („Hinzufügen intelligenter Visualisierungen") nachbildet: eine Trendlinie für den tatsächlichen *Umsatz* über das *Datum* (die ich in den Abschnitt *Werte* der R-Skript-Ansicht eingefügt habe).

Zunächst lade ich die erforderlichen Bibliotheken. *ggplot2* ist ein sehr verbreitetes Paket für die Darstellung von Diagrammen. Der erste Teil des Paketnamens (*gg*) steht für grammar of graphics, was ein Konzept ist, das das Diagramm in Teilen und in Schichten beschreibt. Die Nachsilbe (*2*) ist in der Tat der Hinweis, dass dieses Paket der Nachfolger des Pakets *ggplot* ist, das nicht mehr verfügbar ist. Mit dem Paket *scales* können Sie Zahlen so ausgeben, wie es Geschäftskunden erwarten (mit Tausendertrennzeichen), anstatt die Zahl in wissenschaftlicher Notation darzustellen (z. B. 1E06 für eine Million).

```
# Pakete laden
Bibliothek(ggplot2)
bibliothek(skalen)
```

Als Nächstes konvertiere ich den Datentyp der Spalte *Datum* (wie im Abschn. „Einfaches R-Skript-Visual" beschrieben):

```
# Datensatz vorbereiten
datensatz$Datum <- as.POSIXct(datensatz$Datum)
```

Schließlich erstellen wir den Plot mit der Funktion `ggplot` aus der ggplot2-Bibliothek. Der erste Parameter ist der *Datensatz*, der die Daten enthält, die wir darstellen wollen. Dann beschreiben wir die Ästhetik (`aes`) in der Form, was wir auf der x- und y-Achse darstellen wollen. Da der Name der Kennzahl *Sales Amount* ein Leerzeichen enthält, musste ich ihn in die Funktion `get` einschließen. Dies war für die Spalte *Datum* nicht notwendig, die ich direkt verwendet habe. `geom_line` stellt die Daten in einem Liniendiagramm dar. `color=3` setzt die Farbe der Linie auf grün. `geom_point` zeichnet die Datenpunkte (oben auf den Linien). Über `theme` stelle ich die Textgröße auf 18 Punkte ein, damit alles besser lesbar ist. `scale_y_continuous` begrenzt den Bereich der y-Achse (so dass nur Werte zwischen 0 und 5 m angezeigt werden) und setzt das Zahlenformat auf `Komma` (ein nicht-wissenschaftliches Format). Im `Thema` wird die

233

Legende deaktiviert, indem ihre Position auf *none* gesetzt wird. Mit `labs` habe ich die Beschriftungen für die x- und y-Achse festgelegt. Das war alles, um ein Liniendiagramm zu erstellen. Die letzte Zeile (`stat_smooth`) erzeugt ein lineares Modell (auch bekannt als lineare Regression) und fügt es als zusätzliche Linie ein. Wenn Sie den Parameter se entfernen oder ihn auf TRUE setzen, erhalten Sie ein Band, das das Konfidenzintervall anzeigt.

```
# Plot erstellen
ggplot(dataset,
       aes(x=Datum,
           y=get("Sales Amount"))) +
  geom_line(color = 3) +
  geom_point(color = 3) +
  theme(text = element_text(size = 18)) +
  scale_y_continuous(limits = c(0, 5000000), labels = comma) +
  theme(legend.position = "none") +
  labs(x = "Datum",
       y = "Verkaufsbetrag") +
  stat_smooth(method=lm, se=FALSE)
```

Teile des Codes und das endgültige Bild sind in Abb. 9-10 dargestellt. Über alle drei Jahre hinweg ist ein klarer Aufwärtstrend zu erkennen.

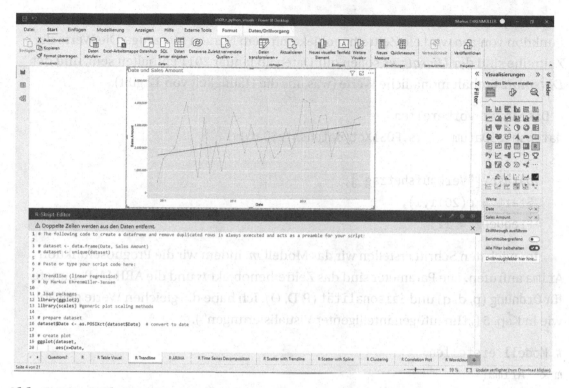

Abb. 9-10. *R-Skript mit visueller Darstellung einer Trendlinie*

R-Skript-Visual: ARIMA

Wie in Kap. 5 („Hinzufügen intelligenter Visualisierungen") beschrieben, ist ARIMA die Abkürzung für Auto-regressive Integrated Moving Average und ein maschinelles Lernmodell zur Erstellung von Zeitreihenprognosen, das nicht nur den Trend, sondern auch die Saisonalität erkennen kann.

Zunächst laden wir alle erforderlichen Pakete.

```
# Pakete laden
bibliothek(zoo)
library(Prognose)
bibliothek(dplyr)
Bibliothek(ggplot2)
bibliothek(skalen)
```

Die Spalte *Datum* wird in das POSIXct-Format konvertiert und mit Hilfe der ts-Funktion von *zoo* wird ein Zeitreihenobjekt mit dem Namen *ts* erzeugt. Die Werte der Zeitreihe sind der *Umsatz*, es sollen nur Daten ab Januar 2011 enthalten sein, und der *Datensatz* enthält monatliche Werte (was uns die Häufigkeit von 12 gibt).

```
# Datensatz vorbereiten
datensatz$Datum <- as.POSIXct(datensatz$Datum)
ts <- ts(
    dataset["Verkaufsbetrag"],
    Start = c(2011,1),
    Frequenz = 12)
```

Im nächsten Schritt erstellen wir das Modell *m*, indem wir die Prognosefunktion Arima aufrufen. Die Parameter sind das Zeitreihenobjekt *ts* und die ARIMA-Parameter für Ordnung (p, d, q) und Saisonalität (P, D, Q). Ich habe die gleichen Werte gewählt wie in Kap. 5 („Hinzufügen intelligenter Visualisierungen").

```
# Modell erstellen
m <- Arima(
    ts,
    Ordnung = c(0, 1, 0),
    saisonal = c(0, 1, 0))
```

Ich übergebe das Modell *m* und die Anzahl der Monate an die Prognosefunktion predict und speichere das Ergebnis im Objekt *m.fit*.

```
m.fit <- predict(m, n.ahead = 6)
```

Dann verwende ich einen verschachtelten Aufruf verschiedener Funktionen, um den Inhalt von *m.fit* in einen Datenrahmen mit dem Namen *m.fit.df* zu konvertieren, der die Daten und vorhergesagten Werte (*SalesAmountPred*) für die Zukunft und eine leere (NA) Spalte *SalesAmount* enthält.

```
m.fit.df <- data.frame(
  Datum=
    strptime(
      as.POSIXct(
        as.Date(
          as.yearmon(
```

```
        time(m.fit$pred)
      )
    )
  ),
  format = "%Y-%m-%d"
),
SalesAmount=NA,
SalesAmountPred=as.matrix(m.fit$pred)
)
```

Hier führe ich (Funktion aus dem Paket *dplyr*) den Inhalt von *m.fit.df* (vorhergesagte zukünftige Werte) mit den tatsächlichen Werten (*Datensatz*) zusammen. all = TRUE garantiert, dass ich alle Zeilen aus beiden Datenrahmen behalte, auch für *Daten*, die nur in einem der Datenrahmen vorhanden sind (Leute, die mit Datenbanken arbeiten, nennen dies einen Full Outer Join):

```
Datensatz <- zusammenführen(
  x = dataset[,c("Datum", "Verkaufsbetrag")],
  y = m.fit.df[,c("Date", "SalesAmountPred")],
  by = "Datum",
  all = TRUE)
```

Schließlich stelle ich *Datum* und *Umsatz* wie im Skript im vorherigen Abschnitt dar, mit den folgenden Unterschieden: Die Grenzen der y-Achse werden auf 6 m erweitert (um die vorhergesagten Werte anzupassen). Und ich füge eine weitere geom_line und geom_point hinzu, um die vorhergesagten Werte (*dataset$SalesAmountPred*) in einer anderen Farbe anzuzeigen.

```
# Plot erstellen
ggplot(dataset,
       aes(x=Datum,
           y=get("Sales Amount"))) +
  geom_line(color = 3) +
  geom_point(color = 3) +
  theme(text = element_text(size = 18)) +
  scale_y_continuous(limits = c(0, 6000000), labels = comma) +
  geom_line(y=dataset$SalesAmountPred, color = 4) +
```

```
geom_point(y=dataset$SalesAmountPred, color = 4) +
theme(legend.position = "none") +
labs(x = "Datum",
     y = "Verkaufsbetrag")
```

Siehe das Ergebnis in Abb. 9-11. Die Vorhersage (blaue Linie) ist deutlich höher als die tatsächlichen Werte für die letzten beiden Datenpunkte.

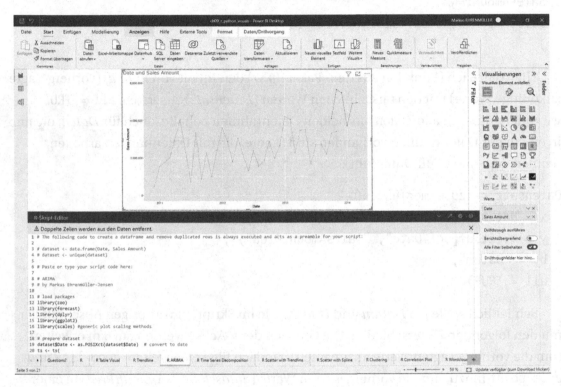

Abb. 9-11. *R-Skript mit visueller Darstellung einer ARIMA-Prognose*

R-Script-Visual: Zeitreihenzerlegung

Mit dem Prognosepaket ist es einfach, eine Zeitreihe in Trend- und Saisonanteile zu zerlegen.

```
# Paket laden
library(Prognose)
```

Die Datenvorbereitung umfasst die gleichen Schritte wie im Skript des vorherigen Abschnitts:

```
# Datensatz vorbereiten
datensatz$Datum <- as.POSIXct(datensatz$Datum)
ts = ts(
    dataset["Verkaufsbetrag"],
    Start = c(2011,1),
    Frequenz = 12)
```

Die Funktion decompose zerlegt eine Zeitreihe in *Beobachtet* (tatsächliche Werte), *Trend* (Regression), *Saisonal* (sich wiederholende Muster über die Frequenz) und *Zufällig* (der Teil, der weder durch *Trend* noch durch *Saisonal* erklärt werden kann). Die Ergebnismenge kann leicht mit der Plot-Funktion des Basispakets gezeichnet werden:

```
# Plot erstellen
plot(decompose(ts))
```

In Abb. 9-12 können Sie sehen, wie dies aussieht. Es gibt einen klaren Aufwärtstrend im Laufe der Zeit (zumindest seit Beginn des Jahres 2012).

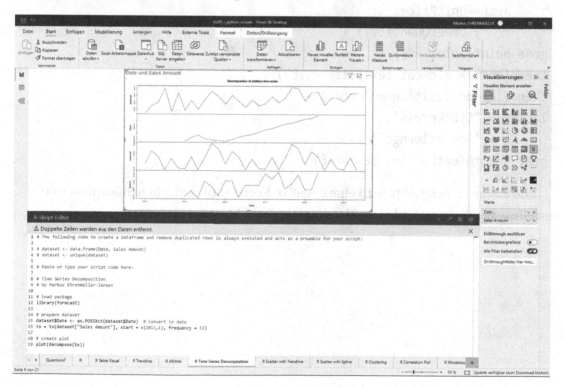

Abb. 9-12. *R-Skript mit visueller Darstellung einer Zeitreihenzerlegung*

R-Script-Visual: Streuung mit Trendlinie

Hier werden wir eine Trendlinie auf einem Punktdiagramm erstellen, das die
Bestellmenge über dem *Stückpreis* zeigt. Wir müssen die Trendlinie nicht separat
berechnen, da das Paket *ggplot2* dies für uns erledigt:

```
# Pakete laden
Bibliothek(ggplot2)
bibliothek(skalen)
```

Das Diagramm wird genauso erstellt wie im Abschn. „R-Skript-Visual: Trendlinie"
gezeigt, nur dass die Namen der Spalten geändert wurden (in *UnitPrice* und
OrderQuantity aus der Tabelle *Reseller Sales*) und geom_line nicht verwendet wird (da es
in diesem Fall nicht sehr sinnvoll ist, die Datenpunkte zu verbinden):

```
# Plot erstellen
ggplot(dataset,
       aes(x=UnitPrice,
           y=OrderQuantity)) +
  geom_point(color = 3) +
  theme(text = element_text(size = 18)) +
  theme(legend.position = "none") +
  labs(x = "Stückpreis",
       y = "Bestellmenge") +
  stat_smooth(method=lm, se=FALSE)
```

Wie erwartet, zeigt Abb. 9-13 eine negative Korrelation zwischen Stückpreis und
Bestellmenge: teurere Artikel werden in geringeren Mengen bestellt.

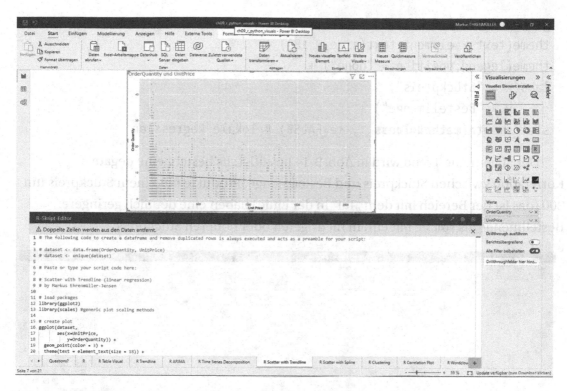

Abb. 9-13. *R-Skript-Visual: Streuung mit Trendlinie*

R-Script-Visual: Streuung mit Spline

Die Erstellung einer gekrümmten Linie (Spline) anstelle einer geraden Linie ist in R mit *ggplot2* ein Kinderspiel. Die einzige Änderung des Skripts im Vergleich zum vorigen Abschnitt ist die letzte Zeile: `method=loess` (für lokale Regression), statt `lm` (für lineares Modell):

```
# Pakete laden
Bibliothek(ggplot2)
bibliothek(skalen)
# Plot erstellen
ggplot(dataset,
    aes(x=UnitPrice,
      y=OrderQuantity)) +
```

```
geom_point(color = 3) +
theme(text = element_text(size = 18)) +
theme(legend.position = "none") +
labs(x = "Stückpreis",
     y = "Bestellmenge") +
stat_smooth(method=loess, , se=FALSE) # lokale Regression
```

Der allgemeine Trend wird in Abb. 9-14 bestätigt: Es besteht eine negative
Korrelation zwischen Stückpreis und Bestellmenge. Produkte mit einem Stückpreis um
200 (das ist der Bereich mit dem „Tal" in der Linie) haben eine deutlich geringere
Bestellmenge als solche mit einem niedrigeren oder höheren Stückpreis.

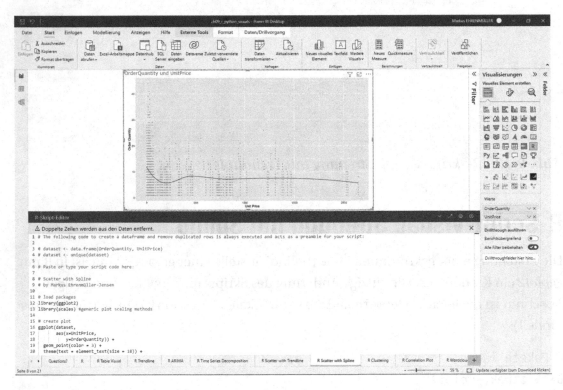

Abb. 9-14. *R-Skript-visual: Streuung mit Spline*

R-Skript-Visual: Clustering

In diesem Beispiel wird ein KMeans-Modell für maschinelles Lernen auf die Daten
angewendet, um die Spalten *Bestellmenge* und *Stückpreis* zu clustern. Das zugewiesene

Cluster wird dann verwendet, um die Datenpunkte entsprechend einzufärben. Zuerst laden wir die Pakete:

```
# Pakete laden
library(ggplot2)
bibliothek(skalen)
```

Dann erstellen wir ein Modell *m*, indem wir die Funktion KMeans aus dem Basispaket aufrufen. Als Parameter übergeben wir den Datenrahmen *dataset* und dass das Modell drei Cluster finden soll:

```
# Modell erstellen
m <- kmeans(x = Datensatz, Zentren = 3)
```

Als Nächstes erstelle ich einen neuen *Spaltencluster* im bestehenden *Datenrahmen-Datensatz*, um den zugewiesenen Cluster als Zeichenkette anzuzeigen:

```
Datensatz$Cluster <- as.character(m$Cluster)
```

Wenn Sie die vorherigen Abschnitte durchgelesen haben, sollten Sie bereits mit der Funktion ggplot vertraut sein. Hier gibt es nichts Neues, außer dass ich in geom_point keine feste Farbe zuweise, sondern die Spalte *cluster* als Farbe verwende. Natürlich enthält diese Spalte keine Namen von Farben. Aber R ist so schlau, dass es die Cluster „faktorisiert" (d. h. ihnen eine numerische ID zuweist) und diese Faktoren mit Faktoren der Farben abgleicht. Daher erhalten wir verschiedene Farben pro Cluster.

```
# Plot erstellen
ggplot(dataset,
      aes(x=UnitPrice,
          y=OrderQuantity)) +
 geom_point(color = dataset$cluster) +
 theme(text = element_text(size = 18)) +
 theme(legend.position = "none") +
 labs(x = "Stückpreis",
      y = "Bestellmenge")
```

Abb. 9-15 zeigt das Punktdiagramm mit drei Clustern, die in drei verschiedenen Farben hervorgehoben sind.

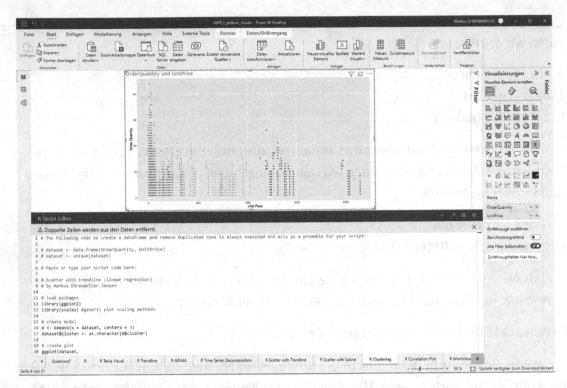

Abb. 9-15. *R-Skript-Visual: Clustering*

R-Skript-Visual: Korrelationsdiagramm

Ein Korrelationsdiagramm zeigt, ob es eine statistische Beziehung (Ursache und Wirkung) zwischen zwei Variablen gibt und wie stark diese Beziehung ist. Hier erstellen wir eine für eine Reihe von Kennzahlen (aus der Tabelle _Measures_): *Rabattbetrag, Fracht, Bestellmenge, Produktstandardkosten, Umsatz, Gesamtproduktkosten* und *StückpreisDurchschnitt.* Wir brauchen nur ein einziges Paket und zwei Codezeilen:

```
# Pakete laden
library(corrplot)
```

Wenn Sie nur die eben erwähnten Spalten hinzufügen würden, würde der *Datensatz* des Datenrahmens nur aus einer einzigen Zeile bestehen (mit aggregierten Werten für *Rabattbetrag* usw.). Deshalb habe ich das *Datum* in die Liste aufgenommen (als erste Spalte). Jetzt erhalte ich eine Zeile pro *Datum* (d. h. eine Zeile pro Monat in dem verfügbaren Modell). Da ich nicht an einer Korrelation zwischen dem *Datum* und den anderen Spalten interessiert bin (und um einen Skriptfehler zu vermeiden), entferne ich die erste Spalte (*Datum*) aus dem *Datensatz* im Skript. Das Hinzufügen des *Datums* als Feld im Abschn. „*Werte*" des R-Visuals und das Entfernen des Datums aus dem Datenrahmen im Skript ist eine Umgehung für Aggregationen nur auf der benötigten Granularität.

```
# Datensatz vorbereiten
Datensatz <- Datensatz[,-1]
```

Das Paket *corrplot* enthält eine Funktion zur Berechnung der Korrelation für einen Datenrahmen (cor) und eine Funktion zur Darstellung der Daten (corrplot). Das habe ich in der dritten und letzten Zeile des Skripts verwendet:

```
# Plot erstellen
corrplot(cor(dataset))
```

Auch hier erhalten wir das gleiche Diagramm wie im Schwesterabschnitt von Kap. 5 („Hinzufügen von intelligenten Visualisierungen"), wie Sie in Abb. 9-16 sehen können.

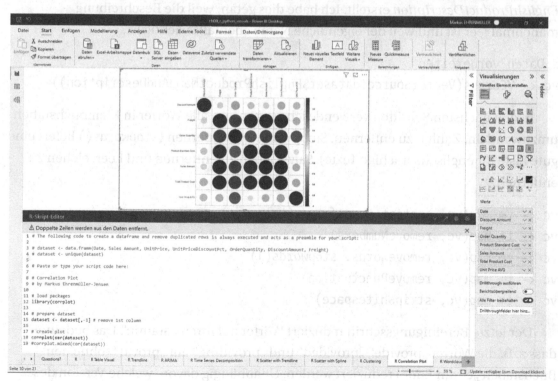

Abb. 9-16. *R-Skript-Visual: Korrelationsdiagramm*

R-Script-Visual: Wortwolke

Eine Wortwolke zu erstellen ist der einfache Teil. Das Bereinigen der Schlüsselbegriffe ist die größere Herausforderung. In Kap. 5 („Hinzufügen intelligenter Visualisierungen") habe ich versprochen, Ihnen eine Möglichkeit zu zeigen, wie Sie dies in späteren Kapiteln tun können. Eine Version stelle ich jetzt vor, während andere in Kap. 11 („Ausführen von Machine Learning-Modellen in der Azure Cloud") folgen werden.

Für dieses Beispiel verwende ich zwei Pakete. *tm* besteht aus Funktionen für „Text Mining". *wordcloud* stellt die eigentliche Wortwolke dar.

```
# Pakete laden
bibliothek(tm)
bibliothek(wortwolke)
```

VectorSource verschachtelt in VCorpus erstellt eine Liste von Wörtern aus der Spalte *EnglishProductNameAndDescription* (aus der Tabelle *Product*). Ich habe die Spalte im Modell durch Verkettung der Spalten *EnglishProductName* und *EnglishProductDescription* erstellt. Ich habe dies getan, weil die Beschreibung manchmal leer ist und weil der eigentliche Name ebenfalls wichtig ist.

```
# Daten vorbereiten
vc <- VCorpus(VectorSource(dataset$EnglishProductNameAndDescription))
```

In den nächsten Schritten verwende ich tm_map, um alle Wörter in Kleinbuchstaben umzuwandeln, Zahlen zu entfernen, Stoppwörter zu entfernen (stopwords() liefert eine gute Liste für englischsprachige Texte), Satzzeichen zu entfernen und Leerzeichen zu entfernen.

```
vc <- tm_map(vc, content_transformer(tolower))
vc <- tm_map(vc, removeNumbers)
vc <- tm_map(vc, removeWords, stopwords())
vc <- tm_map(vc, removePunctuation)
vc <- tm_map(vc, stripWhitespace)
```

Der letzte Bereinigungsschritt reduziert Wörter auf ihren „Stamm". Das bedeutet, dass z. B. die Wörter „provide", „provided" und „providing" auf „provid" (ohne den Buchstaben „e" am Ende) reduziert werden. Unabhängig davon, welche Version des

Wortes im Text verwendet wird, werden sie alle in einen Korb gelegt und zusammen gezählt. Während die einzelnen Varianten nur wenige Male vorkommen und jeweils einen niedrigen Rang erhalten, kann die Stammversion des Wortes eine herausragende Position erreichen, da alle Zählungen addiert werden:

```
vc <- tm_map(vc, stemDocument)
```

Natürlich sind alle vorangehenden Schritte optional. Wenn Sie nicht möchten, dass alle Wörter klein geschrieben werden, Zahlen in Ihrem Text wichtig sind oder wenn die Wortstämme die Benutzer des Berichts verwirren würden, dann lassen Sie diese Schritte einfach weg. Wenn Sie ein Skript zur Hand haben, haben Sie alle Freiheiten. Im letzten Schritt wird das Diagramm erstellt:

```
# Plot erstellen
Wortwolke(vc, min.freq = 1, random.order = FALSE)
```

Abb. 9-17 zeigt die Wortwolke für die bereinigten Produktnamen und -beschreibungen.

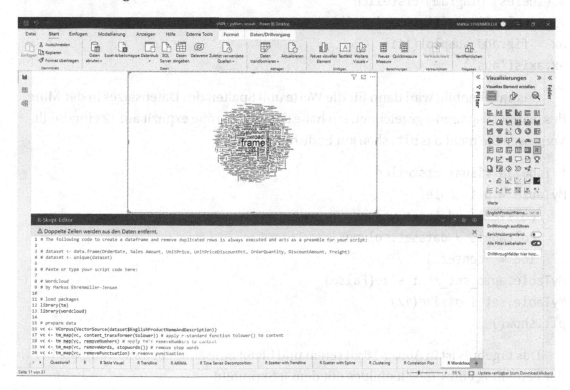

Abb. 9-17. *R-Skript-Visual: Wortwolke*

Python-Script-Visual: Tabelle

Für den Rest des Kapitels sind wir wieder bei der Darstellung von Python-Skripten angelangt. Ein einfaches Skript, das ich manchmal als Debugger des armen Mannes verwende, besteht darin, die Daten (oder Zwischentransformationen des Datenrahmens) in einer Tabelle darzustellen. Für die Entwicklung und das ausführliche Debugging empfehle ich stattdessen die Verwendung von *Skript bearbeiten in einer externen IDE*. In der IDE können Sie mehrere Ausgaben haben, während ein visuelles Python-Skript nur eine einzige Ausgabe zulässt. Wir brauchen nur ein Paket zu laden, um die Daten darzustellen:

```
# Pakete importieren
import matplotlib.pyplot as plt
```

Dann erstellen wir ein leeres Diagramm, dem wir in einem späteren Schritt das Tabellenbild „hinzufügen".

```
# (leeres) Diagramm erstellen
fig = plt.figure(figsize=(15,6))
ax = fig.add_subplot(111)
ax.axis('aus')
```

Das Tabellenbild wird dann für die Werte und Spalten des Datensatzes in der Mitte des leeren Diagramms gezeichnet. Ich habe die Schriftgröße explizit auf 12 eingestellt. Vergessen Sie nicht das plt.show am Ende des Skripts.

```
# Tabelle visual erstellen
MyTable = plt.table(
    cellText = dataset.values,
    colLabels = dataset.columns,
    loc = 'center')
MyTable.auto_set_font_size(False)
MyTable.set_fontsize(12)
plt.show()
```

Das Ergebnis ist in Abb. 9-18 zu sehen und bietet eine ähnliche Erfahrung wie bei der Erstellung eines Tabellenbildes mit dem R-Skriptbild.

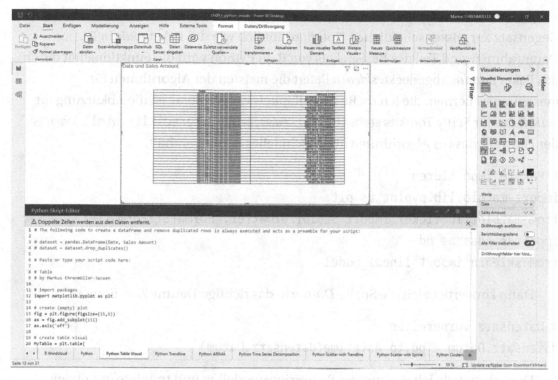

Abb. 9-18. *Python-Skript-Visual: Tabelle*

Python-Script-Visual: Trendlinie

Die R-Skript-Visualisierungen in den vorangegangenen Abschnitten konnten leicht die genauen Beispiele aus Kap. 5 („Hinzufügen intelligenter Visualisierungen") nachbilden, da die in Kap. 5 verwendeten benutzerdefinierten Visualisierungen auf R-Skripten basieren (die im Code der benutzerdefinierten Visualisierung versteckt sind). Die folgenden Beispiele bauen dieselben Beispiele nach, aber das Ergebnis wird etwas anders aussehen, da sie auf Python (und den dort verfügbaren Paketen) basieren. Natürlich können Sie die Python-Skripte so anpassen, dass sie den R-Skripten sehr nahe kommen. Und Sie können sowohl die R- als auch die Python-Skriptdarstellungen so anpassen, dass sie den Standarddarstellungen von Power BI nahe kommen. Aber das wäre ein Thema für ein eigenes Buch. Ich habe versucht, die Skripte so einfach wie möglich zu halten, um ein funktionierendes Beispiel zu erhalten.

Kommen wir nun zur Trendlinie. Zunächst lade ich die erforderlichen Pakete. *matplotlib.pyplot* haben wir bereits im vorherigen Abschnitt gesehen und es wird in den verbleibenden Abschnitten verwendet, um die Daten tatsächlich darzustellen (ähnlich wie *ggplot2* in R). *matplotlib.ticker* ermöglicht geschäftsorientierte Zahlenformate (im Gegensatz zur wissenschaftlichen Notation; ähnlich wie das Paket *scale* in R). Datenrahmen sind Teil des Basispakets von R. In Python wird die Funktionalität durch das Paket *pandas* abgedeckt. *sklearn* liefert die meisten der Algorithmen für maschinelles Lernen, die ich im Rest des Kapitels verwende. *sk* ist die Abkürzung für *SciKit*, das für SciPy Toolkits steht (`https://www.scipy.org/scikits.html`). *learn* ist der Hinweis, dass es Algorithmen für maschinelles Lernen enthält.

```
# Pakete importieren
import matplotlib.pyplot as plt
from matplotlib.ticker import ScalarFormatter, FormatStrFormatter
import pandas as pd
from sklearn import linear_model
```

Dann konvertiere ich die Spalte *Datum* in das richtige Datum-Zeit-Format.

```
# Datensatz vorbereiten
datensatz.Datum = pd.to_datetime(datensatz.Datum)
```

Danach erstelle ich ein lineares Regressionsmodell *m* und trainiere es mit den tatsächlichen Daten aus dem *Datensatz*. Beide Spalten (*Daten* und *Umsatz*) müssen umgestaltet werden.

```
# Modell erstellen
m = linear_model.LinearRegression()
m.fit(datensatz.Datum.Werte.reshape(-1, 1), datensatz['Verkaufsbetrag'].
Werte.reshape(-1, 1))
```

Die Methode `predict` wendet das Modell *m* auf die Spalte *Datum* an. Das Ergebnis wird dann als neue Spalte *prediction* im *Dataset* gespeichert.

```
# Vorhersage erstellen
m.pred = m.predict(datensatz.Datum.werte.astype(float).reshape(-1, 1))
dataset['prediction'] = m.pred
```

Der folgende Code stellt das *Datum* und den *Umsatz* in grün als Linie dar (style='-'):

```
# Plot erstellen
ax = dataset.plot(
    x='Datum',
    y='Verkaufsbetrag',
    style='-',
    figsize=(15,8))
```

Über diesem Diagramm (*ax*) sind die vorhergesagten Werte in blau aufgetragen:

```
dataset.plot(
    x='Datum',
    y='Vorhersage',
    color='blue',
    ax=ax)
```

Der Rest des Scripts legt Beschriftungen für die x- und y-Achse fest und wendet ein allgemeines Zahlenformat auf die y-Achse an.

```
ax.set_xlabel('Datum')
ax.set_ylabel('Verkaufsbetrag')
ax.get_yaxis().set_major_formatter(matplotlib.ticker.FuncFormatter(lambda
x, p: format(int(x), ',')))
plt.show()
```

In Abb. 9-19 sind der Umsatz und eine *Vorhersage* in Form einer Trendlinie dargestellt.

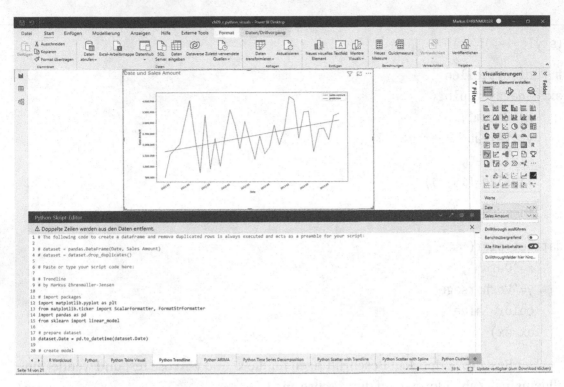

Abb. 9-19. *Python-Skript-Visual: Trendlinie*

Python-Skript-Visual: ARIMA

In diesem Abschnitt werden wir eine Vorhersage mit einem Auto-regressiven integrierten gleitenden Durchschnitt (ARIMA) erstellen. Dieser Algorithmus ist im Paket *statsmodels.api* verfügbar. Die übrigen Pakete kennen wir bereits aus den vorherigen Abschnitten dieses Kapitels.

```
# Pakete importieren
import matplotlib.pyplot as plt
from matplotlib.ticker import ScalarFormatter, FormatStrFormatter
import pandas as pd
import statsmodels.api as sm
```

Für das Modell reicht es nicht aus, *Date* einfach in einen Datum-Zeit-Datentyp umzuwandeln. Es ist notwendig, einen Index auf der Grundlage der neu abgetasteten Datumsspalte festzulegen. MS steht für Monatsanfang, wodurch sichergestellt wird, dass der gesamte *Umsatz* an den Anfang des Monats verschoben wird (da die Umsätze auf

252

verschiedene Tage des Monats verteilt sind, aber nicht auf genügend Tage pro Monat, um ein Modell auf der Grundlage täglicher Daten praktikabel zu machen).

```
# Datensatz vorbereiten
datensatz.Datum = pd.to_datetime(datensatz.Datum)
dataset = dataset.set_index('Datum').resample('MS').pad()
```

y ist die Variable, mit der das Modell gespeist wird. Alle innerhalb eines Monats verstreuten Umsätze werden auf den Ersten des Monats aggregiert (auch hier steht MS für Monatsanfang).

```
y = dataset['Verkaufsbetrag'].resample('MS').sum()
```

Die ARIMA-Parameter für die *Ordnung* (p, d, q) und die *Saisonale Ordnung* (P, D, Q) werden hier eingestellt. Die Saisonalität ist auf zwölf Perioden eingestellt, da wir monatliche Daten haben.

```
# Modell erstellen
m = sm.tsa.statespace.SARIMAX(
        y,
        order=(0, 1, 0),
        saisonale_ordnung=(0, 1, 0, 12),
        )
```

Im nächsten Schritt wird eine Vorhersage (Prognose) für die nächsten sechs Monate erstellt:

```
# Prognose erstellen
m.fit = m.fit(). get_forecast(steps=6)
```

Zunächst wird der tatsächliche Umsatz in grüner Farbe dargestellt:

```
# Plot erstellen
ax = y.plot(label='Sales Amount', color="green")
```

Anschließend werden die vorhergesagten Werte zu dem bestehenden Diagramm hinzugefügt:

```
m.fit.predicted_mean.plot(ax=ax, label="prediction")
```

Die folgenden Codezeilen sind die gleichen wie im vorherigen Abschnitt und sorgen dafür, dass die Achsenbeschriftungen, das Zahlenformat und die Legende richtig gezeichnet werden:

```
ax.set_xlabel('Datum')
ax.set_ylabel('Verkaufsbetrag')
ax.get_yaxis().set_major_formatter(matplotlib.ticker.FuncFormatter(lambda
x, p: format(int(x), ',')))
plt.legend()
plt.show()
```

Die tatsächlichen Werte und die durch ARIMA vorhergesagten Werte sind in Abb. 9-20 dargestellt.

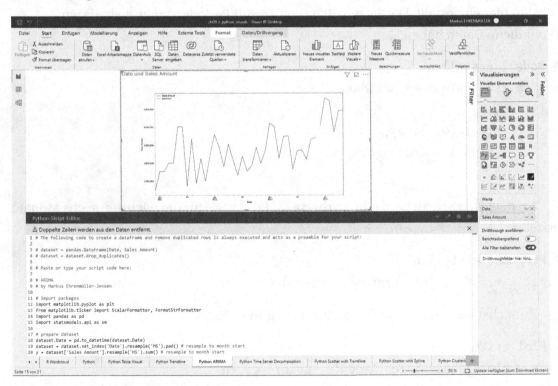

Abb. 9-20. *Python-Skript-Visual: ARIMA*

Python-Script-Visual: Zeitreihenzerlegung

In Python können wir die Komponenten, die eine Zeitreihe ausmachen (und die vom Modell zur Vorhersage und Prognose verwendet werden), in Form eines Diagramms sehen. Ich habe *rcParams* importiert, um die Größenproportionen der Abbildung einstellen zu können.

```
# Pakete importieren
import matplotlib.pyplot as plt
import pandas as pd
import statsmodels.api as sm
from pylab import rcParams
```

Die nächsten Zeilen zur Vorbereitung des Datensatzes entsprechen denen, die wir im vorherigen Abschnitt gesehen haben:

```
# Datensatz vorbereiten
datensatz.Datum = pd.to_datetime(datensatz.Datum)
dataset = dataset.set_index('Datum').resample('MS').pad()
y = dataset['Verkaufsbetrag'].resample('MS').sum()
```

Das Modell wird über die Funktion sm.tsa.seasonal_decompose erstellt:

```
# Modell erstellen
decomposition = sm.tsa.seasonal_decompose(y, model="additive")
```

Zunächst stelle ich die Größe der Figur so ein, dass sie den verfügbaren Platz so gut wie möglich ausfüllt:

```
# Plot erstellen
rcParams['figure.figsize'] = 12, 6
```

Dann stelle ich das Modell dar:

```
dekomposition.plot()
plt.show()
```

Das Diagramm in Abb. 9-21 zeigt die entdeckten Teile der Zeitreihe der Umsätze. Im Allgemeinen zeigt sich ein positiver *Trend* im Zeitverlauf und sich wiederholende *saisonale* Muster. Die Teile, die nicht durch *Trend* und *Saison* erklärt werden können, sind *Resid*, kurz für Residuen.

255

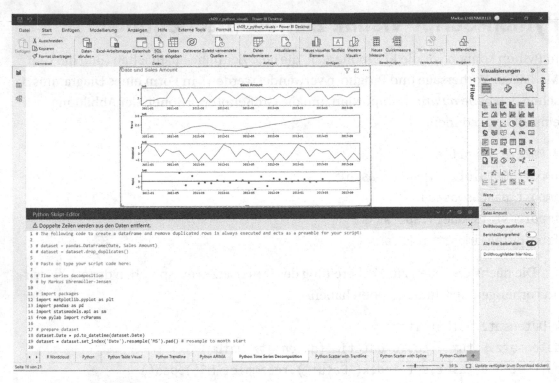

Abb. 9-21. *Python-Skript-Visual: Zeitreihenzerlegung*

Python-Script-Visual: Streuung mit Trendlinie

Hier kommt das visuelle Python-Skript, um die *Bestellmenge* der *Reseller Sales* über den *Stückpreis* mit einer geraden Trendlinie darzustellen. Das gesamte Skript ist dem Skript für die Trendlinie sehr ähnlich. *matplotlib* enthält alles, was wir für die Darstellung der Daten benötigen. Und wir verwenden *sklearn* zur Berechnung der Werte für die Trendlinie.

```
# Pakete importieren
import matplotlib.pyplot as plt
from sklearn import linear_model
```

Die Werte für die Trendlinie werden als einfaches lineares Regressionsmodell berechnet, das mit *UnitPrice* und *OrderQuantity* trainiert wird:

```
# Modell erstellen
m = linear_model.LinearRegression()
```

```
m.fit(dataset['UnitPrice']. values.reshape(-1, 1),
dataset['OrderQuantity']. values.reshape(-1, 1))
```

Anschließend wird das trainierte Modell auf die aktuellen Daten angewendet und als neue Spalte im bestehenden *Datensatz* des Datenrahmens gespeichert:

```
# Vorhersage erstellen
m.pred = m.predict(dataset.UnitPrice.values.astype(float).reshape(-1, 1))
dataset['prediction'] = m.pred
```

Dann werden zwei Linien eingezeichnet: die tatsächlichen Daten als grüne Punkte und der vorhergesagte Trend als Linie:

```
# Plot erstellen
ax = dataset.plot(
    x='UnitPrice',
    y='OrderQuantity',
    color='green',
    style='.',
    figsize=(13,6))
dataset.plot(
    x='UnitPrice',
    y='Vorhersage',
    ax=ax
    )
```

Beide Achsen werden mit dem richtigen Text beschriftet, und die Legende wird entfernt:

```
ax.set_xlabel('Stückpreis')
ax.set_ylabel('Bestellmenge')
ax.get_legend().remove()
plt.show()
```

Das Ergebnis des Scripts sehen Sie in Abb. 9-22, die eine indirekt proportionale Beziehung zwischen Stückpreis und Bestellmenge zeigt.

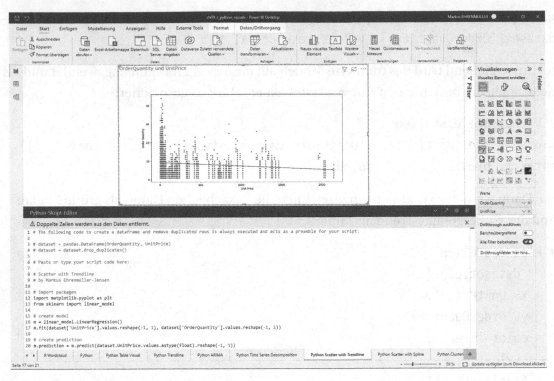

Abb. 9-22. *Python-Skript-Visual: Streuung mit Trendlinie*

Python-Script-Visual: Streuung mit Spline

Anstelle einer geraden Trendlinie können wir einen anderen Algorithmus verwenden, um eine gekrümmte Linie zu erzeugen. Je nach Anwendungsfall kann dies bessere Informationen über die Beziehung zwischen zwei Variablen liefern. Zu diesem Zweck habe ich zwei zusätzliche Pakete von *sklearn* hinzugefügt:

```
# Pakete importieren
import matplotlib.pyplot as plt
from sklearn.linear_model import LinearRegression
from sklearn.preprocessing import PolynomialFeatures
from sklearn.pipeline import make_pipeline
```

Wenn Sie den Datenrahmen nicht sortieren, wird der resultierende Spline auf der x-Achse hin und her wandern – was in unserem Fall nicht sinnvoll ist. Deshalb sortiere ich die Zeilen des Datenrahmens wie folgt:

```
# Datensatz vorbereiten
dataset = dataset.sort_values(by=['UnitPrice'])
```

Das Modell ist immer noch eine lineare Regression, aber ein Polynom
fünften Grades.

```
# Modell erstellen
m = make_pipeline(PolynomialFeatures(degree = 5), LinearRegression())
m.fit(dataset['UnitPrice']. values.reshape(-1, 1),
dataset['OrderQuantity']. values.reshape(-1, 1))
```

Für die Erstellung einer Vorhersage mit diesem Modell wird derselbe Code wie für
das einfache lineare Regressionsmodell verwendet:

```
# Vorhersage erstellen
m.pred = m.predict(dataset.UnitPrice.values.astype(float).reshape(-1, 1))
dataset['prediction'] = m.pred
```

Hier gibt es nicht wirklich etwas zu lernen. Die vorhergesagten Werte sind anders,
aber der Code zur Darstellung ist derselbe wie im vorherigen Abschnitt:

```
# Plot erstellen
ax = dataset.plot(
    x='UnitPrice',
    y='OrderQuantity',
    color='green',
    style='.',
    figsize=(13,6))
dataset.plot(
    x='UnitPrice',
    y='Vorhersage',
    ax = ax
    )
ax.set_xlabel('Stückpreis')
ax.set_ylabel('Bestellmenge')
ax.get_legend().remove()
plt.show()
```

Der Spline wird in Abb. 9-23 angewendet.

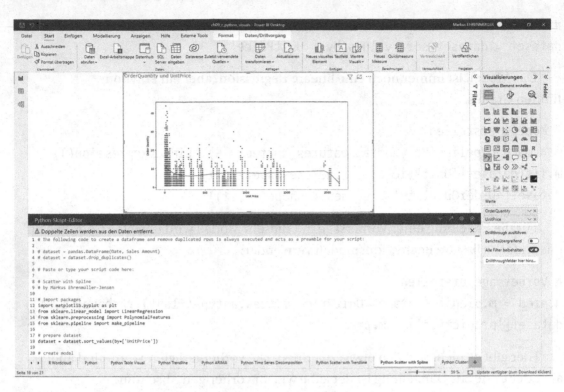

Abb. 9-23. *Python-Skript-Visual: Streuung mit Spline*

Python-Skript-Visual: Clustering

Für das Clustering habe ich einen K-Means-Algorithmus aus dem Paket *sklearn* gewählt:

```
# Pakete importieren
import matplotlib.pyplot as plt
from sklearn.cluster import KMeans
```

Ich bitte die Funktion KMeans, drei Cluster im *Datensatz* zu finden. Was die richtige oder falsche Anzahl von Clustern ist, hängt ganz von Ihnen und Ihrem Anwendungsfall ab.

```
# Modell erstellen
kmeans = KMeans(n_clusters=3).fit(Datensatz)
```

Das Ergebnis wird dann als Punktdiagramm dargestellt, wobei den Clustern der Parameter *c* zugewiesen wird, der die Farbe steuert. Ich habe den Parameter *alpha* auf 0,3 gesetzt, um die Datenpunkte durchsichtig zu machen, so dass man sehen kann, wo Überschneidungen (in dichten Bereichen des Diagramms) auftreten.

```
# Plot erstellen
fig = plt.figure(figsize=(13,6))
plt.scatter(
    dataset['UnitPrice'],
    dataset['OrderQuantity'],
    c = kmeans.labels_. astype(float),
    alpha = 0,3)
plt.show()
```

Die K-Means-Implementierung, die in diesem Beispiel verwendet wird, ist die gleiche wie in dem vorhergehenden Beispiel in R. Abb. 9-24 zeigt dieselben drei Cluster.

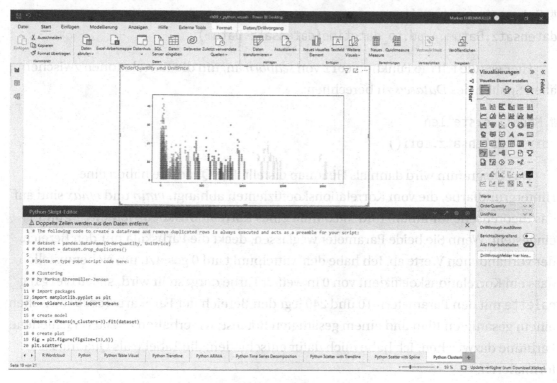

Abb. 9-24. *Python-Skript-Visual: Clustering*

Python-Skript-Visual: Korrelationsdiagramm

Das Korrelationsdiagramm im folgenden Python-Skript sieht ein wenig anders aus als das Layout in R, zeigt aber die gleichen Informationen und die gleiche Korrelation wie zuvor mit dem R-Skript visualisiert. Ich habe es auf *Rabattbetrag, Fracht, Bestellmenge, Produktstandardkosten, Umsatz, Gesamtproduktkosten* und *Stückpreis*

*Durchschnitt*aufgebaut. Die Spalte *Datum* wurde hinzugefügt, um die Granularität von aggregierten Gesamtwerten bis hin zu Aggregationen pro Datum (auch bekannt als Monat) zu erhalten. Wir lernen hier ein neues Paket kennen: *seaborn*.

```
# Pakete importieren
import matplotlib.pyplot as plt
import pandas as pd
seaborn als sns importieren
```

Konvertieren Sie die Spalte *Datum* in Datum/Zeit, so wie wir es in den vorherigen Abschnitten mehrfach gesehen haben:

```
# Datensatz vorbereiten
datensatz.Datum = pd.to_datetime(datensatz.Datum)
```

Hier wende ich die Funktion `corr` von *seaborn* an, um die Korrelationen zwischen allen Spalten des *Datasets* zu berechnen:

```
# Modell erstellen
corr = datensatz.corr()
```

Das Diagramm wird dann als Heatmap erstellt. Die Quadrate haben eine Hintergrundfarbe, die vom Korrelationskoeffizienten abhängt. *vmin* und *vmax* sind auf das theoretische Minimum und Maximum eines Korrelationskoeffizienten (−1 und 1) eingestellt. Wenn Sie beide Parameter weglassen, deckt die Farbskala nur den Bereich der vorhandenen Werte ab. Ich habe den Mittelpunkt auf 0 gesetzt, um sicherzustellen, dass ein Korrelationskoeffizient von 0 in weißer Farbe dargestellt wird. `sns.diverging_palette` mit den Parametern 10 und 240 legt den Bereich der Farbkarte (`cmap`) zwischen einem gesättigten Blau und einem gesättigten Rot fest; wir erhalten n=200 verschiedene Farbtöne dazwischen. Ich habe mich dafür entschieden, die Tabelle als Quadrat zu formatieren.

```
# Plot erstellen
ax = sns.heatmap(
    korr,
    vmin=-1,
    vmax=1,
```

```
    cmap=sns.diverging_palette(0, 250, n=200),
    quadratisch=True
)
```

`ax.set_xticklabels` sorgt dafür, dass die Namen auf der X-Achse in einem lesbaren Format erscheinen.

```
ax.set_xticklabels(
    ax.get_xticklabels(),
    Drehung=45,
    horizontalalignment='right'
)
plt.show()
```

Das Ergebnis des Skripts sehen Sie in Abb. 9-25. Das Layout ist etwas anders als in der R-Version des Skripts. Die Informationen sind jedoch völlig identisch.

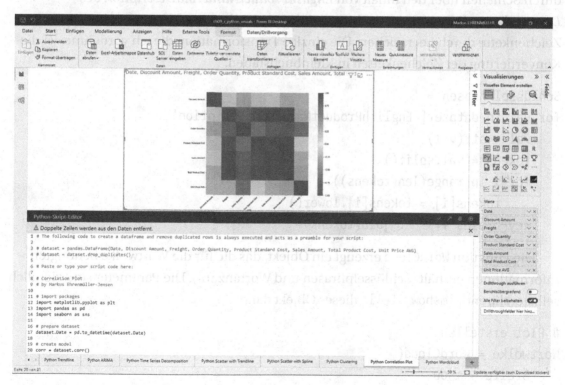

Abb. 9-25. *Python-Skript-Visual: Korrelationsdiagramm*

Python-Script-Visual: Wortwolke

Das letzte Skript in diesem Kapitel erzeugt eine Wortwolke aus *Product's EnglishProductNameAndDescription*. Ich verwende ein Paket mit demselben Namen:

```
# Pakete importieren
import matplotlib.pyplot as plt
import pandas as pd
from wordcloud import Wortwolke, STOPWORDS
```

Die eigentlichen Stoppwörter werden aus dem Wordcloud-Paket importiert:

```
# Datensatz vorbereiten
stopwords = set(STOPWORDS)
```

Dann initialisiere ich eine Variable *KeyPhrases* und fülle sie mit dem Token, das durch Schleifen über den Inhalt von *EnglishProductNameAndDescription* des *Datenrahmen-Datensatzes* extrahiert wurde. Die Funktion split trennt eine Zeichenkette durch Leerzeichen. Die einzige Transformation, die ich vornehme, ist die Konvertierung der Zeichenketten in Kleinbuchstaben.

```
SchlüsselPhrasen = ''
for val in dataset['EnglishProductNameAndDescription']:
    val = str(val)
    tokens = val.split()
    for i in range(len(tokens)):
        tokens[i] = tokens[i].lower()
    KeyPhrases += " ". join(tokens)+" "
```

Die Funktion WordCloud erzeugt ein Objekt, das die für die Wortwolke benötigten Informationen enthält (Schlüsselphrasen und Wortanzahl). Die Parameter sind ziemlich selbsterklärend. imshow stellt dieses Objekt dar.

```
# Plot erstellen
Wortwolke = WordCloud(
    Breite = 1500,
    Höhé = 1000,
    background_color ='weiß',
    Stoppwörter = Stoppwörter,
```

```
    min_font_size = 10). generate(KeyPhrases)
plt.imshow(wortwolke, interpolation="bilinear")
plt.axis("aus")
plt.show()
```

Abb. 9-26 zeigt das Ergebnis des Skripts: ein Rechteck und eine bunte Wortwolke.

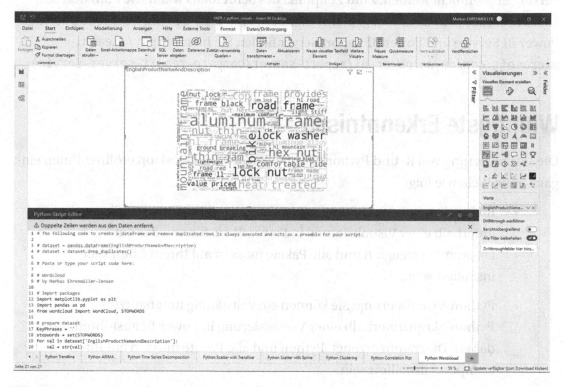

Abb. 9-26. *Python-Skript-Visual: Wortwolke*

Power BI-Dienst und Power BI-Berichtsserver

R- und Python-Visualisierungen werden in Power BI Service ebenfalls unterstützt. Wenn Sie beabsichtigen, Berichte im Dienst zu veröffentlichen, prüfen Sie bitte sorgfältig, ob die Pakete, die Sie zu verwenden beabsichtigen, im Dienst verfügbar sind – und wenn ja, welche Version verfügbar ist. Auf die unterstützten Packages im Service haben Sie keinen Einfluss. Verwenden Sie immer die unterstützten Versionen der Pakete auf Ihrem Computer, um Überraschungen nach der Veröffentlichung zu vermeiden.

Unter diesem Link finden Sie eine Liste der in Power BI Service unterstützten R-Pakete: https://learn.microsoft.com/de-de/power-bi/connect-data/service-r-packages-support. Und dieser Link informiert über Python-Pakete in Power BI Service: https://powerbi.microsoft.com/de-de/blog/python-visualizations-in-power-bi-service/.

Sie können R- und Python-Visualisierungen in Power BI Desktop for Report Server verwenden, aber die Visualisierungen funktionieren nicht, wenn sie auf Power BI Report Server veröffentlicht werden. Zum Zeitpunkt des Schreibens war diese Funktion auf ideas.powerbi.com als „nicht geplant" markiert. Eine Liste der Unterschiede zwischen Power BI Service und Power BI Report Server finden Sie hier: https://learn.microsoft.com/de-de/power-bi/report-server/compare-report-server-service.

Wichtigste Erkenntnisse

Die Visualisierung von R- und Python-Skripten in Power BI Desktop eröffnet Ihnen eine ganz neue Welt, wie folgt:

- R-Visualisierung: Sie können ein vollständig unterstütztes R-Skript innerhalb einer Visualisierung in Power BI ausführen, das ein Diagramm erzeugt. R und alle Pakete müssen auf Ihrem Computer installiert sein.

- Python-Visualisierung: Sie können ein vollständig unterstütztes Python-Skript innerhalb einer Visualisierung in Power BI ausführen, das ein Diagramm erzeugt. Python und alle Pakete müssen auf Ihrem Computer installiert sein.

- *Skript in externer IDE bearbeiten* ist eine coole Funktion zur Verbindung von Power BI mit einem R- und/oder Python-Editor Ihrer Wahl. Das Skript wird nicht nur in der externen IDE geöffnet, sondern auch die aktuellen Daten werden exportiert, und am Anfang des Skripts werden automatisch Codezeilen hinzugefügt, um die Daten zu importieren.

- R, Python und die gängigsten Pakete sind in Power BI Service verfügbar.

- Power BI Report Server unterstützt keine R- und/oder Python-Visualisierungen.

Noch nicht genug von R und Python? Im nächsten Kapitel erfahren Sie, wie Sie R und Python in Power Query verwenden können.

KAPITEL 10

Datentransformation mit R und Python

R und Python

Bevor Sie mit der Lektüre dieses Kapitels fortfahren, vergewissern Sie sich, dass Sie die Erläuterungen in den ersten Abschnitten von Kap. 9 („Ausführen von R- und Python-Visualisierungen") verstanden haben. Alle Hinweise dazu, was Sie installieren und welche Optionen Sie einstellen müssen, bevor Sie mit den Beispielen beginnen können, gelten auch für dieses Kapitel.

R und Python können nicht nur innerhalb einer Visualisierung, sondern auch in Power Query verwendet werden. Darauf werden wir uns in diesem Kapitel konzentrieren. Wir beginnen mit R. Erklärungen und Beispiele für Python finden Sie in der zweiten Hälfte dieses Kapitels.

Unabhängig davon, ob Sie Skripte in R oder in Python verwenden, werden alle mehr oder weniger die folgenden Schritte enthalten (einzelne Schritte können weggelassen werden):

- Pakete/Bibliotheken laden

- Datensatz vorbereiten

- Modell erstellen

- Ausgabe erstellen

Alle Daten aus dem vorherigen Schritt in Power Query (wenn Sie eine Skripttransformation verwenden) werden als *Datenrahmen-Datensatz* angezeigt (ähnlich wie ein visuelles Skript, wie im vorherigen Kapitel beschrieben).

M. Ehrenmueller-Jensen, *Self-Service AI mit Power BI*, https://doi.org/10.1007/978-1-4842-9383-6_10

Der letzte Schritt ist obligatorisch, um das Ergebnis an den nächsten Schritt zurückzugeben (sowohl in einer Skriptquelle als auch in einer Skripttransformation). Bei einer Skripttransformation in R muss das Skript einen neuen Datenrahmen erstellen – andernfalls kann Power Query das Ergebnis nicht empfangen. In Python kann alles zum *Datenrahmen-Datensatz* hinzugefügt werden.

Daten mit R laden

In Abb. 10-1 sehen Sie den Inhalt von Schritt *Source* der Abfrage *R Source*. Es handelt sich um ein einfaches R-Skript mit einer einzigen Codezeile, die die Funktion `read.csv` aufruft, um den Inhalt des angegebenen Pfads zu laden und ihn in einem Datenrahmen mit dem Namen *dataset* abzulegen. Wir können auch sehen, dass *dataset* in Form einer *Tabelle* in Power Query angezeigt wird, die dann im nächsten Schritt *(Navigation)* in ihre Spalten erweitert wird.

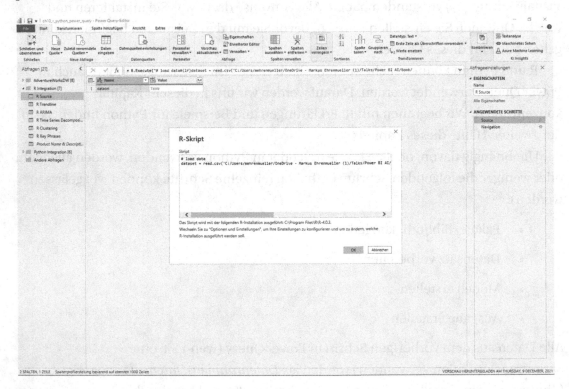

Abb. 10-1. *R-Skript-Quelle*

Hier ist der Code aus dem R-Skript. Sie müssen den Pfad (**fett** markiert) entsprechend ändern, wenn Sie ihn selbst ausprobieren möchten. Achten Sie darauf, dass die Elemente im Pfad entweder durch Schrägstriche (/) oder doppelte Backslashes (\\) getrennt werden. Sie können den Pfad entweder in der Bearbeitungsleiste über das Zahnradsymbol bei Schritt *Quelle* oder im erweiterten Editor ändern:

```
# Daten laden
dataset = read.csv('C:/Users/mehre/OneDrive-Markus Ehrenmueller(1)/
Talks/Power BI AI/Book/ch10_r_python_power_query_demo/Date&SalesAmount.
csv', check.names = FALSE, encoding = "UTF-8", blank.lines.skip
= FALSE);
```

Hinweis Dieses Beispiel, das Laden von Daten aus einer CSV-Datei über ein R-Skript, dient zu Lehrzwecken, um ein einfaches Skript zu demonstrieren. Ich würde es vorziehen, die Aufgabe stattdessen mit den nativen Power Query-Funktionen zu erledigen (z. B. *Daten abrufen - Text/CSV* im Menüband).

Wenn Sie Daten mit einem R-Skript in Power BI laden möchten, gehen Sie wie folgt vor:

- Wählen Sie *Startseite - Daten transformieren* im Menüband von Power BI, um Power Query zu starten (falls Sie dies noch nicht getan haben).

- Wählen Sie *Startseite - Neue Quelle* in Power Query. Eine lange Liste möglicher Datenquellen wird in einem Flyout-Fenster angezeigt. Verwenden Sie das Suchfeld oder die Bildlaufleiste, um das *R-Skript* zu finden und auszuwählen (Abb. 10-2).

Abb. 10-2. *Abrufen von Daten aus R- oder Python-Skripten*

- Geben Sie das Skript Ihrer Wahl ein (oder fügen Sie es ein). Leider ist dieser Editor nicht viel mehr als ein Textfeld (d. h. keine Syntaxhervorhebung), und wir können hier keine externe IDE starten (Abb. 10-3).

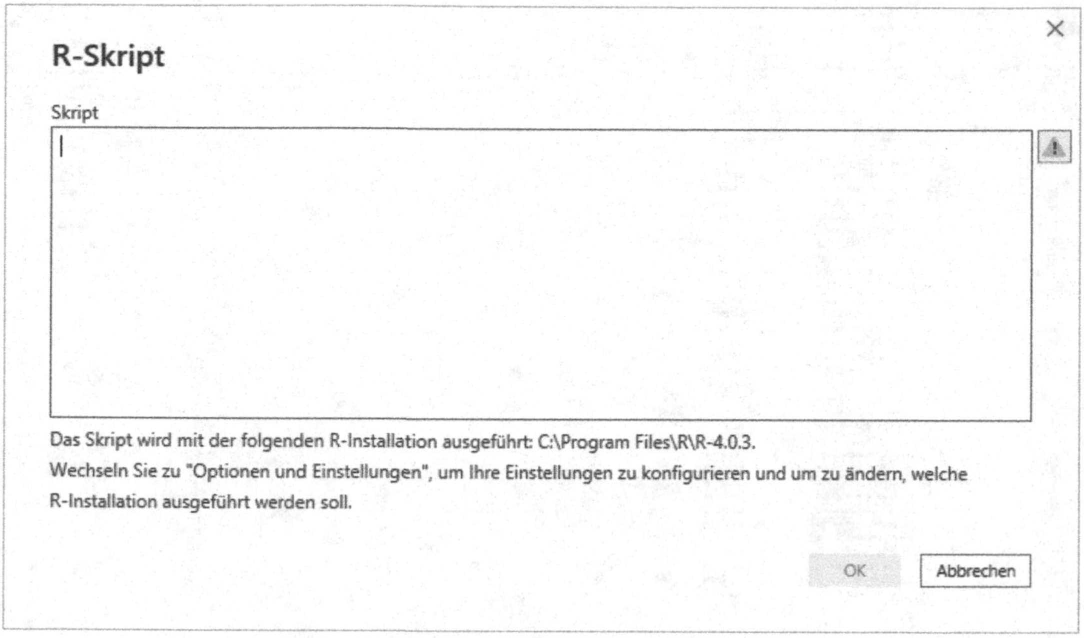

Abb. 10-3. *R-Skript-Editor*

- Das Ergebnis dieses Schrittes ist eine Liste aller vom Skript erstellten Datenrahmen (bereits in Abb. 10-1 dargestellt). *Name* zeigt den Namen des Datenrahmens an. *Wert* zeigt *Tabelle* an. Sie können auf die Zelle klicken, die *Tabelle* enthält (nicht auf den Text selbst), um eine Vorschau des Inhalts zu erhalten. Klicken Sie auf den Text *Tabelle* selbst, um den gesamten Datenrahmen zu erweitern. Sie erhalten alle im Datenrahmen enthaltenen Zeilen und Spalten und können den Inhalt weiter transformieren, wenn Sie möchten. Dies ist in Abb. 10-4 dargestellt.

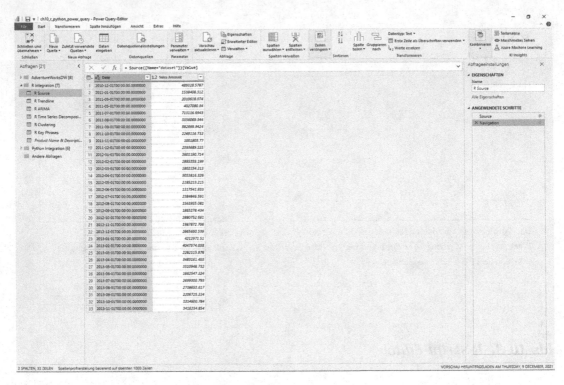

Abb. 10-4. *Ergebnis des R-Skripts*

- Wählen Sie im Menüband *Schließen & Anwenden*, um das Power Query-Fenster zu schließen und die neuen Daten in das Datenmodell von Power BI zu laden. In der Feldliste wird eine neue Tabelle mit allen ausgewählten Spalten des Datenrahmens angezeigt.

- Stellen Sie sicher, dass Sie die richtigen Beziehungen in der Modellansicht von Power BI festlegen. Ich habe eine One-to-Many-Beziehung zwischen der Spalte *Datum* in der Tabelle *Datum* und der Spalte *Datum* der neuen Tabelle erstellt.

Daten mit R transformieren

In Abb. 10-5 sehen Sie den Inhalt des Schritts *R-Skript ausführen* der Abfrage *R Trendline*. Die Ergebnismenge aus dem vorherigen Schritt wird diesem Skript als *Datenrahmen-Datensatz* übergeben. Das R-Skript erstellt später die *Datenrahmenausgabe*, die die Spalten *Datum*, *Umsatz* und *Prognose* enthält. Die letzte Spalte enthält die Werte für eine

Trendlinie, die als lineare Regression erzeugt wurde. Der Datenrahmen wird in Form einer *Tabelle* an Power Query übergeben, die dann im nächsten Schritt *(Navigation)* in ihre Spalten erweitert wird. Der Inhalt dieses Skripts und weitere Beispiele werden in den folgenden Abschnitten ausführlich behandelt.

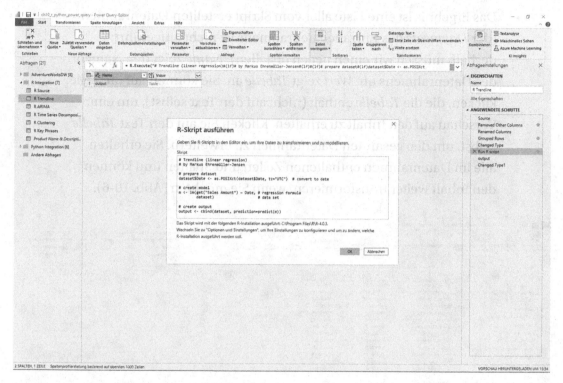

Abb. 10-5. *R-Skript-Transformation*

Wenn Sie Daten in Power Query mit einem R-Skript transformieren möchten, führen Sie die folgenden Schritte aus:

- Wählen Sie *Startseite - Daten transformieren* im Menüband von Power BI, um Power Query zu starten (falls Sie dies noch nicht getan haben).

- Erstellen Sie eine neue Abfrage oder suchen Sie eine vorhandene Abfrage. Fügen Sie einen Schritt hinzu, indem Sie *Transformieren - R-Skript* in Power Query *ausführen* wählen (wie in Abb. 10-5 gezeigt).

- Geben Sie das Skript Ihrer Wahl ein (oder fügen Sie es ein). Leider können wir in diesem Schritt keine externe IDE starten. Der Inhalt des vorherigen Schritts wird dem Skript als *Datenrahmen-Datensatz*

273

zur Verfügung gestellt. Sie müssen einen Datenrahmen mit einem anderen Namen erstellen (ich wähle in der Regel *Ausgabe*), um die Daten für den nachfolgenden Schritt in der Power Query verfügbar zu machen (wie in Abb. 10-5 gezeigt).

- Das Ergebnis ist eine Liste aller vom Skript erstellten Datenrahmen (der *Datensatz* des Eingabedatenrahmens ist nicht aufgeführt; deshalb müssen wir einen neuen erstellen). *Name* zeigt den Namen des Datenrahmens an. *Wert* zeigt *Tabelle* an. Sie können auf die Zelle klicken, die die *Tabelle* enthält (nicht auf den Text selbst), um eine Vorschau auf den Inhalt zu erhalten. Klicken Sie auf den Text *Tabelle* selbst, um den gesamten Datenrahmen zu erweitern. Sie erhalten alle im Datenrahmen enthaltenen Zeilen und Spalten und können den Inhalt weiter transformieren, wenn Sie möchten (Abb. 10-6).

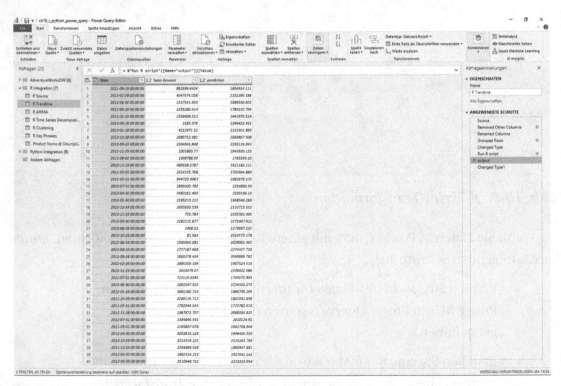

Abb. 10-6. *Ergebnis der R-Skript-Transformation*

- Wählen Sie im Menüband *Schließen & Anwenden*, um das Power Query-Fenster zu schließen und die neuen Daten in das Datenmodell von Power BI zu laden. In der Feldliste wird eine neue Tabelle mit allen ausgewählten Spalten des Datenrahmens angezeigt.

- Stellen Sie sicher, dass Sie die richtigen Beziehungen in der Modellansicht von Power BI festlegen. Ich habe eine One-to-Many-Beziehung zwischen der Spalte *Datum* in der Tabelle *Datum* und der Spalte *Datum* der neuen Tabelle erstellt.

Trendlinie

Das R-Skript in Power Query *R Trendline* (im Schritt *R-Skript ausführen*) hat nur eine Codezeile mit dem Skript im Abschn. „Trendline" in Kap. 9 gemeinsam. Dort wurde die Trendlinie innerhalb von `ggplot` generiert, was wir hier nicht verwenden können, da wir keine Daten plotten, sondern den Ausgabedatenrahmen erstellen wollen. Das Skript verwendet nur die Funktionalität des Basispakets – es müssen keine Pakete geladen werden. Allerdings müssen wir die Spalte *Datum* konvertieren, wie wir es in fast allen R-Skripten in diesem Buch getan haben:

```
# Datensatz vorbereiten
datensatz$Datum <- as.POSIXct(datensatz$Datum, tz="UTC")
```

Ich rufe die Funktion `lm` aus dem R-Basispaket auf, um das Modell *m* zu erstellen. Sie erstellt ein lineares Regressionsmodell. Der erste Parameter ist die Formel. Das Tilde-Symbol (~) bedeutet „durch". Wir suchen nach einem Modell, das den *Umsatz* nach *Datum* erklärt. Der zweite Parameter ist der Datenrahmen, der die Daten zum Trainieren des Modells enthält.

```
# Modell erstellen
m <- lm(get("Sales Amount") ~ Date, dataset)
```

Der Ausgabedatenrahmen wird dann über die Funktion `cbind` erstellt, die neue Spalten an einen bestehenden Datenrahmen bindet. Das Ergebnis der Funktion `prediction` (mit dem generierten Modell *m* als Parameter) wird als neue Spalte (mit dem Namen *prediction*) zum *Datensatz* hinzugefügt und als *Ausgabe* gespeichert.

```
# Ausgabe erstellen
Ausgabe <- cbind(Datensatz, Vorhersage=Vorhersage(m))
```

Das Ergebnis des Skripts haben wir bereits in Abb. 10-6 gesehen.

Zeitreihenzerlegung

Query *R Time Series Decomposition* enthält das folgende Skript. Es lädt das Paket *forecast*, um die Zeitreihenzerlegung zu erstellen (wie im Schwesterabschnitt in Kap. 9). Später verwende ich die Funktion fortify aus dem Paket *ggfortify*.

```
# Pakete laden
library(Prognose)
Bibliothek(ggfortify)
```

Die Vorbereitung erfolgt genau wie in Kap. 9. Der Datentyp der Spalte *Datum* wird konvertiert, und die Funktion ts zerlegt die Zeitreihe.

```
# Datensatz vorbereiten
datensatz$Datum <- as.POSIXct(datensatz$Datum)
ts = ts(
    dataset["Verkaufsbetrag"],
    Start = c(2011,1),
    Frequenz = 12)
```

Die Funktion fortify fügt die Informationen aus *ts* als neue Spalten zu einem bestehenden *Datenrahmen-Datensatz* hinzu. Das Ergebnis wird in der *Datenrahmenausgabe* gespeichert.

```
# Ausgabe erstellen
output <- fortify(decompose(ts), dataset)
```

Das Ergebnis in Abb. 10-7 zeigt drei neue Spalten: *Trend*, *Saisonal* und *Rest*.

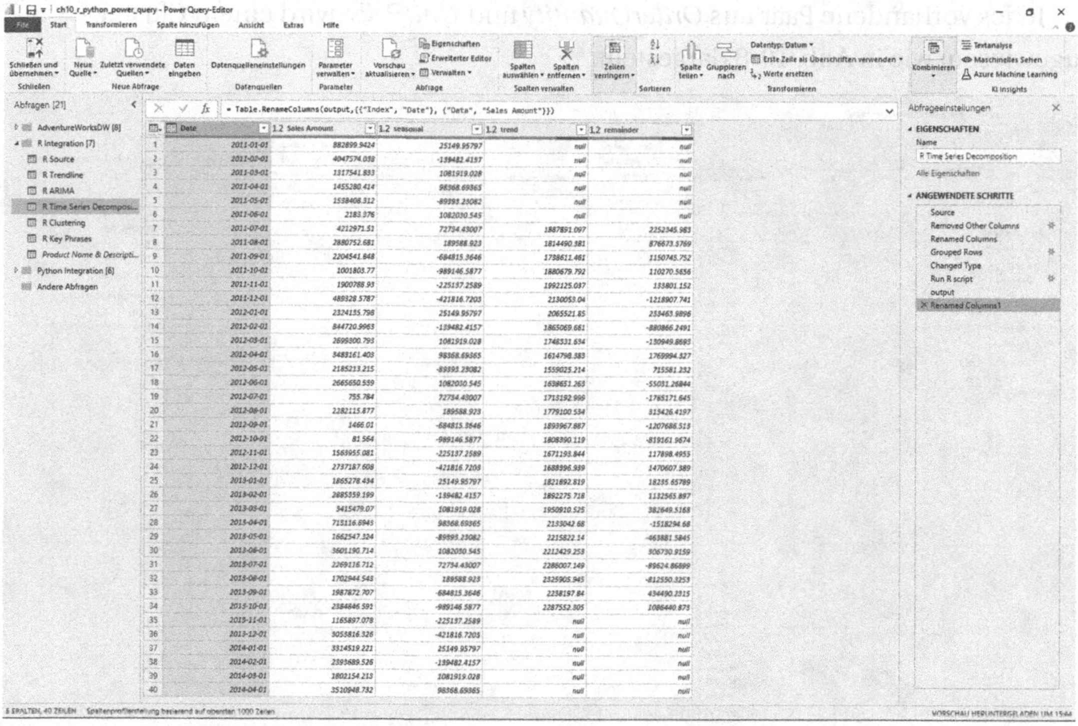

Abb. 10-7. *Das R-Skript hat drei neue Spalten hinzugefügt*

Clustering

Das Clustering erfolgt wieder durch einen K-Means-Algorithmus (genau wie in Kap. 9). Sie können das vollständige Skript in der Abfrage *R Clustering* sehen. Es wird kein spezielles Paket benötigt, da das Basispaket von R die Funktion KMeans bereits enthält. Das Modell wird über den *Datensatz* erstellt und aufgefordert, drei Cluster zuzuordnen, wie folgt:

```
# Modell erstellen
m <- kmeans(x = Datensatz, Zentren = 3)
```

Der Cluster wird dann als neue Spalte im *Datenrahmen-Datensatz* gespeichert:

```
Datensatz$Cluster <- as.character(m$Cluster)
```

Alles wird dann in die *Datenrahmenausgabe* kopiert:

```
# Ausgabe erstellen
Ausgabe <- Datensatz
```

Jedes vorhandene Paar aus *OrderQuantity* und *UnitPrice* wird einem Cluster zugewiesen, wie in Abb. 10-8 dargestellt.

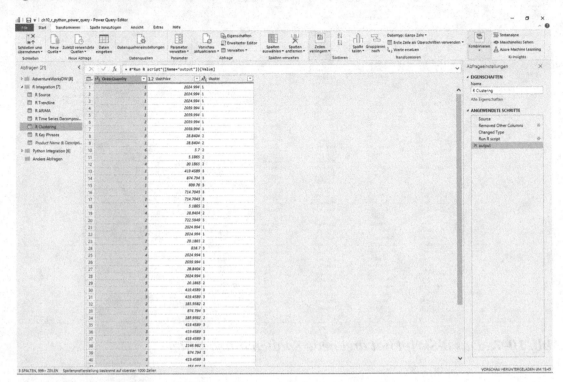

Abb. 10-8. *R-Skript mit Kombinationen von OrderQuantity und UnitPrice und ihren Clustern*

Die wichtigsten Erkenntnisse

Das Extrahieren von Schlüsselsätzen unterscheidet sich nicht wesentlich von dem, was wir in dem R-Skript-Visual in Kap. 9 gemacht haben. Anstatt eine Wortwolke zu zeichnen, geben wir in diesem Beispiel einen Datenrahmen namens *output* zurück. (Wir werden die Schlüsselphrasen in einem späteren Abschnitt dieses Kapitels darstellen).

```
# Paket laden
bibliothek(tm)
# Daten vorbereiten
vc <- VCorpus(VectorSource(dataset$EnglishProductNameAndDescription))
vc <- tm_map(vc, content_transformer(tolower))
vc <- tm_map(vc, removeNumbers)
```

```
vc <- tm_map(vc, removeWords, stopwords())
vc <- tm_map(vc, removePunctuation)
vc <- tm_map(vc, stripWhitespace)
vc <- tm_map(vc, stemDocument)
# Ausgabe erstellen
output <- data.frame(text = sapply(corpus_clean, paste, collapse = " "),
stringsAsFactors = FALSE)
```

Einen Teil der vom R-Skript extrahierten Schlüsselsätze sehen Sie in Abb. 10-9. Wir werden diese Schlüsselsätze später in einer visuellen Wortwolke verwenden.

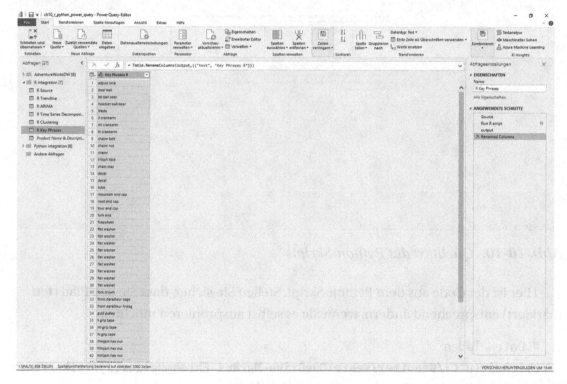

Abb. 10-9. *R-Skript-Ausgabe der Schlüsselphrasen*

Daten mit Python laden

Jetzt werden wir das Thema von R auf Python ändern. In Abb. 10-10 sehen Sie den Inhalt des Schritts *Source* der Abfrage *Python Source*. Es ist ein einfaches Python-Skript mit zwei Codezeilen, die die Funktion os.chdir aufrufen, um den Ordner in den angegebenen Pfad zu ändern, und read.csv, um den Inhalt der angegebenen Datei in einen Datenrahmen mit dem Namen *dataset* zu laden. Wir können auch sehen, dass *dataset* in Form einer *Tabelle* in Power Query angezeigt wird, die dann im nächsten Schritt *(Navigation)* in ihre Spalten erweitert wird.

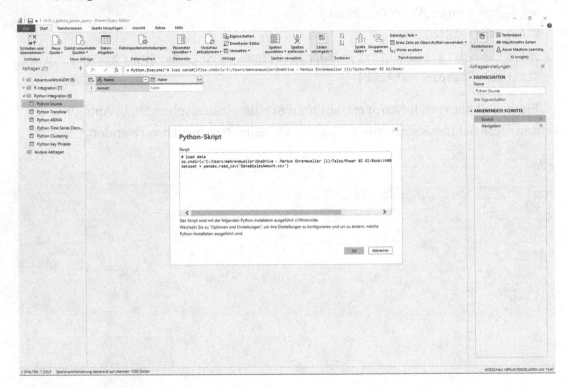

Abb. 10-10. *Quelltext des Python-Skripts*

Hier ist der Code aus dem Python-Skript. Stellen Sie sicher, dass Sie den Pfad (**fett** markiert) entsprechend ändern, wenn Sie es selbst ausprobieren möchten:

```
# Daten laden
os.chdir(u'C:/Benutzer/mehre\OneDrive-Markus Ehrenmueller(1)/Talks/Power
BI AI/Book/ch10_r_python_power_query_demo')
dataset = pandas.read_csv('Datum&UmsatzBetrag.csv')
```

Hinweis   Dieses Beispiel, das Laden von Daten aus einer CSV-Datei über ein Python-Skript, dient zu Lehrzwecken, um ein einfaches Skript zu demonstrieren. Ich würde es vorziehen, die Aufgabe stattdessen mit den nativen Power Query-Funktionen zu erledigen (z. B. *Daten abrufen - Text/CSV* im Menüband).

Wenn Sie Daten mit einem Python-Skript in Power BI laden möchten, gehen Sie wie folgt vor:

- Wählen Sie *Startseite - Daten transformieren* im Menüband von Power BI, um Power Query zu starten (falls Sie dies noch nicht getan haben).

- Wählen Sie *Startseite - Neue Quelle* in Power Query. Eine lange Liste möglicher Datenquellen wird in einem Flyout-Fenster angezeigt. Verwenden Sie das Suchfeld oder die Bildlaufleiste, um das *Python-Skript* zu finden und auszuwählen (Abb. 10-11).

Abb. 10-11. *Abrufen von Daten aus einem R- oder Python-Skript*

- Geben Sie das Skript Ihrer Wahl ein (oder fügen Sie es ein). Leider ist dieser Editor nicht viel mehr als ein Textfeld (d. h. es gibt keine Syntaxhervorhebung), und wir können hier keine externe IDE starten (Abb. 10-12).

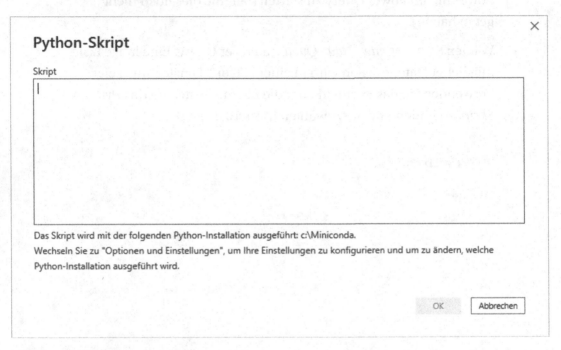

Abb. 10-12. *Python-Skript-Editor*

- Das Ergebnis ist eine Liste aller durch das Skript erstellten Datenrahmen (bereits in Abb. 10-10 gezeigt). *Name* zeigt den Namen des Datenrahmens an. *Wert* zeigt *Tabelle* an. Sie können auf die Zelle klicken, die *Tabelle* enthält (nicht auf den Text selbst), um eine Vorschau des Inhalts zu erhalten. Klicken Sie auf den Text *Tabelle* selbst, um den gesamten Datenrahmen zu erweitern. Sie erhalten alle im Datenrahmen enthaltenen Zeilen und Spalten und können den Inhalt weiter transformieren, wenn Sie möchten. Dies ist in Abb. 10-13 dargestellt.

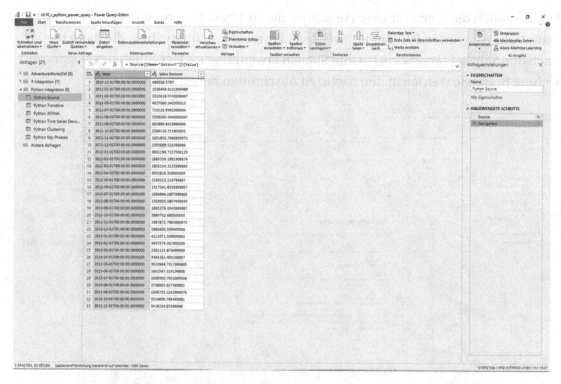

Abb. 10-13. *Ergebnis des Python-Skripts*

- Wählen Sie im Menüband *Schließen & Anwenden*, um das Power Query-Fenster zu schließen und die neuen Daten in das Datenmodell von Power BI zu laden. In der Feldliste wird eine neue Tabelle mit allen ausgewählten Spalten des Datenrahmens angezeigt.

- Stellen Sie sicher, dass Sie die richtigen Beziehungen in der Modellansicht von Power BI festlegen. Ich habe eine One-to-Many-Beziehung zwischen der Spalte *Datum* in der Tabelle *Datum* und der Spalte *Datum* der neuen Tabelle erstellt.

Daten mit Python transformieren

In Abb. 10-14 sehen Sie den Inhalt des Schritts *Python-Skript ausführen* der Abfrage *Python Trendline*. Das Ergebnis aus dem vorherigen Schritt wird diesem Skript als *Datenrahmen-Datensatz* übergeben. Das Python-Skript erstellt später die *Datenrahmenausgabe*, die die Spalten *Datum, Umsatz* und *Prognose* enthält. Die letzte

Spalte enthält die Werte für eine Trendlinie, die als lineare Regression erstellt wurde. Der Datenrahmen wird in Form einer *Tabelle* an Power Query übergeben, die dann im nächsten Schritt (*Navigation*) in ihre Spalten erweitert wird. Der Inhalt des Skripts und weitere Beispiele werden in den nächsten Abschnitten behandelt.

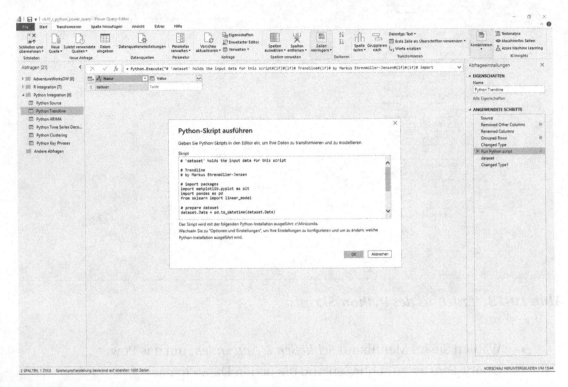

Abb. 10-14. *Transformation eines Python-Skripts*

Wenn Sie Daten in Power Query mit einem Python-Skript transformieren möchten, führen Sie die folgenden Schritte aus:

- Wählen Sie *Startseite - Daten transformieren* im Menüband von Power BI, um Power Query zu starten (falls Sie dies noch nicht getan haben).

- Erstellen Sie eine neue Abfrage oder suchen Sie nach einer vorhandenen Abfrage. Fügen Sie einen Schritt hinzu, indem Sie *Transformieren - Python-Skript* in Power Query *ausführen* wählen (wie in Abb. 10-14 gezeigt).

- Geben Sie das Skript Ihrer Wahl ein (oder fügen Sie es ein). Leider können wir in diesem Schritt keine externe IDE starten. Der Inhalt des vorherigen Schritts wird dem Skript als *Datenrahmen-Datensatz* zur Verfügung gestellt. Sie müssen einen Datenrahmen mit einem anderen Namen erstellen (ich wähle in der Regel *Ausgabe*), um die Daten für den nachfolgenden Schritt in der Power Query verfügbar zu machen (wie in Abb. 10-14 gezeigt).

- Das Ergebnis ist eine Liste aller vom Skript erstellten Datenrahmen (einschließlich des *Eingabedatensatzes* für den Datenrahmen; im Gegensatz zu R brauchen wir keinen neuen zu erstellen). *Name* zeigt den Namen des Datenrahmens an. *Wert* zeigt *Tabelle* an. Sie können auf die Zelle klicken, die die *Tabelle* enthält (nicht auf den Text selbst), um eine Vorschau auf den Inhalt zu erhalten. Klicken Sie auf den Text *Tabelle* selbst, um den gesamten Datenrahmen zu erweitern. Sie erhalten alle im Datenrahmen enthaltenen Zeilen und Spalten und können den Inhalt weiter transformieren, wenn Sie möchten (Abb. 10-15).

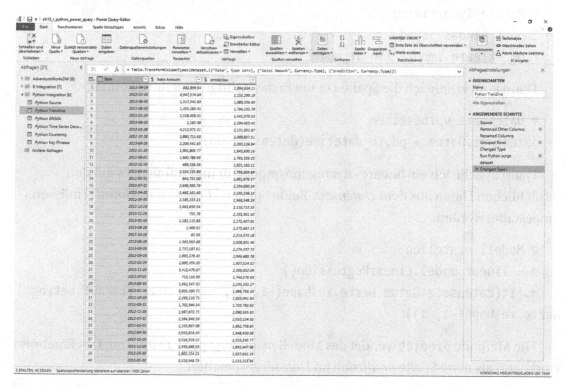

Abb. 10-15. *Ergebnis der Transformation in ein Python-Skript*

- Wählen Sie im Menüband *Schließen & Anwenden*, um das Power Query-Fenster zu schließen und die neuen Daten in das Datenmodell von Power BI zu laden. In der Feldliste wird eine neue Tabelle mit allen ausgewählten Spalten des Datenrahmens angezeigt.

- Stellen Sie sicher, dass Sie die richtigen Beziehungen in der Modellansicht von Power BI festlegen. Ich habe eine One-to-Many-Beziehung zwischen der Spalte *Datum* in der Tabelle *Datum* und der Spalte *Datum* der neuen Tabelle erstellt.

Trendlinie

Das Python-Skript in Power Query *Python Trendline* (im Schritt *Python-Skript ausführen*) ist genau dasselbe wie das Skript im Abschn. „Trendline" in Kap. 9, mit Ausnahme der letzten Zeilen, in denen das Diagramm erstellt wird:

```
# Pakete importieren
import pandas as pd
from sklearn import linear_model
```

Dann konvertiere ich die Spalte *Datum* in das richtige Datetime-Format.

```
# Datensatz vorbereiten
datensatz.Datum = pd.to_datetime(datensatz.Datum)
```

Dann erstelle ich ein lineares Regressionsmodell *m* und trainiere es mit den tatsächlichen Daten aus dem *Datensatz*. Beide Spalten (*Datum* und *Umsatz*) müssen umgestaltet werden.

```
# Modell erstellen
m = linear_model.LinearRegression()
m.fit(datensatz.Datum.Werte.reshape(-1, 1), datensatz['Verkaufsbetrag'].
Werte.reshape(-1, 1))
```

Die Methode `predict` wendet das Modell *m* auf die Spalte *Datum* an. Das Ergebnis wird dann als neue Spalte *prediction* im *Dataset* gespeichert.

```
# Vorhersage erstellen
m.pred = m.predict(datensatz.Datum.werte.astype(float).reshape(-1, 1))
dataset['prediction'] = m.pred
```

Das Ergebnis dieses Skripts haben wir bereits in Abb. 10-15 gesehen.

Zeitreihenzerlegung

Query *Python Time Series Decomposition* enthält das folgende Skript. Es nutzt das Paket *statsmodels.api* zur Berechnung der Teile der Zeitreihe. Es ist eine exakte Kopie des Skripts im Schwesterabschnitt in Kap. 9, mit dem Unterschied, dass in den letzten Zeilen des Codes das Ergebnis nicht gezeichnet wird, sondern neue Spalten mit den Ergebnissen zum *Datenrahmen-Datensatz* hinzugefügt werden.

```
# Pakete importieren
import pandas as pd
import statsmodels.api as sm
```

Die nächsten Zeilen zur Vorbereitung des *Datensatzes* entsprechen denen des vorherigen Abschnitts:

```
# Datensatz vorbereiten
datensatz.Datum = pd.to_datetime(datensatz.Datum)
dataset = dataset.set_index('Datum').resample('MS').pad()
y = dataset['Verkaufsbetrag'].resample('MS').sum()
```

Das Modell wird über die Funktion `sm.tsa.seasonal_decompose` erstellt:

```
# Modell erstellen
m = sm.tsa.seasonal_decompose(y, model="additive")
```

Die Spalten des Modells werden dann zu dem bestehenden *Datensatz* hinzugefügt:

```
# Ausgabe erstellen
datensatz['trend'] = m.trend
datensatz['saisonal'] = m.saisonal
datensatz['resid'] = m.resid
```

Das Ergebnis in Abb. 10-16 zeigt neue Spalten: *Saisonal, Trend* und *Residuum* (Rest). Beachten Sie, dass ich den Datentyp der drei Spalten explizit in *Feste Dezimalzahl* geändert habe (Dollarzeichen links von den Spaltennamen), da es sich sonst um einen *Text* handeln würde (was hier nicht sehr nützlich ist). Klicken Sie einfach auf das Symbol „ABC" vor dem Spaltennamen, um den Spaltentyp zu ändern.

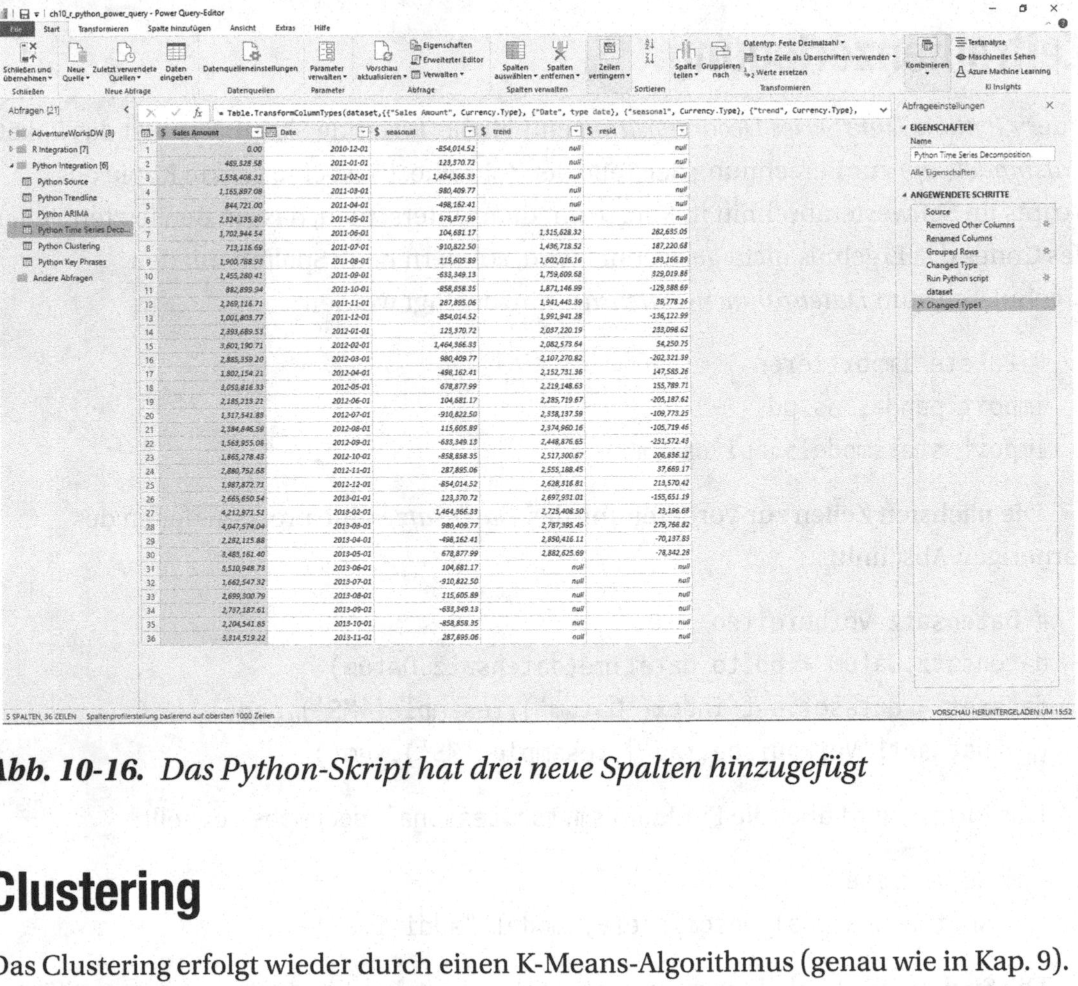

Abb. 10-16. *Das Python-Skript hat drei neue Spalten hinzugefügt*

Clustering

Das Clustering erfolgt wieder durch einen K-Means-Algorithmus (genau wie in Kap. 9). Sie können das vollständige Skript in der Abfrage *Python Clustering* sehen. Die Funktion KMeans von *sklearn* wird wie folgt verwendet:

```
# Pakete importieren
from sklearn.cluster import KMeans
```

Das Modell wird über den *Datensatz* erstellt und aufgefordert, drei Cluster zuzuordnen. Das Ergebnis wird direkt in einer neuen Spalte des Datenrahmens *dataset* gespeichert:

```
# Modell erstellen
dataset["Cluster"] = KMeans(n_clusters=3).fit(dataset).labels_
```

Jedes vorhandene Paar aus *OrderQuantity* und *UnitPrice* wird einem Cluster zugewiesen, wie in Abb. 10-17 dargestellt.

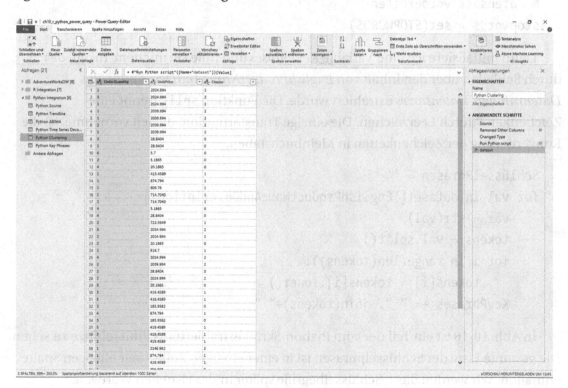

Abb. 10-17. *Python-Skript mit Kombinationen von OrderQuantity und UnitPrice und ihren Clustern*

Die wichtigsten Erkenntnisse

Das Extrahieren von Schlüsselwörtern unterscheidet sich nicht wesentlich von dem, was wir in dem Python-Skript in Kap. 9 gemacht haben. Anstatt eine Wortwolke zu zeichnen, geben wir in diesem Beispiel einen Datenrahmen namens *output* zurück. (Wir werden

die Schlüsselsätze in einem späteren Abschnitt dieses Kapitels darstellen.) Zuerst lade
ich die benötigten Pakete:

```
# Pakete importieren
import pandas as pd
from wordcloud import STOPWORDS
```

Die eigentlichen Stoppwörter werden aus dem Wordcloud-Paket importiert:

```
# Datensatz vorbereiten
stopwords = set(STOPWORDS)
```

Dann initialisiere ich eine Variable *KeyPhrases* und fülle sie mit dem Token, das
durch Schleifen über den Inhalt von *EnglishProductNameAndDescription* des
Datenrahmen-Datensatzes extrahiert wurde. Die Funktion split trennt eine
Zeichenkette durch Leerzeichen. Die einzige Transformation, die ich vornehme, ist die
Konvertierung der Zeichenketten in Kleinbuchstaben.

```
SchlüsselPhrasen = ''
for val in dataset['EnglishProductNameAndDescription']:
    val = str(val)
    tokens = val.split()
    for i in range(len(tokens)):
        tokens[i] = tokens[i].lower()
    KeyPhrases += " ". join(tokens)+" "
```

In Abb. 10-18 ist ein Teil der vom Python-Skript extrahierten Schlüsselsätze zu sehen.
Die gesamte Liste der Schlüsselphrasen ist in einer einzigen Zeile einer einzigen Spalte
enthalten. Wir werden diese Schlüsselbegriffe später in der visuellen Wortwolke
verwenden.

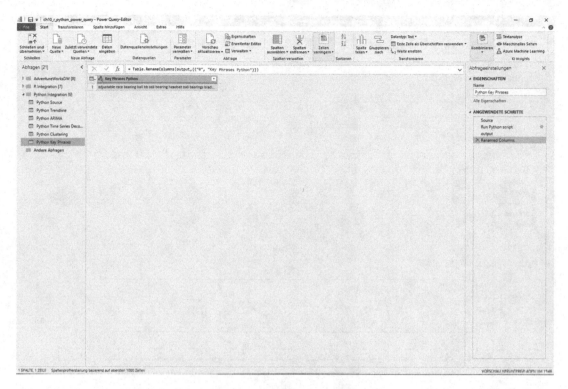

Abb. 10-18. *R-Skript-Ausgabe der Schlüsselphrasen*

Visualisierung von importierten und transformierten Daten in R und Python

Sobald die Daten in das Datenmodell von Power BI geladen wurden, spielt ihre Herkunft keine Rolle mehr. Sie können jedes Visual verwenden, um die Daten aus jeder Tabelle anzuzeigen. Und „beliebig" bedeutet wirklich „beliebig". So können Sie beispielsweise die Spalten aus der Tabelle *R Trendline* in ein Standard-Liniendiagramm, in ein R-Skript-Visual und sogar in ein Python-Skript-Visual einfügen. Sie glauben mir nicht? Dann sehen Sie sich an, was ich in Abb. 10-19 (Berichtsseite *Trendline*) zu Demonstrationszwecken erstellt habe.

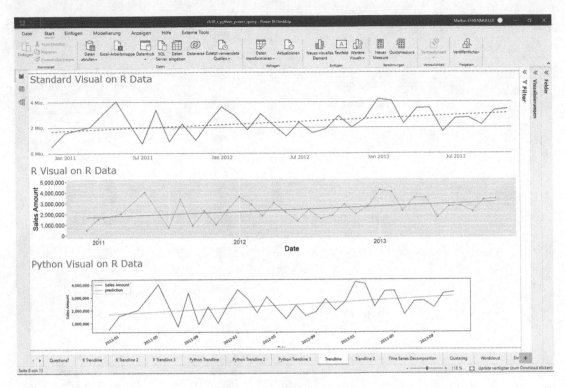

Abb. 10-19. *Mit einem R-Skript in Power Query umgewandelte Daten, dargestellt in einer Standardansicht, einer R-Skript-Ansicht und einer Python-Skript-Ansicht*

Keine technische Einschränkung hält Sie davon ab, sogar Transformationen in R und Python in einer einzigen Power Query zu kaskadieren. Aber wahrscheinlich wollen Sie sich für R oder Python entscheiden und würden daher nur eine der beiden Technologien für die Transformation und Visualisierung Ihrer Daten verwenden. Die freiwillige Begrenzung der Anzahl verschiedener Technologien in einer einzigen Lösung gilt als Best Practice in der IT.

Es gibt einen weiteren wichtigen Unterschied, der im nächsten Abschnitt erläutert wird.

Trendlinie

Power Query-Abfragen (und die entsprechenden Tabellen im Power BI-Datenmodell) werden nur während einer Datenaktualisierung aktualisiert. Der Inhalt wird *nicht* durch einen Filter im Bericht beeinflusst. Wenn Sie ein visuelles R- oder Python-Skript ausführen, werden Filter *immer* auf die Daten angewendet, die dem visuellen Bericht (über das *Datenrahmen-Dataset*) ausgesetzt sind.

Die letzten beiden Sätze sind sehr wichtig zu verstehen. Ihre Bedeutung ist in Abb. 10-20 (Berichtsseite *R Trendlinie 3*) dargestellt. Dort habe ich einen Bericht erstellt, der einen Slicer auf der Spalte *Datum* und zwei Liniendiagramme enthält, die jeweils *Datum, Umsatz* und eine Trendlinie anzeigen. (Das gleiche Beispiel für Python finden Sie auf der Berichtsseite *Python Trendline 3* in der Beispieldatei).

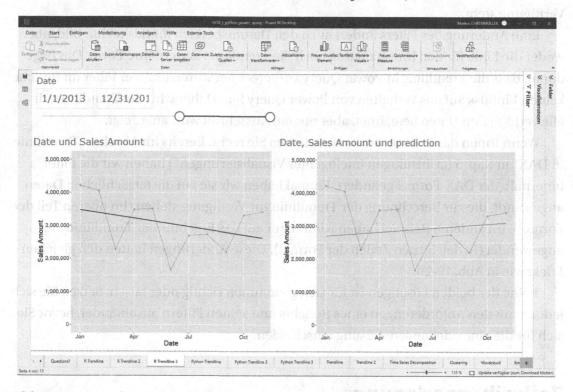

Abb. 10-20. *Auf R-Skript-Visualisierungen mit verschiedenen Datenquellen angewandte Filter*

Das linke Liniendiagramm ist ein visuelles Skript zur Berechnung der Trendlinie, wie in Kap. 9 („Ausführen von R- und Python-Visualisierungen") beschrieben. Es berechnet die Trendlinie aus den Daten, die dem Visual ausgesetzt sind (nur *Datum* und *Umsatz*), bevor sie zusammen mit den Daten gezeichnet wird.

Das rechte Liniendiagramm ist ebenfalls ein visuelles Skript. Dieses Skriptdiagramm berechnet jedoch keine Trendlinie, sondern zeichnet einfach die gegebenen Daten auf, die das *Datum* und den *Umsatz* sowie die Daten für die Trendlinie (*Vorhersage*) enthalten.

Während die tatsächlichen Daten (*Umsatz*; in grün) identisch sind, ist die Trendlinie (in blau) in beiden Darstellungen völlig unterschiedlich. Die eine zeigt einen Aufwärtstrend, die andere einen Abwärtstrend. Die Antwort auf die Frage, warum sie unterschiedlich sind, liegt in der Wirkung des Filters. Das linke Diagramm berechnet die Trendlinie innerhalb des Diagramms aus den Daten, die dem Diagramm ausgesetzt sind und die durch den Slicer in der Spalte *Datum* beeinflusst werden. Eine Änderung des Filters ändert nicht nur den angezeigten Datumsbereich, sondern auch den Datumsbereich, der dem Algorithmus zur Berechnung der Trendlinie zur Verfügung steht.

Eine Änderung des Filters ändert auch den Datumsbereich für das rechte Bild, aber weder die Linie für den Umsatzbetrag noch die Trendlinie ändern ihre Form. Das liegt daran, dass die Trendlinie in Power Query vorberechnet wurde und der Filter im Bericht keinen Einfluss auf das Verhalten von Power Query hat. Daher wird die Trendlinie für alle verfügbaren Daten berechnet, aber nur ein Ausschnitt wird angezeigt.

Wenn Ihnen das bekannt vorkommt, haben Sie recht. Bereits im Abschn. „Trendlinie in DAX" in Kap. 5 („Hinzufügen intelligenter Visualisierungen") haben wir die Filter innerhalb der DAX-Formel geändert. Einmal haben wir sie auf die tatsächlichen Daten angewandt, die zur Berechnung der Trendlinie zur Verfügung stehen (im oberen Teil der Formel). Im anderen Beispiel haben wir ihn nur auf das Ergebnis der Trendlinie angewendet (in den letzten Zeilen der Formel). Diese Änderungen hatten den gleichen Effekt wie in Abb. 10-20.

Keine der beiden Lösungen ist für sich genommen richtig oder falsch. Setzen Sie sich jedoch mit den Anforderungen eines Berichts und seinen Filtern auseinander, bevor Sie sich für die eine oder andere Lösung entscheiden.

Zeitreihenzerlegung

In Abb. 10-21 habe ich einen Bericht über verschiedene Versionen der Zeitreihenzerlegung erstellt. Die beiden Grafiken in der unteren Zeile sind exakte Kopien der in Kap. 9 zur Zeitreihenzerlegung gezeigten Beispiele. Oben habe ich die Spalten der Tabelle *R-Zeitreihenzerlegung/Python-Zeitreihenzerlegung* in ein gestapeltes Flächendiagramm eingefügt. Dies ist ein weiteres Beispiel für den Unterschied, der in der Einleitung dieses Abschnitts erläutert wurde: Wenn Sie Berechnungen in Power Query verlagern, können Sie selbst entscheiden, welche Art von Visualisierung Sie anzeigen möchten. Mit Modellen des maschinellen Lernens, die in Power Query (über R- oder Python-Skripte) angewendet werden, können Sie die Ergebnisse in jeder beliebigen Visualisierung verwenden.

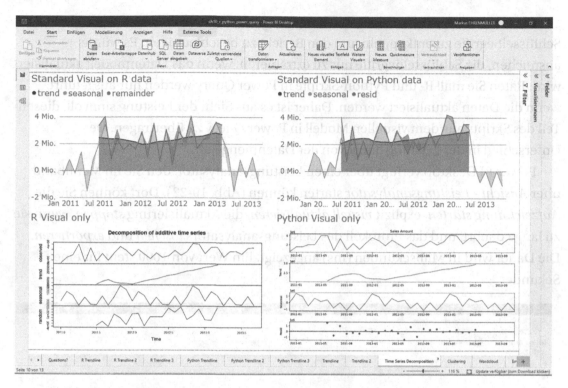

Abb. 10-21. *Zeitreihenzerlegung in einer Standardvisualisierung und Skriptvisualisierungen*

Wenn man zwei Zeitreihenzerlegungen in genau demselben (Standard-)Bild hat, wird deutlich, dass die in R und Python angewandten Algorithmen leicht unterschiedlich funktionieren.

Wortwolke und Zusammenfassung

Für unsere beiden Wortwolken-Visualisierungen in Kap. 9 („Ausführen von R- und Python-Visualisierungen") haben wir die Schlüsselsätze erkannt und das Ergebnis innerhalb der R-/Python-Skriptvisualisierung aufgetragen. Das ist nicht sehr klug. Warum? Zum einen, weil unabhängig von der Art des Filters, den wir auf den Bericht anwenden, der Prozess der Extraktion der Schlüsselwörter aus dem Produktnamen und der Beschreibung immer zum gleichen Ergebnis führen wird. Es ist nicht notwendig, die Schlüsselbegriffe innerhalb des Visuals zu extrahieren. Andererseits wird das Skript im Visual (einschließlich des Teils zum Extrahieren der Schlüsselbegriffe) jedes Mal ausgeführt, wenn der Bildschirm aktualisiert wird (z. B. beim Wechsel eines Filters oder beim Wechsel zu einem anderen Bericht und wieder zurück).

Es wäre klüger, die visuelle Darstellung der Wortwolke von der Extraktion der Schlüsselbegriffe zu entkoppeln, um den Bericht zu beschleunigen. Es würde ausreichen, die Schlüsselbegriffe nur zu extrahieren, wenn das Datenmodell aktualisiert wird. Raten Sie mal! R- und Python-Skripte in Power Query werden nur ausgeführt, wenn die Daten aktualisiert werden. Daher ist es aus Sicht der Leistung sinnvoll, diesen Teil des Skripts aus dem visuellen Modell in Power Query zu übertragen. Der Unterschied in der Leistung hängt von der Datenmenge ab.

Power BI Desktop verfügt über einen Leistungsanalysator, den Sie im Menüband über *Ansicht - Leistungsanalysator* starten können (Abb. 10-22). Dort können Sie die *Aufzeichnung starten*, explizit *visuell aktualisieren*, die Aktualisierung *stoppen*, wenn sie zu lange dauert, und das Protokoll des Leistungsanalysators *löschen* und *exportieren*. Die Dauer wird in Millisekunden (ms) angezeigt. Ein Wert von 1000 steht für eine Sekunde.

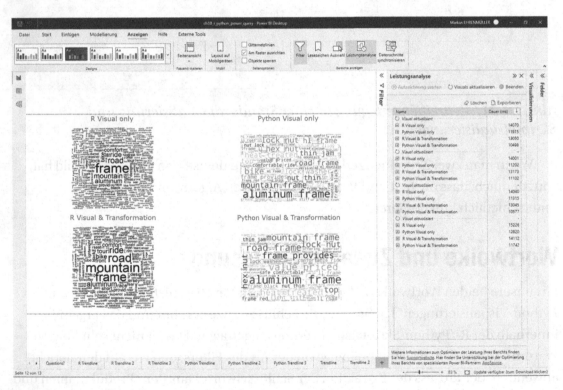

Abb. 10-22. *Leistungsanalysator für die visuelle Darstellung der Wortwolke auf der Berichtsseite*

Aus Abb. 10-22 geht hervor, dass ich den Bericht viermal aufgefrischt habe. Die Dauer der Darstellungen lag zwischen einem Minimum von 17400 ms und einem Maximum von 36123 ms. Alle vier Ausführungen zeigen die gleichen Erkenntnisse:

- Die Python-Skripte laufen auf meinem Computer konstant schneller als die R-Skriptdarstellungen.

- Die Visualisierungen, die bereits vorhandene Schlüsselbegriffe in den Tabellen verwenden (Python Visual & Transformation/R Visual & Transformation), liefen etwas schneller als ihre Gegenstücke, die die Schlüsselbegriffe innerhalb des visuellen Skripts extrahierten.

Die Entkopplung des Skripts hatte tatsächlich eine leichte Auswirkung auf die Leistung der Wortwolken. Natürlich kann Ihre Leistung variieren.

Wichtigste Erkenntnisse

Die Visualisierung von R- und Python-Skripten in Power Query eröffnet eine ganz neue Welt:

- R-Datenquelle: Sie können ein R-Skript als ersten Schritt in einer Power Query verwenden, um Daten zu extrahieren.

- R-Transformation: Sie können ein R-Skript als einen der angewandten Schritte in einer Power Query verwenden, um die Daten zu filtern, zu transformieren und anzureichern.

- Python-Datenquelle: Sie können ein Python-Skript als ersten Schritt in einer Power Query verwenden, um Daten zu extrahieren.

- Python-Transformation: Sie können ein Python-Skript als einen der angewandten Schritte in einer Power Query verwenden, um die Daten zu filtern, zu transformieren und anzureichern.

- Wenn Sie R oder Python in Power Query ausführen, haben Sie die Freiheit, die Daten in einer Visualisierung Ihrer Wahl darzustellen. Innerhalb einer R- oder Python-Visualisierung sind Sie immer auf die in dieser Sprache verfügbaren Visualisierungen beschränkt.

- R- und Python-Skripte in einer visuellen Darstellung werden durch Filter im Bericht beeinflusst. R- und Python-Skripte, die in Power Query ausgeführt werden, werden nicht von Berichtsfiltern beeinflusst.

- Wenn die Filterung keine Rolle spielt, können Sie einen möglichst großen Teil des Skripts in Power Query verschieben. Dadurch nimmt die Aktualisierung mehr Zeit in Anspruch, aber die Berichte werden schneller erstellt. In Fällen, in denen Sie die Power BI Desktop-Datei seltener aktualisieren als Sie sich Ihre Berichte ansehen, ist dies aus Leistungsgründen eine gute Idee.

Noch nicht genug von R und Python? Im nächsten Kapitel erfahren Sie, wie Sie einen Webdienst mit R- und Python-Skripten aufrufen können.

## KAPITEL 11

Ausführen von Modellen für maschinelles Lernen in der Azure Cloud

Achtung   Alles, was wir bisher in diesem Buch besprochen haben, war kostenlos erhältlich. Dieses Kapitel bildet eine Ausnahme. Azure-Dienste werden über Abonnementmodelle abgerechnet. Einige der in diesem Kapitel beschriebenen Funktionen sind in kostenlosen Testabonnements verfügbar, mit denen Sie die Funktion ausprobieren können. In einer Produktionsumgebung werden Sie höchstwahrscheinlich an die Grenzen des kostenlosen Abonnements stoßen. Jeder Abschnitt enthält Links, unter denen Sie weitere Informationen über die Preisgestaltung finden können.

© Der/die Autor(en), exklusiv lizenziert an APress Media, LLC, ein Teil von Springer Nature 2023
M. Ehrenmueller-Jensen, *Self-Service AI mit Power BI*, https://doi.org/10.1007/978-1-4842-9383-6_11

AI Insights

Artificial Intelligence Insights (AI Insights) sind eine sehr bequeme Möglichkeit, auf Modelle für maschinelles Lernen zuzugreifen. Wählen Sie in Power Query (rufen Sie *Home - Daten transformieren* in der Multifunktionsleiste von Power BI auf, um Power Query zu öffnen) eine der drei AI Insights:

- *Textanalyse*

- *Vision*

- *Azure Machine Learning*

Hinweis   Verwechseln Sie die in diesem Kapitel erklärte Funktion (AI Insights) nicht mit den in Kap. 2 („Die Insights-Funktion") beschriebenen Funktionen: Insights-Funktion in Power BI Desktop und Quick Insights in Power BI Services. Alle drei helfen Ihnen, Einblicke zu gewinnen, aber auf sehr unterschiedliche Weise.

Die ersten beiden Funktionen (*Textanalyse* und *Vision*) erfordern eine dedizierte Premium-Kapazität mit aktivierter KI-Workload (`https://learn.microsoft.com/ de-de/power-bi/admin/service-premium-what-is`), die die Ressourcen/Kosten für die Nutzung von Cognitive Services beinhaltet (es ist kein Azure-Abonnement erforderlich). Wenn Sie die folgende Fehlermeldung (Abb. 11-1) oder eine ähnliche erhalten, haben Sie entweder keinen Zugriff auf eine Premium-Kapazität oder die Einstellungen sind falsch: *No text analytics functions available at this time. Vergewissern Sie sich, dass Sie Zugang zu einer Premium-Kapazität mit aktiviertem AI-Workload haben. Erfahren Sie wie:* `https://aks.ms/enableaiworkload`. Kaufen Sie entweder Premium, korrigieren Sie Ihre Einstellungen oder fahren Sie mit dem Abschn. „Azure Cognitive Services" fort, um zu erfahren, wie Sie ohne Premium-Kapazität auf Cognitive Services zugreifen können.

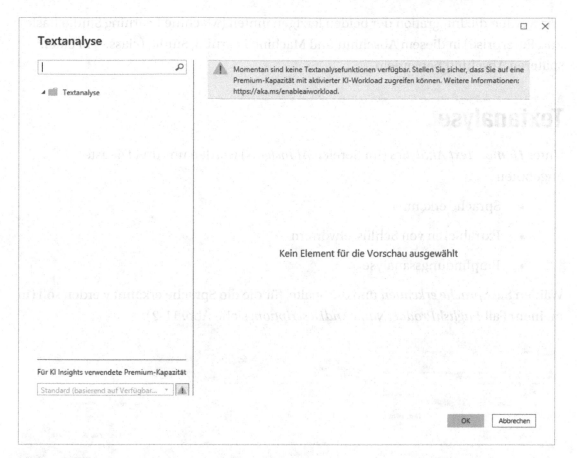

Abb. 11-1. *AI Insights erfordert eine Premium-Kapazität mit aktiviertem AI-Workload*

Hinweis   Während Sie die grafische Benutzeroberfläche verwenden, um AI Insights aufzurufen, erstellt Power BI hinter den Kulissen automatisch eine Power Query-Funktion, die dann zum Aufrufen des Dienstes verwendet wird. Im Abschnitt über kognitive Dienste werden wir eine solche Funktion manuell erstellen.

Letzteres (*Azure Machine Learning*) erfordert Lesezugriff auf ein Azure-Abonnement (das die trainierten Modelle enthält).

Azure Machine Learning Services gibt es derzeit in drei Versionen:

- Machine Learning Studio (classic)

- Machine Learning Studio Basic

- Machine Learning Studio Enterprice

Wir werden die Integration der beiden letztgenannten (Machine Learning Studio Basic und Enterprise) in diesem Abschnitt und Machine Learning Studio (classic) in einem späteren Abschnitt behandeln.

Textanalyse

Unter *Home - Text Analytics* (im Bereich *AI Insights*) werden uns drei Dienste angeboten:

- Sprache erkennen

- Extrahieren von Schlüsselwörtern

- Empfindungssanalyse

Wählen Sie *Sprache erkennen* und die Spalte, für die die Sprache erkannt werden soll (in meinem Fall *EnglishProductNameAndDescription*; siehe Abb. 11-2).

Abb. 11-2. *AI Insights-Textanalyse: Sprache erkennen*

Das Modell gibt zwei Spalten zurück: *Name der erkannten Sprache* (z. B. „Englisch") und *ISO-Code der erkannten Sprache* (z. B. „en"), wie in Abb. 11-3 zu sehen ist.

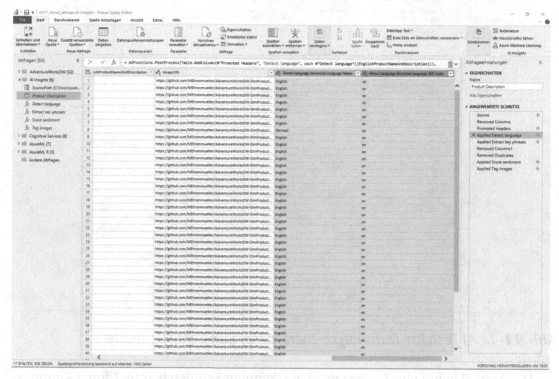

Abb. 11-3. *Erkannte Sprache*

Wählen Sie *Schlüsselwörter extrahieren* als Alternative zu dem, was wir in R und Python in den beiden vorherigen Kapiteln verwendet haben. Geben Sie als Parameter die Spalte an, aus der die Schlüsselwörter extrahiert werden sollen. Wenn Sie das Feld *Sprache* leer lassen, wird automatisch *Detect language* aufgerufen, bevor die Schlüsselwörter extrahiert werden. Wie Sie in Abb. 11-4 sehen können, habe ich die Spalte *EnglishProductNameAndDescription* gewählt.

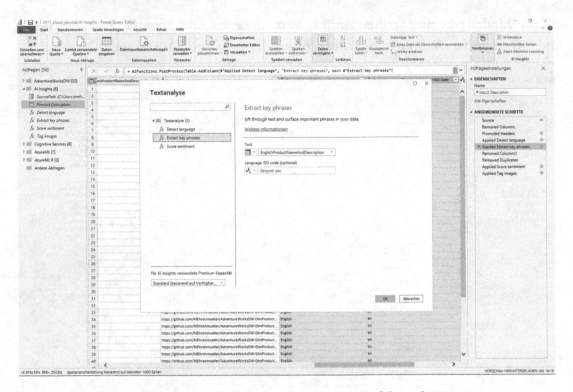

Abb. 11-4. *AI Insights-Textanalyse: Extrahieren von Schlüsselwörtern*

Das Modell liefert eine Spalte mit allen erkannten Schlüsselwörter (durch Kommas getrennt) und eine zweite Spalte mit einer Zeile pro Schlüsselwörter. Für eine Wortwolke ist die erste Spalte ausreichend. Nur in besonderen Fällen benötigen Sie eine Zeile pro Schlüsselwörter. In Abb. 11-5 habe ich ein wenig nach unten gescrollt, da die ersten Zeilen keine Beschreibung haben und ihre Schlüsselwörter daher gleich dem Produktnamen sind.

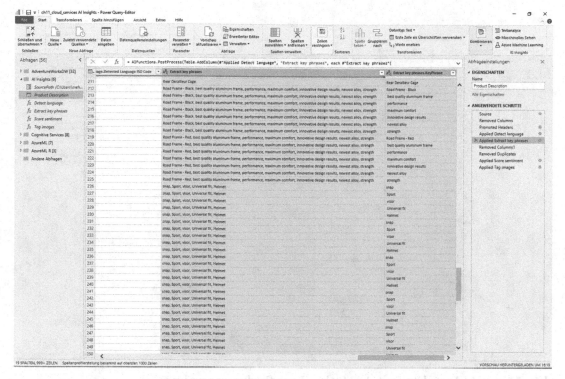

Abb. 11-5. *Extrahierte Schlüsselwörter*

Wählen Sie *Empfindungsanalyse* und die Spalte, für die die Empfindung bewertet werden soll (z. B. *EnglishProductNameAndDescription*), wie in Abb. 11-6 gezeigt (Abb. 11-7).

Abb. 11-6. *AI Insights Text Analytics: Empfindungsanalyse*

Der Abfrage wird eine einzige Spalte hinzugefügt (Abb 11-7), die die Punktzahl enthält. Die Bewertung ist eine Dezimalzahl zwischen null und eins. Null bedeutet, dass die Empfindung des bewerteten Textes negativ ist, eins bedeutet, dass die Empfindung positiv ist, und 0,5 weist auf einen neutralen Text hin. Bei den Produkten ohne Beschreibung (und nur mit einem Namen) wurde ein breites Spektrum an Empfindungen ermittelt. Der Grund dafür ist, dass z. B. „Unterlegscheibe" in Bezug auf die Empfindung alles sein kann. Wenn Sie weiter nach unten scrollen, zu den Produkten, die eine Beschreibung enthalten, liegt die ermittelte Empfindung auf der (sehr) positiven Seite. Eine Produktbeschreibung in der Produkttabelle mit einer negativen Empfindung wäre eine Überraschung, denke ich.

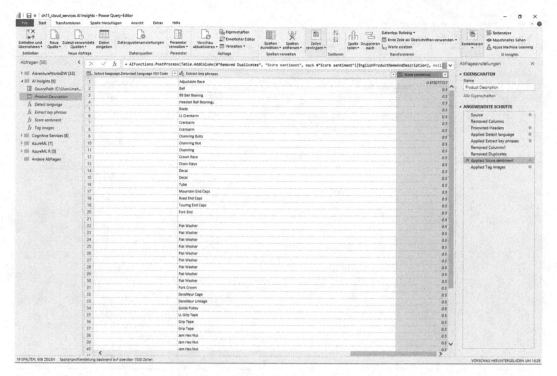

Abb. 11-7. *Bewertete Empfindung*

Vision

Die *Vision* AI Insight kann auf eine Spalte angewendet werden, die die binäre Darstellung eines Bildes oder eine URL (Webadresse) einer Bilddatei enthält. Ich habe mich dafür entschieden, die Bilder wegen der Größe nicht in Power BI zu laden, sondern eine Textspalte mit einem Link zu meinem (öffentlichen) GitHub-Repository, in dem ich Bilder für alle Produkte von *AdventureWorks* aufbewahre.

Wählen Sie *Home - Vision* (im Abschnitt *AI Insights*) und klicken Sie dann auf die einzige Option (*Tag-Images*) und wählen Sie die Spalte mit dem (Link zu dem) Bild. In meinem Fall ist dies die Spalte *ImageURL*, wie Sie in Abb. 11-8 sehen können.

Diese Funktion liefert fünf Werte (Abb. 11-9):

- *Tags*: eine durch Komma getrennte Liste von Tags, die mit dem Bild verknüpft sind

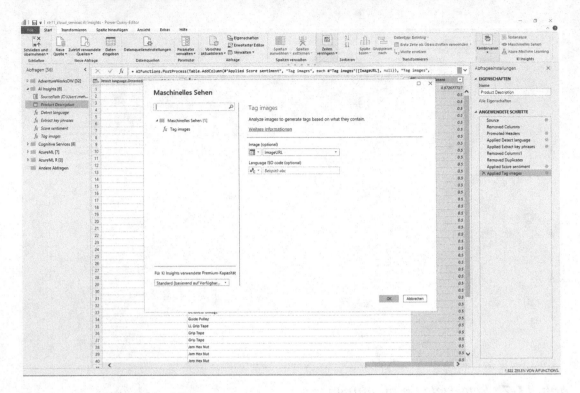

Abb. 11-8. *AI Insights-Vision*

- *Json*: eine Zeichenkette im JSON-Format, die Paare von Tags und Konfidenzniveaus enthält

- *Tag*: die Tags werden in eine Zeile pro Tag aufgeteilt

- *Konfidenz*: eine Dezimalzahl zwischen null und eins; je höher die Zahl, desto höher das Vertrauen, dass der Tag den Inhalt des Bildes wirklich beschreibt

- *ErrorMessage*

Wenn Sie zum ersten Produkt scrollen, das ein richtiges Bild enthält (die meisten Produkte haben ein Dummy-Bild mit dem Text „Kein Bild verfügbar"), und das ist zufällig *Freewheel* (mit ProductKey = 21), erhalten wir vier Tags:

- Fahrrad

- Transport

- im Freien

- Rad

Der Dienst ist sich sehr sicher, dass das Bild ein *Fahrrad* zeigt (Konfidenzniveau 1), aber weniger sicher, dass das *Rad* passt (Konfidenzniveau 0,50).

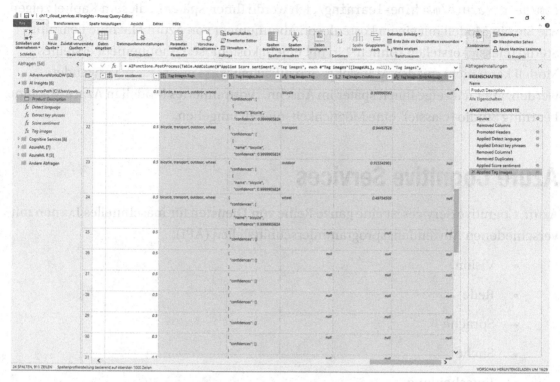

Abb. 11-9. *Tags für die Spalte ImageURL*

Azure Machine Learning   Die Grundidee dieser Funktion besteht darin, dass ein Datenwissenschaftler ein Modell erstellen, abstimmen, trainieren und pflegen und es als Webdienst veröffentlichen kann, um es für andere im Unternehmen zugänglich zu machen. Dieser Webdienst kann dann z. B. im Webshop verwendet werden, um einem Kunden Empfehlungen zu geben, in einer medizinischen Anwendung, um einen Gesundheitscheck zu unterstützen, oder – in unserem Fall – in Power BI Desktop, um die in das Modell geladenen Daten anzureichern.

Wenn Sie mehr darüber erfahren möchten, wie Sie ein Modell mit Azure Machine Learning erstellen, lesen Sie bitte die Informationen unter `https://learn.microsoft.com/de-de/azure/machine-learning/`. Ich werde Ihnen später in diesem Kapitel zeigen, wie Sie ein Modell mit einem kostenlosen Abonnement von Azure Machine Learning Studio (classic) erstellen können. Ein mit einem kostenlosen Abonnement erstelltes Modell kann nicht mit den AI Insights-Schaltflächen von Power Query verwendet werden, aber ich zeige Ihnen später im Abschn. „Vortrainiertes Modell in Azure Machine Learning Studio (classic)" eine Möglichkeit, dies zu umgehen.

Azure Cognitive Services

Azure Cognitive Services ist eine ganze Reihe von Diensten für maschinelles Lernen mit verschiedenen Anwendungsprogrammierschnittstellen (API):

- Vision

- Rede

- Sprache

- Suche

- Entscheidung

Sie können all die Vorzüge der Cognitive Services hier erkunden: `https://learn.microsoft.com/de-de/azure/cognitive-services/welcome`. In diesem Abschnitt habe ich drei Textanalysedienste der Sprach-API für die Demonstration ausgewählt (`https://learn.microsoft.com/de-de/azure/cognitive-services/text-analytics/`), die analog zu den Diensten sind, die wir im Abschn. „AI Insights" kennengelernt haben:

- API zur Spracherkennung

- Empfindungsanalyse-API

- Schlüsselsätze-API

Auf die ersten drei können Sie problemlos zugreifen, wenn Sie über eine Premium-Kapazität verfügen, wie im vorherigen Abschnitt beschrieben. In diesem Abschnitt zeige ich Ihnen, wie Sie auf diese Dienste auch ohne Premium-Kapazität (oder eine Pro-Lizenz) zugreifen können.

Die Art und Weise, wie Sie auf die Dienste zugreifen, ist sehr ähnlich – die Unterschiede sind gering. Ich werde den allgemeinen Teil hier beschreiben und die speziellen Teile in den entsprechenden Abschnitten.

1. Erwerben Sie ein Abonnement für Azure, wenn Sie noch keines haben. Es kann ein kostenloses Abonnement sein, wie hier beschrieben: `https://azure.microsoft.com/de-de/free/`.

2. Erstellen Sie Cognitive Services innerhalb dieses Abonnements über `https://portal.azure.com` für Ihre bevorzugte Region. Eine schrittweise Beschreibung finden Sie hier: `https://learn.microsoft.com/de-de/azure/cognitive-services/cognitive-services-apis-create-account`.

3. Holen Sie sich Key 1 (oder 2) aus *Keys and Endpoint* (Abb. 11-10).

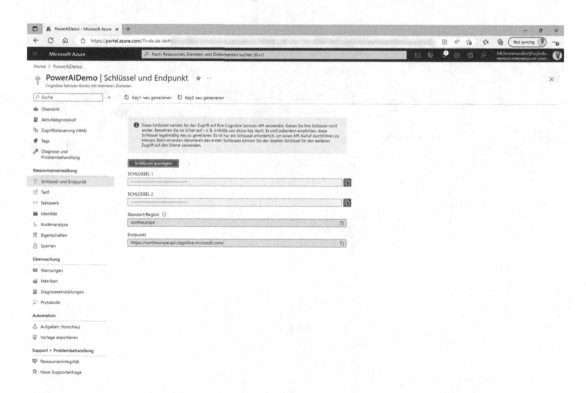

Abb. 11-10. *Keys and Endpoint sind der Schlüssel zu Cognitive Services*

Speichern Sie den Schlüssel als Power Query-Parameter namens *apikey* in der Power BI-Datei. Sie können einen vorhandenen Power Query-Parameter ändern oder einen neuen erstellen über *Home - Parameter verwalten* (im Abschnitt *Parameter*; siehe Abb. 11-11). Wir werden diesen Parameter später in den Skripten verwenden. Wenn Sie den Schlüssel als Parameter definiert haben, ist es einfacher, den Schlüssel zu ändern (was Sie als Sicherheitsmaßnahme regelmäßig tun sollten, um zu verhindern, dass jemand den Dienst auf Ihrer Rechnung nutzt; behandeln Sie den Schlüssel genauso sicher wie Ihre Passwörter; ich habe meinen Schlüssel im Screenshot verschwommen dargestellt).

Rufen Sie den Endpunkt auf demselben Bildschirm ab. In meinem Fall ist es `https://northeurope.api.cognitive.microsoft.com`.

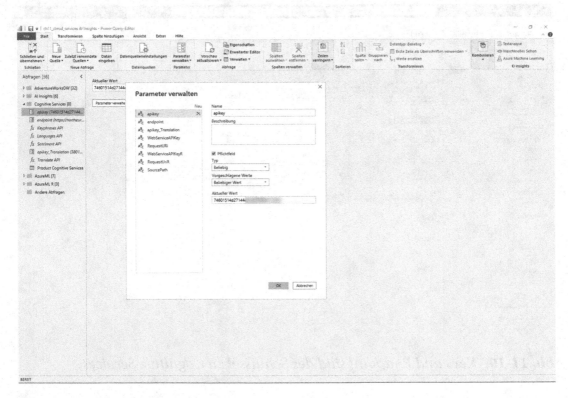

Abb. 11-11. *Parameter verwalten, um einen Power Query-Parameter zu ändern oder einen neuen Parameter zu erstellen*

Fügen Sie /text/analytics/v2.0 am Ende des Endpunkts hinzu und speichern Sie ihn als Power Query-Parameter mit dem Namen *endpoint* in der Power BI-Datei (ähnlich dem Power Query-Parameter *apikey*).

4. Wählen Sie *Neue Quelle - Leere Abfrage* im Menüband von Power Query. Der von mir verwendete Code basiert auf einem Skript, das unter https://learn.microsoft.com/de-de/azure/cognitive-services/text-analytics/tutorials/tutorial-power-bi-key-phrases veröffentlicht wurde. Der Code und die Details der Abfrage werden in den folgenden Abschnitten beschrieben. In Abb. 11-12 sehen Sie die Definition der Funktion Sprachen-API.

- Wenden Sie die erstellte Funktion an, wie später im Abschn. „Anwenden der API-Funktionen" beschrieben.

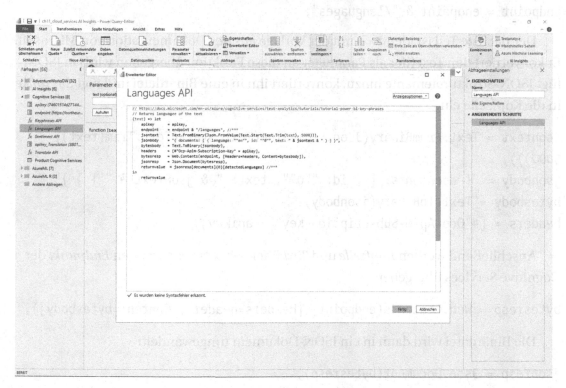

Abb. 11-12. *Power Query (M)-Code für die Funktion Languages API, die im nächsten Abschnitt erläutert wird*

Sprachen-API

Hier ist die Beschreibung des M-Codes für die Kommunikation mit der Sprachen-API.

Der Code erstellt eine Funktion, die einen einzigen Parameter vom Typ Text erhält:

```
(Text) => lassen
```

Das ursprüngliche Skript übergibt eine fest codierte Zeichenfolge als apikey. Ich habe dies geändert, um auf den im vorherigen Abschnitt erstellten Power Query-Parameter zu verweisen:

```
apikey = apikey,
```

Das ursprüngliche Skript übergibt eine fest codierte Zeichenfolge als *Endpunkt*. Ich habe dies geändert, um auf den im vorherigen Abschnitt erstellten Power Query-Parameter zu verweisen, an den der Name des Dienstes angehängt ist (in diesem Fall /languages):

```
endpoint = endpoint & "/languages",
```

Der nächste Teil ist identisch mit der Vorlage aus der Dokumentation von Microsoft. Er konvertiert den Text (der als Parameter an diese Funktion übergeben wird) in JSON, fügt JSON-Strukturelemente hinzu, konvertiert ihn in eine Binärdatei und fügt das *apikey* in die Kopfzeile ein.

```
jsontext = Text.FromBinary(Json.FromValue(Text.Start(Text.Trim(text),
5000))),
jsonbody = "{ documents: [ { id: ""0"", text: " & jsontext & " } ] }",
bytesbody = Text.ToBinary(jsonbody),
headers = [#"Ocp-Apim-Subscription-Key" = apikey],
```

Anschließend werden *Kopfzeile* und *Text* über Web.Contents an den *Endpunkt* der Cognitive Services übergeben:

```
bytesresp = Web.Contents(endpoint, [Headers=headers, Content=bytesbody]),
```

Die Binärdatei wird dann in ein JSON-Dokument umgewandelt:

```
jsonresp = Json.Document(bytesresp),
```

Und die *erkannten Sprachen* werden als Ergebnis dieser Funktion zurückgegeben:

```
returnvalue = jsonresp[documents]{0}[detectedLanguages]
in
```

Rückgabewert

Vergessen Sie nicht, die Power Query-Funktion sinnvoll umzubenennen. Ich habe *Languages API* gewählt.

Empfindungsanalyse-API

Hier ist die Beschreibung des M-Codes für die Kommunikation mit der Empfindungsanalyse-API.

Der Code erstellt eine Funktion, die einen einzigen Parameter vom Typ Text erhält:

```
(Text) => lassen
```

Das ursprüngliche Skript übergibt eine fest codierte Zeichenfolge als apikey. Ich habe dies geändert, um auf den im vorherigen Abschnitt erstellten Power Query-Parameter zu verweisen.

```
apikey = apikey,
```

Das ursprüngliche Skript übergibt eine fest codierte Zeichenfolge als *Endpunkt*. Ich habe dies geändert, um auf den im vorherigen Abschnitt erstellten Power Query-Parameter zu verweisen, an den der Name des Dienstes angehängt ist (in diesem Fall / Sentiment).

```
endpoint = endpoint & "/Sentiment",
```

Der nächste Teil ist identisch mit der Vorlage aus der Dokumentation von Microsoft. Er konvertiert den Text (der als Parameter an diese Funktion übergeben wird) in JSON, fügt JSON-Strukturelemente hinzu, konvertiert ihn in eine Binärdatei und übergibt den *apikey* in die Kopfzeile.

```
jsontext = Text.FromBinary(Json.FromValue(Text.Start(Text.Trim(text), 5000))),
jsonbody = "{ documents: [ { language: ""en"", id: ""0"", text: " &
jsontext & " } ] }",
bytesbody = Text.ToBinary(jsonbody),
headers = [#"Ocp-Apim-Subscription-Key" = apikey],
```

Anschließend werden *Kopfzeile* und *Text* über Web.Contents an den *Endpunkt* der Cognitive Services übergeben:

```
bytesresp = Web.Contents(endpoint, [Headers=headers, Content=bytesbody]),
```

Die Binärdatei wird dann in ein JSON-Dokument umgewandelt:

```
jsonresp = Json.Document(bytesresp),
```

Und das Ergebnis in Form einer *Punktzahl* wird von dieser Funktion zurückgegeben:

```
Rückgabewert = jsonresp[documents]{0}[score]
in
Rückgabewert
```

Vergessen Sie nicht, die Power Query-Funktion sinnvoll umzubenennen. Ich habe *Sentiment API* gewählt.

Schlüsselwörter-API

Hier ist die Beschreibung des M-Codes für die Kommunikation mit der Schlüsselwörter-API

Der Code erstellt eine Funktion, die einen einzigen Parameter vom Typ Text erhält:

```
(Text) => lassen
```

Das ursprüngliche Skript übergibt eine fest codierte Zeichenfolge als apikey. Ich habe dies geändert, um auf den im vorherigen Abschnitt erstellten Power Query-Parameter zu verweisen.

```
apikey = apikey,
```

Das ursprüngliche Skript übergibt eine fest codierte Zeichenfolge als *Endpunkt*. Ich habe dies geändert, um auf den im vorherigen Abschnitt erstellten Power Query-Parameter zu verweisen, an den der Name des Dienstes angehängt wird (in diesem Fall / keyPhrases)

```
endpoint = endpoint & "/keyPhrases",
```

Der nächste Teil ist identisch mit der Vorlage aus der Dokumentation von Microsoft. Er konvertiert den Text (der als Parameter an diese Funktion übergeben wird) in JSON, fügt JSON-Strukturelemente hinzu, konvertiert ihn in eine Binärdatei und übergibt den *apikey* in die Kopfzeile.

```
jsontext = Text.FromBinary(Json.FromValue(Text.Start(Text.Trim(text),
5000)))),
jsonbody = "{ documents: [ { language: ""en"", id: ""0"", text: " &
jsontext & " } ] }",
bytesbody = Text.ToBinary(jsonbody),
headers = [#"Ocp-Apim-Subscription-Key" = apikey],
```

Anschließend werden *Kopfzeile* und *Text* über Web.Contents an den *Endpunkt* der Cognitive Services übergeben:

```
bytesresp = Web.Contents(endpoint, [Headers=headers, Content=bytesbody]),
```

Die Binärdatei wird dann in ein JSON-Dokument umgewandelt:

```
jsonresp = Json.Document(bytesresp),
```

Und das Ergebnis in Form von *keyPhrases* wird von dieser Funktion zurückgegeben:

```
Rückgabewert = Text.Lower(Text.Combine(jsonresp[documents]{0}
[keyPhrases], ", "))
in
Rückgabewert
```

Vergessen Sie nicht, die Power Query-Funktion sinnvoll umzubenennen. Ich habe *Keyphrases API* gewählt.

Anwendung der API-Funktionen

Um die Funktionen anzuwenden und ein Ergebnis von Cognitive Services zu erhalten, wählen Sie eine Power Query und eine Spalte aus (ich habe die Spalte *EnglishProductNameAndDescription* in Power Query *Product Cognitive Services* gewählt). Wählen Sie *Spalte hinzufügen - Benutzerdefinierte Funktion aufrufen* in der Multifunktionsleiste (im Abschnitt *Allgemein*). Geben Sie der neuen Spalte einen aussagekräftigen Namen (z. B. *Sprache*), und wählen Sie dann den Funktionsnamen (z. B. *Sprachen-API*) und die Spalte, die an die Funktion übergeben werden soll (z. B. *EnglishProductNameAndDescription*), wie in Abb. 11-13 gezeigt.

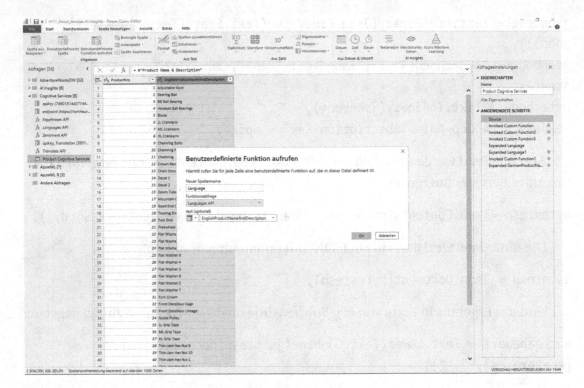

Abb. 11-13. *Erstellen einer neuen Spalte über Invoke Custom Function und Übergabe der Funktion und des/der Parameter(s)*

Die verschiedenen Funktionen geben die folgenden Spalten zurück:

- Sprachen-API: eine Liste von Datensätzen, die (in zwei Schritten durch Klicken auf die Schaltfläche mit den beiden Pfeilen rechts neben dem Spaltennamen) auf *Name* und *iso6391Name* und eine *Punktzahl* (ein Dezimalwert zwischen null und eins, der die Sicherheit angibt, dass die erkannte Sprache die richtige ist) erweitert werden kann, wie in Abb. 11-14 zu sehen ist.

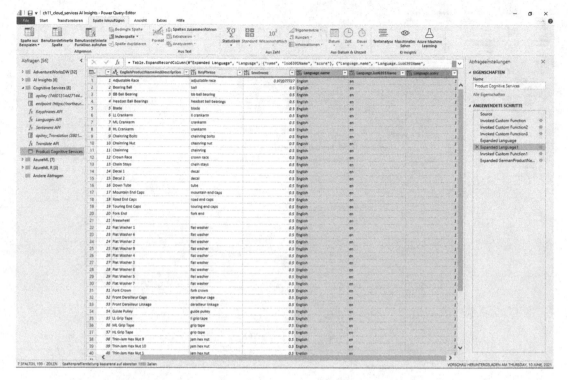

Abb. 11-14. *Ergebnis der Sprachen-API*

- Empfindungsanalyse-API: eine Dezimalzahl mit Werten zwischen null und eins; null steht für eine negative Empfindung, eins für eine positive Empfindung. Ich habe die Ergebnisspalte *Empfindung* genannt (Abb. 11-15).

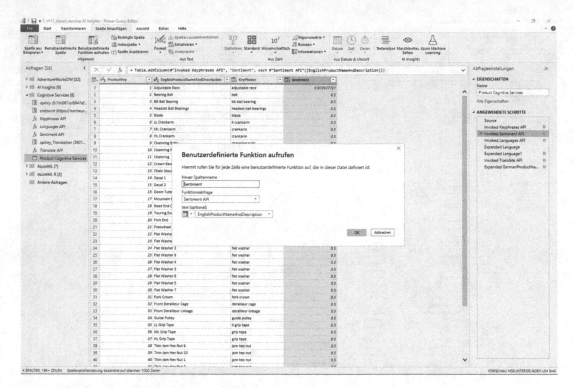

Abb. 11-15. *Ergebnis der Empfindungsanalyse-API*

- Schlüsselwörter-API: eine einzige Spalte mit einer durch Komma
  getrennten Liste von Schlüsselbegriffen, die ich *KeyPhrase* genannt
  habe (Abb. 11-16)

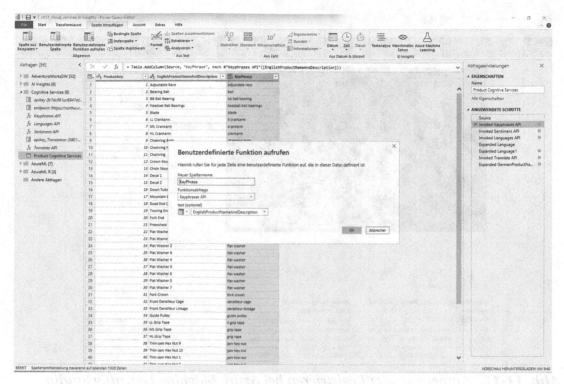

Abb. 11-16. *Ergebnis der Schlüsselwörter-API*

Vortrainiertes Modell in Azure Machine Learning Studio (classic)

Cognitive Services (wie im vorherigen Abschnitt beschrieben) bietet bereits trainierte Modelle. Warum sollte man sich dann die Mühe machen, Azure Machine Learning Services (classic) als zusätzlichen Layer zu verwenden? Die Antwort ist, dass diese Layer Ihnen bestimmte Funktionen zum Bereinigen und Transformieren der Daten vor und nach der Anwendung des vortrainierten Modells bietet. Da diese Schritte innerhalb des Webdienstes liegen, wird die notwendige Logik zentralisiert – Sie müssen diese Schritte nicht jedes Mal anwenden, wenn Sie den Webdienst in Power Query (oder einer anderen Anwendung, die den Webdienst nutzt) verwenden.

Um mit Azure Machine Learning Studio (classic) zu beginnen, gehen Sie zu `https://studio.azureml.net/` und melden Sie sich entweder mit einem bestehenden Konto an oder registrieren Sie sich mit einem neuen Konto, um es kostenlos auszuprobieren (Abb. 11-17).

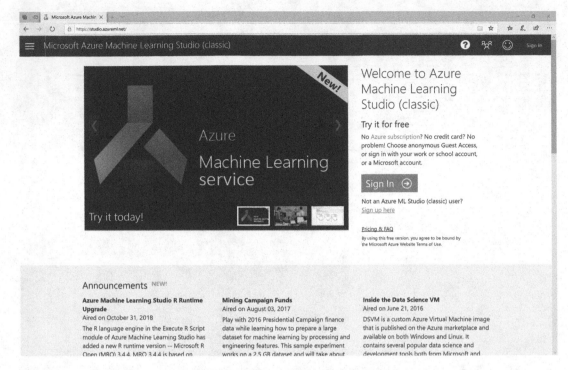

Abb. 11-17. *Anmelden oder Registrieren bei Azure Machine Learning Studio (classic)*

Auf der linken Seite haben Sie die Wahl zwischen *Projekten, Experimenten, Webdiensten, Datensätzen, trainierten Modellen* und *Einstellungen* (Abb. 11-18). Wir werden uns zunächst auf *Experimente* konzentrieren und später einen *Webdienst* erstellen. Mehr über die anderen Funktionen erfahren Sie hier: `https://learn.microsoft.com/de-de/azure/machine-learning/studio/what-is-ml-studio`.

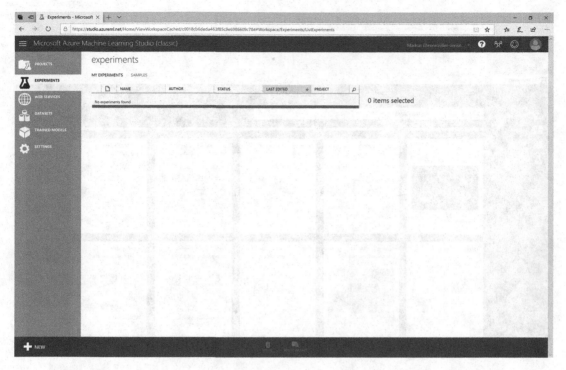

Abb. 11-18. *Leere Liste der Experimente in Azure Machine Learning Studio (classic)*

Um ein neues Experiment zu erstellen, klicken Sie auf das große Plus-Symbol (+ *NEU*) unten links. Es wird eine lange Liste mit gebrauchsfertigen Beispielen angeboten (Abb. 11-19).

Abb. 11-19. *Lange Liste von Beispielexperimenten in Azure Machine Learning Studio (classic)*

Suchen Sie das Beispiel *Schlüsselsätze extrahieren und Wortwolke anzeigen* (wie in Abb. 11-19 dargestellt), indem Sie nach unten scrollen oder das Suchfeld am oberen Bildschirmrand verwenden, und klicken Sie dann auf die Schaltfläche *In Studio öffnen (classic)* (die zuerst erscheint, wenn Sie den Mauszeiger über das Beispiel bewegen).

Dieses Experiment besteht aus vier Elementen (Abb. 11-20):

- *Buchrezensionen von Amazon* (als Beispieltext, um in diesem Experiment etwas zu spielen)

- *Partitionierung und Stichprobe* (bei der eine Teilmenge der Daten zufällig ausgewählt wird)

- *Extrahieren von Schlüsselsätzen aus dem Text* (das vortrainierte Modell)

- *R-Skript ausführen* (ein Skript, das die Wortwolke erzeugt)

Diese vier Elemente sind durch drei Pfeile verbunden, die den Datenfluss zwischen den vier Elementen symbolisieren. Klicken Sie auf *Ausführen* am unteren Rand des Bildschirms, um das Experiment zu starten. Dies wird einige Sekunden dauern. Wenn alles erfolgreich läuft, erscheint ein grünes Häkchen auf den Elementen.

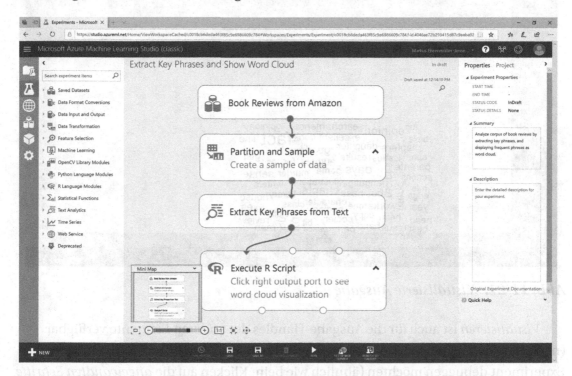

Abb. 11-20. *Beispiel „Schlüsselsätze extrahieren und Wortwolke anzeigen"*

Um die resultierende Wortwolke zu sehen, klicken Sie mit der rechten Maustaste auf das rechte Ausgabe-Handle (namens *R Device (dataset)*) des *R Script ausführen*-Elements und wählen Sie *Visualisieren*. Die Wortwolke wird unter *Grafiken* aufgelistet. Weitere Informationen (*Standardausgabe* und *Standardfehler*) werden ebenfalls in Abb. 11-21 angezeigt.

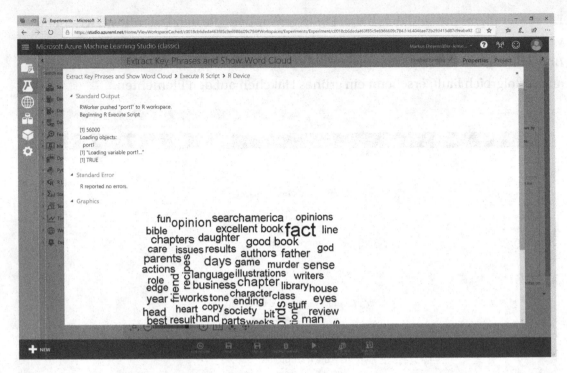

Abb. 11-21. *Visualisierte Ausgabe*

Visualisieren ist auch für die Ausgabe-Handles der anderen Elemente verfügbar (nachdem Sie mit der rechten Maustaste geklickt haben) und ist hilfreich, wenn Sie das Experiment debuggen möchten (ähnlich wie beim Klicken auf die *angewandten Schritte* in Power Query).

Bevor wir dieses Experiment in einen Webdienst umwandeln können, um es in Power Query nutzbar zu machen, müssen wir einige Änderungen vornehmen:

- Fügen Sie das Element *Metadaten bearbeiten* aus der Liste auf der linken Seite hinzu. Wählen Sie *Datentransformation - Bearbeiten - Metadaten bearbeiten* (oder verwenden Sie das Suchfeld, um das Element zu finden) und ziehen Sie es unter *Buchrezensionen von Amazon* (Abb. 11-22).

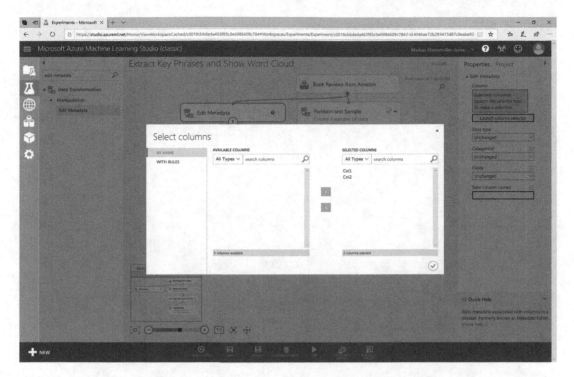

Abb. 11-22. *Fügen Sie dem Experiment Metadaten bearbeiten hinzu, verbinden Sie es mit Buchrezensionen von Amazon und verschieben Sie beide Spalten (Spalte 1 und Spalte 2) zu Ausgewählte Spalten*

- Ziehen Sie dann den Ausgabe-Handle von *Buchrezensionen von Amazon* auf den Eingabe-Handle von *Metadaten bearbeiten* (Abb. 11-22).

- Wählen Sie *Metadaten bearbeiten* und ändern Sie die Optionen auf der rechten Seite des Bildschirms. Klicken Sie auf *Spaltenauswahl starten* und verschieben Sie beide *Verfügbare Spalten* auf *Ausgewählte Spalten* (Abb. 11-22) und speichern Sie die Änderung durch Klicken auf das graue, eingekreiste Häkchen in der rechten unteren Ecke des Flyout-Fensters.

- Geben Sie ProductKey, EnglishProductNameAndDescription als neue Spaltennamen in den Eigenschaften von *Metadaten bearbeiten* ein, wie rechts dargestellt (einige Zeilen unter dem *Spaltenauswahl starten*; Abb. 11-23).

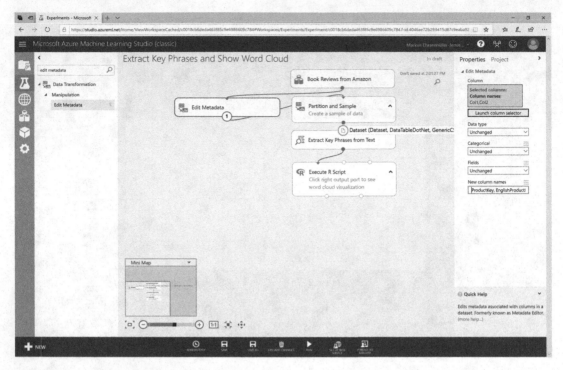

Abb. 11-23. *Neue Spaltennamen festlegen und Metadaten bearbeiten mit Partition and Stichprobe verbinden*

- Verbinden Sie das Ausgangs-Handle von *Metadaten bearbeiten* mit dem Eingangs-Handle von *Partition und Stichprobe* wie in Abb. 11-23 gezeigt. (*Buchrezensionen von Amazon* und *Partition und Stichprobe* sind jetzt nicht mehr direkt verbunden).

- Führen Sie das Experiment aus, um die Metadaten des Datenstroms zu aktualisieren (Umbenennung von Spalten).

- Wählen Sie *Partition und Stichprobe* und ändern Sie den Modus *Partition und Stichprobe* auf *Kopfzeile* und geben Sie 700 als *Anzahl der auszuwählenden Zeilen* ein. Dadurch wird die Eingabe auf die ersten 700 Zeilen gefiltert (Abb. 11-24). Dies ist nur eine Sicherheitsmaßnahme – Sie können diese Zahl beliebig ändern. Beachten Sie jedoch, dass wir in der Power BI-Datei, die diesem Buch beiliegt, 606 Produkte haben, für die wir die Schlüsselbegriffe extrahieren möchten.

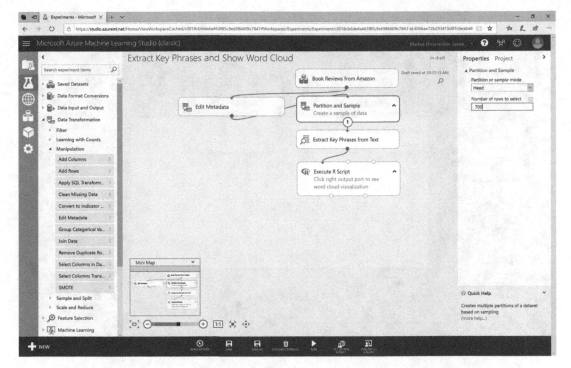

Abb. 11-24. *Ändern Sie die Eigenschaften von Partition und Stichprobe auf Kopfzeile und 700 Zeilen*

- Wählen Sie *Schlüsselwörter aus Text extrahieren* und klicken Sie rechts auf *Spaltenauswahl starten*. Entfernen Sie *Spalte 2* und wählen Sie stattdessen *EnglishProductNameAndDescription* (Abb. 11-25).

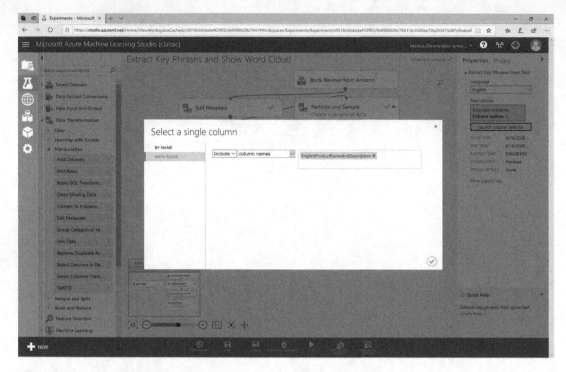

Abb. 11-25. *Starten Sie die Spaltenauswahl, um den Namen der Spalte in Schlüsselwörter aus Text extrahieren zu ändern*

- Wählen Sie ein neues Element *Spalten hinzufügen* (*Datentransformation - Bearbeitung*) und ziehen Sie es unter *Schlüsselwörter aus Text extrahieren* (Abb. 11-26). Verbinden Sie das Ausgabe-Handle von *Partition und Stichprobe* mit dem linken Eingabe-Handle von *Spalten hinzufügen* und das Ausgabe-Handle von *Schlüsselwörter aus Text extrahieren* mit dem rechten Eingabe-Handle von *Spalten hinzufügen*. So können wir sowohl die Eingabespalten als auch die Schlüsselwörter zurückgeben. Es sind keine Eigenschaften zu setzen.

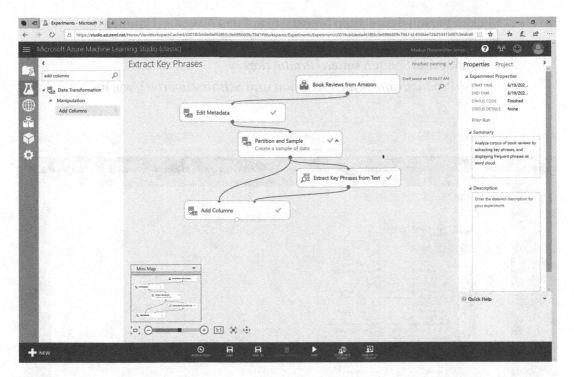

Abb. 11-26. *Neues Element Spalten hinzufügen hinzugefügt und verbunden, R-Skript ausführen entfernt, und alle Elemente neu angeordnet, um das Auge zu erfreuen*

- Klicken Sie mit der rechten Maustaste auf *R-Skript ausführen* und wählen Sie *Löschen*, da wir die Visualisierung der Wortwolke nicht benötigen (Abb. 11-26).

- Benennen Sie das Experiment in *Schlüsselwörter extrahieren* um (da wir keine Wortwolke mehr erstellen). Klicken Sie einfach auf den Titel am oberen Rand des Bildschirms und löschen Sie den zweiten Teil des Titels (Abb. 11-26).

- Ordnen Sie die Elemente neu an, so dass sich kein Element mit einem Datenflusspfeil überschneidet. Siehe meine Version in Abb. 11-26.

- Führen Sie das Experiment durch. Wenn ein Fehler auftritt (rotes *x-Symbol* bei einem Element), lesen Sie die Fehlermeldung sorgfältig durch und überprüfen Sie, ob Sie die Schritte genau wie beschrieben ausgeführt haben.

331

- Klicken Sie mit der rechten Maustaste auf das Ausgabe-Handle von
  Spalte hinzufügen und *visualisieren* Sie das Ergebnis. Sie sollten die
  Zeilen für drei Spalten sehen (*ProductKey*,
  EnglishProductNameAndDescription und *Schlüsselwörter*), wie in
  Abb. 11-27.

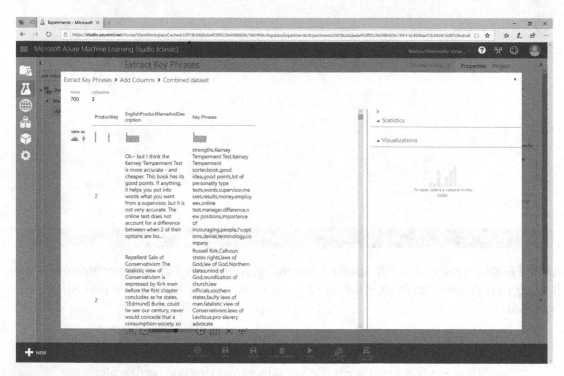

Abb. 11-27. *Das Ergebnis des Experiments zeigt die beiden ursprünglichen Spalten (ProductKey und EnglishProductNameAndDescription) und die generierten Schlüsselwörter*

Wir können dieses Experiment als erfolgreich betrachten und es in einen Webdienst umwandeln. (Keine Angst, der Webdienst wird erstellt, ohne dass wir eine einzige Zeile Code schreiben müssen). Klicken Sie unten (rechts neben *Ausführen*) auf *Webdienst einrichten*. Eine unsichtbare Hand fügt dann zwei Elemente hinzu: *Webdienst-Eingabe* und *Webdienst-Ausgabe*. Lesen Sie die Erklärung sorgfältig durch und klicken Sie die vier Schritte des Assistenten durch, indem Sie *Weiter* wählen (Abb. 11-28).

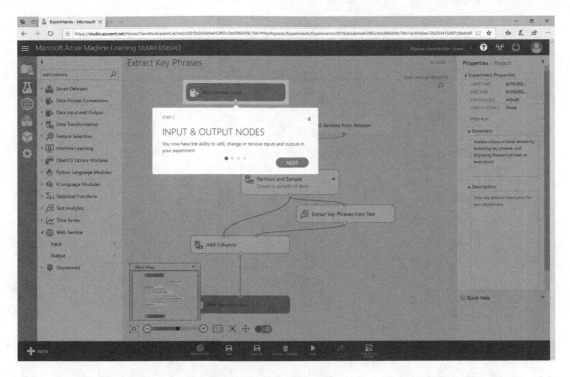

Abb. 11-28. *Die Umwandlung eines Experiments in einen Webdienst ist nur eine Frage von Mausklicks*

Nachdem die *Webdienst-Eingabe* und die *Webdienst-Ausgabe* hinzugefügt wurden, müssen wir das Experiment erneut ausführen, bevor wir auf *Webdienst bereitstellen* klicken können. Bewahren Sie den angezeigten API-Schlüssel als Geheimnis auf – er wird es jedem ermöglichen, den Webdienst auf Ihre Kosten zu nutzen (oder dafür sorgen, dass Ihre kostenlose Testphase schneller abläuft, als Sie erwartet haben). Deshalb habe ich meinen Schlüssel in Abb. 11-29 unscharf dargestellt.

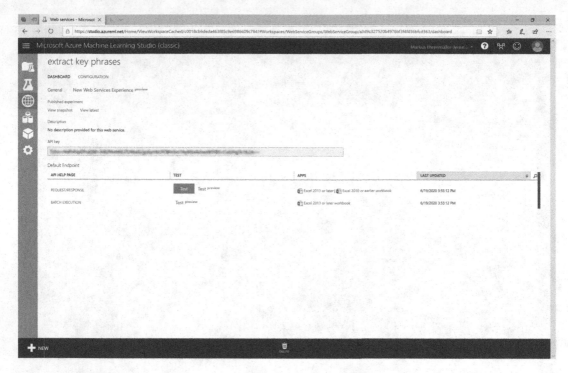

Abb. 11-29. *Der API-Schlüssel ist für die Verbindung mit dem Webdienst erforderlich*

Kopieren Sie den angezeigten API-Schlüssel, kehren Sie zu Power Query zurück und erstellen Sie einen neuen Power Query-Parameter (*Home - Parameter verwalten - Neuer Parameter*) mit dem Namen *WebServiceAPIKey*, wie in Abb. 11-30 gezeigt. (Wenn Sie mit der Demodatei arbeiten, brauchen Sie keinen neuen Parameter zu erstellen, aber Sie benötigen Ihren API-Schlüssel, da der in der Datei enthaltene ungültig ist.) Fügen Sie den API-Schlüssel als *aktuellen Wert* für den Parameter ein.

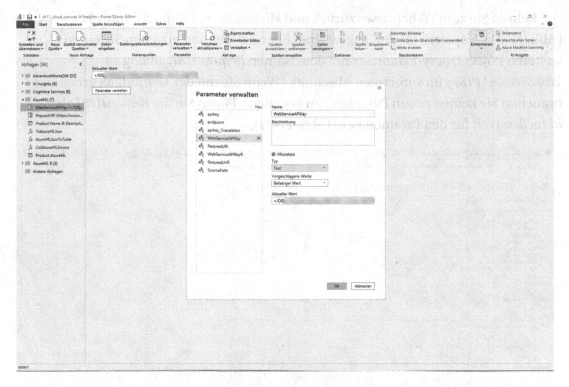

Abb. 11-30. *Power Query-Parameter WebServiceAPIKey enthält den API-Schlüssel*

Kehren Sie zum Webbrowser zurück und klicken Sie auf *Anfrage/Antwort*
(Abb. 11-31). Kopieren Sie den angezeigten Request-URI und erstellen Sie einen
weiteren Power Query-Parameter mit dem Namen *RequestURI*, analog zu
WebServiceAPIKey im vorherigen Abschnitt. (Wenn Sie mit der Demodatei arbeiten,
brauchen Sie keinen neuen Parameter zu erstellen). Fügen Sie die *RequestURI* als
aktuellen Wert für den Parameter ein (Abb. 11-32).

Abb. 11-31. *RequestURI des neu erstellten Webdienstes*

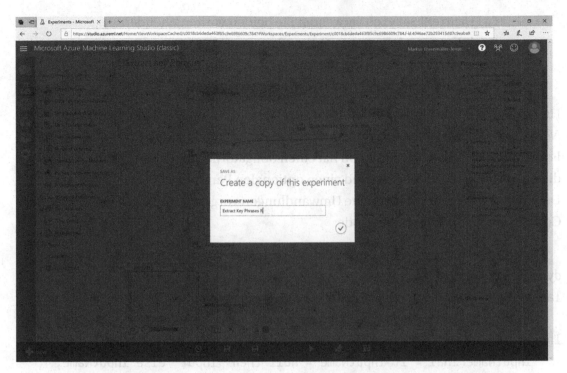

Abb. 11-32. *Öffnen und speichern Sie ein Experiment unter einem anderen Namen, um es zu kopieren*

Der Sinn beider Parameter besteht darin, die Verbindungsinformationen zum Webdienst leicht zur Hand zu haben, falls Sie sie an verschiedenen Stellen in Power Query benötigen und falls sich die Informationen ändern. Sie sollten den API-Schlüssel und den RequestURI wie ein Passwort behandeln: Geben Sie sie nicht an Dritte weiter und ändern Sie sie regelmäßig. Um den API-Schlüssel zu ändern, löschen Sie einfach den Webdienst und erstellen ihn dann erneut aus dem Experiment.

Als Nächstes wollen wir den brandneuen Webdienst, den wir gerade erstellt haben, tatsächlich aufrufen. Ich verwende den von Gerhard Brückl entwickelten Code, über den er unter `https://blog.gbrueckl.at/2016/06/score-powerbi-datasets-dynamically-azure-ml/` gebloggt hat. Das Konzept umfasst drei Power Query-Funktionen:

- `ToAzureMLJson` konvertiert die Daten in JSON (ähnlich wie zuvor im Abschn. „Azure Cognitive Services").

- `AzureMLJsonToTable` wandelt die Daten aus JSON in eine Power Query-Tabelle um (ähnlich wie im Abschn. „Azure Cognitive Services").

337

- **CallAzureMLService** verwendet die beiden vorhergehenden Funktionen und die Power Query-Parameter (*apikey* und *RequestURI*), um den Inhalt einer ganzen Tabelle an den Azure Machine Learning Services-Webdienst zu senden.

Hier ist der M-Code für die Funktion ToAzureMLJson. Wählen Sie in Power Query *Start - Neue Quelle - Leere Abfrage* und fügen Sie den gesamten folgenden Code ein, um die Funktion zu erstellen. Die Funktion hat einen obligatorischen Parameter (die *Eingabe*, die umgewandelt werden soll) und einen optionalen Parameter (*inputName*). Je nach Datentyp werden unterschiedliche Umwandlungen vorgenommen, um gültigen JSON-Code zu erzeugen. Hier ist der Code:

```
// Quelle: https://blog.gbrueckl.at/2016/06/score-powerbi-datasets-
dynamically-azure-ml/
lassen Sie
    ToAzureMLJson= (input as any, optional inputName as text) as text =>
lassen Sie
    inputNameFinal = if inputName = null then "input" else inputName,
    transformationList = {
        [Typ = Typ Zeit, Transformation = (Wert_in als Zeit) als Text =>
"""" & Time.ToText(Wert_in, "hh:mm:ss.sss") & """"],
        [Typ = Typ Datum, Transformation = (wert_in als Datum) als Text =>
"""" & Date.ToText(wert_in, "jjjj-MM-tt") & """"],
        [Typ = type datetime, Transformation = (value_in as datetime) as
text => """" & DateTime.ToText(value_in, "yyyy-MM-ddThh:mm:ss.sss"
& """")],
        [Typ = Typ datetimezone, Transformation = (value_in as
datetimezone) as text => """" & DateTimeZone.ToText(value_in, "yyyy-MM-
ddThh:mm:ss.sss") & """"],
        [Typ = Typ Dauer, Transformation = (Wert_in als Dauer) as text =>
ToAzureMLJson(Dauer.TotalSeconds(Wert_in))],
        [Typ = Typ Zahl, Transformation = (Wert_in als Zahl) als Text =>
Zahl.ToText(Wert_in, "G", "en-US")],
        [Typ = Typ logisch, Transformation = (Wert_in als logisch) as text
=> Logical.ToText(Wert_in)],
        [Typ = Typ Text, Transformation = (Wert_in als Text) als Text =>
"""" & Wert_in & """"],
```

```
        [Typ = Typ Datensatz, Transformation = (Wert_in als Datensatz)
als Text =>
                                lassen Sie
                                    GetFields = Record.FieldNames(value_in),
                                    FieldsAsTable = Table.FromList(GetFields,
Splitter.SplitByNothing(), {"FieldName"}, null, ExtraValues.Error),
                                    AddFieldValue = Table.
AddColumn(FieldsAsTable, "FieldValue", each Record.Field(value_in,
[FieldName])),
                                    AddJson = Table.AddColumn(AddFieldValue,
"__JSON", each ToAzureMLJson([FieldValue])),
                                    jsonOutput = "[" & Text.Combine(AddJson[__
JSON], ",") & "]"
                                in
                                    jsonOutput
                                ],
        [Typ = Typ Tabelle, Transformation = (Wert_in als Tabelle)
als Text =>
                                lassen Sie
                                    GepufferterEingang = Tabelle.
Puffer(wert_in),
                                    GetColumnNames = Table.
ColumnNames(BufferedInput),
                                    ColumnNamesAsTable = Table.
FromList(GetColumnNames , Splitter.SplitByNothing(), {"FieldName"}, null,
ExtraValues.Error),
                                    ColumnNamesJson = """ColumnNames""": [""" &
Text.Combine(ColumnNamesAsTable[FieldName], """, """) & """]",
                                    AddJson = Table.AddColumn(value_in, "__
JSON", each ToAzureMLJson(_)),
                                    ValuesJson = """"Values""": [" & Text.
Combine(AddJson[__JSON], ",#(lf)") & "]",
                                    jsonOutput = "{""Inputs""": { "&
inputNameFinal & ": {" & ColumnNamesJson & "," & ValuesJson & "} },
""GlobalParameters""": {} }"
```

```
                            in
                        jsonOutput
                        ],
        [Type = type list, Transformation = (value_in as list) as text =>
ToAzureMLJson(Table.FromList(value_in, Splitter.SplitByNothing(),
{"ListValue"}, null, ExtraValues.Error))],
        [Typ = Typ binär, Transformation = (Wert_in als binär) als Text =>
"""0x" & Binary.ToText(Wert_in, 1) & """"],
        [Typ = type any, Transformation = (value_in as any) as text => if
value_in = null then "null" else """" & value_in & """"]
    },
    transformation = List.First(List.Select(transformationList , each
Value.Is(input, _[Type]) or _[Type] = type any))[Transformation],
    Ergebnis = Transformation(Eingabe)
in

    Ergebnis
in

    ToAzureMLJson
```

Die Funktion AzureMLJsonToTable bewirkt das Gegenteil der Funktion
ToAzureMLJson: Sie konvertiert das JSON zurück in ein Format, das Power Query
versteht. Wählen Sie in Power Query *Start - Neue Quelle - Leere Abfrage* und fügen Sie
den gesamten folgenden Code ein, um die Funktion zu erstellen:

```
// https://blog.gbrueckl.at/2016/06/score-powerbi-datasets-dynamically-
azure-ml/
lassen Sie
    AzureMLJsonToTable = (azureMLResponse as binary) as any =>
lassen Sie
    WebResponseJson = Json.Document(azureMLResponse ,1252),
    Ergebnisse = WebResponseJson[Ergebnisse],
    output1 = Ergebnisse[Output],
    Wert = output1[Wert],
    BufferedValues = Table.Buffer(Table.FromRows(value[Values])),
```

```
    ColumnNameTable = Table.AddIndexColumn(Table.
FromList(value[ColumnNames], Splitter.SplitByNothing(), {"NewColumnName"},
null, ExtraValues.Error), "Index", 0, 1),
    ColumnNameTable_Values = Table.AddIndexColumn(Table.FromList(Table.
ColumnNames(BufferedValues), null, {"ColumnName"}), "Index", 0, 1),
    RenameList = Table.ToRows(Table.RemoveColumns(Table.
Join(ColumnNameTable_Values, "Index", ColumnNameTable,
"Index"),{"Index"})),
    RenamedValues = Table.RenameColumns(BufferedValues, RenameList),
    ColumnTypeTextTable = Table.AddIndexColumn(Table.
FromList(value[ColumnTypes], Splitter.SplitByNothing(), {"NewColumnType_
Text"}, null, ExtraValues.Error), "Index", 0, 1),
    ColumnTypeText2Table = Table.AddColumn(ColumnTypeTextTable,
"NewColumnType", each
        if Text.Contains([NewColumnType_Text], "Int") then type number
else if Text.Contains([NewColumnType_Text], "DateTime") then type datetime
else if [NewColumnType_Text] = "String" then type text
else if [NewColumnType_Text] = "Boolean" then type logical
else if [NewColumnType_Text] = "Double" or [NewColumnType_Text] = "Single"
then type number
else if [NewColumnType_Text] = "datetime" then type datetime
else if [NewColumnType_Text] = "DateTimeOffset" then type datetimezone
sonst Typ beliebig),
    ColumnTypeTable = Table.RemoveColumns(ColumnTypeText2Table,
{"NewColumnType_Text"}),
    DatatypeList = Table.ToRows(Table.RemoveColumns(Table.
Join(ColumnNameTable, "Index", ColumnTypeTable, "Index"),{"Index"})),
    RetypedValues = Table.TransformColumnTypes(RenamedValues, DatatypeList,
"en-US"),

    output = RetypedValues
in
    Ausgabe
in
    AzureMLJsonToTable
```

Die beiden vorangehenden Funktionen sind Hilfsfunktionen. Als Nächstes kommt die Funktion, die wir auf die Daten anwenden werden (so wie wir die Funktionen im Abschn. „Azure Cognitive Services" angewendet haben). Die Funktion hat drei obligatorische Parameter: *RequestURI* (den wir mit dem gleichnamigen Power-Query-Parameter füllen), *WebServiceAPIKey* (den wir mit dem Power-Query-Parameter *apikey* füllen), und *TableToScore* ist der Name der Power-Query-Abfrage, die wir als Eingabe für den Webdienst verwenden wollen. Achten Sie darauf, dass die Spalten in der Abfrage mit dem Typ und dem Namen des Webdienstes übereinstimmen. Der vierte Parameter, *Timeout*, ist optional. Wählen Sie in Power Query *Start - Neue Quelle - Leere Abfrage* und fügen Sie den gesamten folgenden Code ein, um die Funktion zu erstellen:

```
// https://blog.gbrueckl.at/2016/06/score-powerbi-datasets-dynamically-
azure-ml/
lassen Sie
    AzureMLJsonToTable = (
        RequestURI als Text,
        WebServiceAPIKey als Text,
        TableToScore als Tabelle,
        optional Timeout als Zahl
    ) als jede =>
lassen Sie
    WebTimeout = if Timeout = null then #duration(0,0,0,100) else
    #duration(0,0,0,Timeout) ,
    WebServiceContent = ToAzureMLJson(TableToScore),
    RequestURI1 = RequestURI,
    WebServiceAPIKey1 = WebServiceAPIKey,
    WebResponse = Web.Contents(RequestURI,
        [Inhalt = Text.ToBinary(WebServiceContent),
        Headers = [Authorization="Bearer " & WebServiceAPIKey,
                    #"Content-Type"="application/json",
                    Accept="application/json"],
        Timeout = WebTimeout]),
    output = AzureMLJsonToTable(WebResponse)
in
    Ausgabe
```

in

AzureMLJsonToTable

Schließlich können wir die Teile zusammenfügen und die Funktion anwenden. Ich habe eine Power Query mit dem Namen *Produktname und -beschreibung* erstellt (die ich deaktiviert habe, um keine Tabelle mit diesem Namen in Power BI zu laden) und sie in der folgenden Power Query referenziert (wählen Sie erneut *Startseite - Neue Quelle - Leere Abfrage*); dann habe ich den folgenden Code eingefügt.

Verweisen Sie zunächst auf die bestehende Abfrage *Produktname und -beschreibung*:

lassen Sie

TableToScore = #"Produktname & Beschreibung",

Rufen Sie dann die Funktion `CallAzureMLService` auf und übergeben Sie die Power Query-Parameter *RequestURI* und *WebServiceAPIKey* als ersten Parameter und dann die zuvor definierte *TableToScore*. Da wir mit dem Standard-Timeout einverstanden sind, ist der vierte Parameter `Null`:

Quelle = CallAzureMLService(RequestURI, WebServiceAPIKey,
TableToScore, null),

Alle Spalten werden als Strings zurückgegeben; ändern Sie daher den Typ von *ProductKey* in `Int64.Type` (ganze Zahl) und setzen Sie alle Zeilen zurück:

#Geänderter Typ" = Table.TransformColumnTypes(Source,{{"ProductKey",
Int64.Type}})
in
#"Geänderter Typ"

Ihr eigenes Modell in Azure Machine Learning Studio (classic)

Der Einfachheit halber werden wir das Azure Machine Learning Studio (classic)-Experiment aus dem vorherigen Beispiel (*Schlüsselwörter extrahieren*) duplizieren und die vortrainierte Komponente *Schlüsselwörter aus dem Text extrahieren* durch ein in R geschriebenes Skript ersetzen, das wir bereits in den Kap. 9 und 10 gesehen haben. Ich werde Sie durch die notwendigen Schritte führen:

- Öffnen Sie Azure Machine Learning Studio (classic) über `https://studio.azureml.net/` und wählen Sie *Experimente* und das im vorherigen Abschnitt erstellte Experiment (das ich *Schlüsselwörter extrahieren* nannte). Klicken Sie unten auf *Speichern unter* und geben Sie den neuen Namen ein (ich habe *Schlüsselwörter extrahieren R* gewählt; siehe Abb. 11-32) und klicken Sie auf das eingekreiste Häkchen.

- Element entfernen *Schlüsselwörter aus Text extrahieren*.

- Wählen Sie ein neues Element *R-Skript ausführen* (*R-Sprachmodule*) und ziehen Sie es an die Stelle, an der sich zuvor *Schlüsselwörter aus Text extrahieren* befand.

- Verbinden Sie die Ausgabe von *Partition und Stichprobe* mit der ersten Eingabe von *R-Script ausführen*.

- Verbinden Sie die erste Ausgabe von *R-Script ausführen* mit der zweiten Eingabe von *Spalte hinzufügen*.

- Kopieren Sie das folgende R-Skript und fügen Sie es in das Feld *R-Skript* ein (Abb. 11-33).

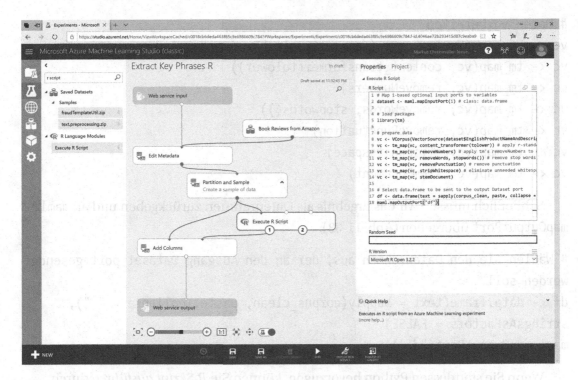

Abb. 11-33. *Schlüsselwörter aus Text extrahieren wird durch R-Skript ausführen ersetzt*

Anders als Power Query injiziert Azure Machine Learning Studio (classic) die Daten nicht automatisch als Datenrahmen. Wir müssen `maml.mapInputPort` mit der *Portnummer* aufrufen, mit der das vorherige Element verbunden ist.

```
# Zuordnung von 1-basierten optionalen Eingangsports zu Variablen
dataset <- maml.mapInputPort(1) # Klasse: data.frame
```

Dann laden wir das Paket `tm`, das Algorithmen für Text Mining enthält. Eine Liste der unterstützten Pakete finden Sie hier: `https://learn.microsoft.com/de-de/azure/machine-learning/studio-module-reference/r-packages-supported-by-azure-machine-learning.`

```
# Pakete laden
bibliothek(tm)
```

Als Nächstes führen wir dasselbe Skript wie in Kap. 10 aus, als wir die Schlüsselwörter für die Anzeige der Wortwolke extrahierten:

```
# Daten vorbereiten
vc <- VCorpus(VectorSource(dataset$EnglishProductNameAndDescription))
vc <- tm_map(vc, content_transformer(tolower))
vc <- tm_map(vc, removeNumbers)
vc <- tm_map(vc, removeWords, stopwords())
vc <- tm_map(vc, removePunctuation)
vc <- tm_map(vc, stripWhitespace)
vc <- tm_map(vc, stemDocument)
```

Schließlich müssen wir das Ergebnis als Datenrahmen zurückgeben und an `maml.mapOutputPort` übergeben (Abb. 11-33):

```
# Wählen Sie den Datenrahmen aus, der an den Ausgang Dataset port gesendet
werden soll.
df <- data.frame(text = sapply(corpus_clean, paste, collapse = " "),
stringsAsFactors = FALSE)
maml.mapOutputPort("df")
```

Wenn Sie stattdessen Python bevorzugen, können Sie *R-Skript ausführen* durch *Python-Skript ausführen* ersetzen und das Python-Skript aus Kap. 10 einfügen.

Führen Sie die gleichen Schritte wie im vorherigen Abschnitt aus, um einen Webdienst zu erstellen und ihn von Power Query aus aufzurufen:

- Führen Sie das Experiment durch.

- Webdienst bereitstellen.

- Kopieren Sie den API-Schlüssel und den RequestURI und fügen Sie ihn in die Power Query-Parameter ein.

- Anwendung der Funktion `CallAzureMLService` auf eine Textspalte.

Wichtigste Erkenntnisse

Durch die Nutzung der Cloud können Sie die volle Leistungsfähigkeit von Microsoft Azure für Power BI auf folgende Weise nutzen:

- AI-Einblicke: Dieser Abschnitt enthält die bequemste Methode, um die Sprache eines Textes oder seine Empfindung zu erkennen oder seine Schlüsselsätze zu extrahieren. Der Vision-Dienst liefert Tags für ein Bild. Sie können mit nur wenigen Klicks auf die in Azure Machine Learning Services veröffentlichten Webdienste zugreifen. Sie benötigen eine Premium-Kapazität, um diese Funktion verwenden zu können.

- Kognitive Dienste: Wir haben Dienste aus der Textanalyse-API verwendet, um die Sprache und die Empfindung zu erkennen und die Schlüsselsätze zu extrahieren. Die angebotenen Dienste decken weit mehr ab als das, was hier besprochen wurde, und werden ständig erweitert. Durch die Definition von Funktionen konnten wir die Dienste fast so bequem anwenden wie mit den AI Insights-Funktionen.

- Azure Machine Learning Services (classic): Die klassische Version von Azure Machine Learning Services ist als kostenlose Testversion verfügbar. Mit diesem Dienst können wir uns einen Überblick verschaffen, bevor und nachdem wir entweder ein vorab trainiertes Modell aufrufen oder ein Skript in R oder Python ausführen. Durch die Definition von Funktionen können wir die Dienste fast genauso bequem anwenden wie mit den AI Insights-Funktionen.

Ob Sie es glauben oder nicht, dies war das allerletzte Kapitel. Danke, dass Sie sich die Zeit genommen haben, bis zur letzten Seite zu lesen. Ich hoffe, Sie haben etwas aus diesem Buch gelernt. Bis dann, und danke für all den Fisch!

Stichwortverzeichnis

© Der/die Autor(en), exklusiv lizenziert an APress Media, LLC, ein Teil von Springer Nature 2023
M. Ehrenmueller-Jensen, *Self-Service AI mit Power BI*, https://doi.org/10.1007/978-1-4842-9383-6

Printed in the United States
by Baker & Taylor Publisher Services

Printed in the United States
by Baker & Taylor Publisher Services